Peter Graeff/Karenina Schröder/
Sebastian Wolf (Hrsg.)

Der Korruptionsfall Siemens

Analysen und praxisnahe Folgerungen des
wissenschaftlichen Arbeitskreises von
Transparency International Deutschland

Titelbild © Clemens Fabry

Die Deutsche Nationalbibliothek verzeichnet diese Publikation in der Deutschen Nationalbibliografie; detaillierte bibliografische Daten sind im Internet über http://www.d-nb.de abrufbar.

ISBN 978-3-8329-4203-8

1. Auflage 2009

Danksagung

Wir bedanken uns bei der Stiftung Apfelbaum für die finanzielle Unterstützung und Beratung von Transparency Deutschland, die es uns ermöglicht hat, diese Publikation in kurzer Zeit zu verwirklichen.

Peter Graeff, Karenina Schröder und Sebastian Wolf
im November 2008

Inhaltsverzeichnis

Teil III: Praxistransfer

Teil I: Einführung

Einleitung: Transdisziplinäre Korruptionsforschung – ein Pilotprojekt

Peter Graeff, Jürgen Grieger und Mathias Nell

Deutschlands größtes Technologieunternehmen Siemens ist mutmaßlich über Jahrzehnte hinweg in korrupte Praktiken verstrickt gewesen, die nun Stück für Stück ans Licht gebracht werden. Das Ausmaß der Korruptionsvorfälle in verschiedenen Abteilungen und Sparten der Siemens AG ist bislang einzigartig in Deutschland. Die Summe „fragwürdiger Zahlungen“ wird allein für das letzte Jahrzehnt auf über eine Milliarde Euro geschätzt. Die Vielfalt der einzelnen Korruptionsfälle, die langjährige Dauer korrupter Geschäftsbeziehungen sowie deren professionelles Management weisen auf neue Dimensionen von Korruption im internationalen Geschäftsverkehr hin und erfordern die kritische Aufmerksamkeit von Praxis, Öffentlichkeit und Wissenschaft.

Als traditionsreiches Unternehmen ist Siemens mit diesen Korruptionsskandalen in das Zentrum der öffentlichen Wahrnehmung gerückt und hat zunächst in den Medien eine vielschichtige Diskussion über Bedingungen, Ursachen und Folgen von Korruption angestoßen. Korruption ist aber kein Phänomen, das nur bei Siemens aufgetreten ist. Andere Unternehmen waren und sind ebenso betroffen, auch wenn die bislang bekannt gewordenen Fälle nicht das Ausmaß des Siemens-Falls erreichen. Anders als bei den meisten Korruptionsfällen im öffentlichen Bereich handelt es sich bei den Korruptionsfällen, die bei Siemens zutage getreten sind, um sehr komplexe und unübersichtliche Sachverhalte. Ansätze, sich von wissenschaftlicher Seite dem Siemens-Fall zu nähern, berühren unterschiedliche Aspekte, die die Grenzen einer Disziplin weit überschreiten. Eine differenzierte Analyse – sowohl des Siemens-Falls als auch allgemein von Korruptionsvorfällen in Wirtschaftsunternehmen – muss die Vielschichtigkeit dieser korrupten Vorgänge widerspiegeln.

Dabei gilt es zu berücksichtigen, dass es weder einen einheitlichen noch einen juristisch belastbaren Begriff von Korruption gibt. Korruption als Tatbestand berührt sowohl wirtschaftliche wie juristische als auch gesellschaftliche und soziale Aspekte. Entsprechend müssen wissenschaftliche Betrachtungen diese unterschiedlichen Perspektiven aufgreifen und analytisch durchdringen. Spezielle, den Sachverhalt vertiefende Fragestellungen – wie etwa nach effizienten gesetzlichen Regelungen zur Korruptionsbekämpfung oder nach Organisationsstrukturen, die korruptes Verhalten verhindern oder einschränken können – ergeben sich aus den speziellen Erkenntnisinteressen der einzelnen Fachdisziplinen und aus den theoretischen Vorgaben, die in den jeweiligen Scientific Communities als problemadäquat erachtet werden. Jeder wissenschaftliche Ansatz geht dabei in Abhängigkeit seiner Ausrichtung von bestimmten Prämissen aus, die immer nur einen Teil des konkreten Gegenstands – hier die Korruptionsvorfälle bei der Siemens AG – erhellen können, während sie dafür andere außer Acht lassen müssen. Beispielsweise werden die Beiträge in diesem Buch zeigen, dass Organisationstheoretiker (aus Wirtschaftswissenschaft, Psychologie oder Soziologie) dazu tendieren, generelle Strukturmechanismen zur Erklärung heranzuziehen und ihre Analyse mit einem holistischen Blick vorzunehmen. Für sie stehen Aspekte wie Kultur, Struktur und Strategie von Unternehmen im Fokus der Erklärung von Korruption. Juristen hingegen gehen von Missbrauchshandlungen aus, die einen Schaden nach sich gezogen haben und erforschen die normativen Konsequenzen korrupter Praktiken. Entscheidungstheoretische Ansätze stellen schließlich soziale und formale Aspekte der korrupten Akteure in das Zentrum ihrer Analyse und versuchen, Korruption von den Wahlmöglichkeiten, Handlungen und Eigenschaften der Personen oder ihrer Rollen aus zu erklären und hieraus Antikorruptionsmaßnahmen abzuleiten. Größtenteils finden sich in fast jeder wissenschaftlichen Disziplin erklärungskonkurrierende Ansätze, deren Perspektiven entweder eher am Individuum oder eher an der Organisation ausgerichtet sind.

Wissenschaftliche Fachpublikationen stellen wegen der Bemühung, die besondere Bedeutung der eigenen Disziplin zu betonen, eine meist nur eingeschränkte Analyse des Korruptionsphänomens dar. Diese mag scharf und tiefsinnig sein, muss dabei aber den Blick auf das Phänomen notwendigerweise auf denjenigen Ausschnitt beschränken, der dem speziellen Instrumentarium zugänglich ist.

Diese Publikation von Mitgliedern des wissenschaftlichen Arbeitskreises von Transparency International Deutschland hat zum Ziel, dieses Defizit mit Hilfe einer transdisziplinären Analyse des Siemens-Falls abzuschwächen. Der vorliegende Band enthält folglich Beiträge aus verschiedenen Fachdisziplinen, in denen spezifische Fragestellungen zum Siemens-Fall aufgegriffen und vor dem Hintergrund der jeweiligen Erkenntnisinteressen diskutiert werden. Dadurch entsteht ein komplexeres und reichhaltigeres Bild als bei einer disziplinären Betrachtung, wobei in Kauf genommen werden muss, dass die einzelnen Beiträge theoretisch nur bedingt untereinander anschlussfähig sind. Eine Zusammenschau der einzelnen Perspektiven kann daher nur durch den Rückbezug der einzelnen Ergebnisse auf den gemeinsamen Gegenstand erfolgen. In diesem Sinne möchten die hier versammelten Beiträge schließlich auch einen Transfer zur Praxis ermöglichen, und zwar dadurch, dass die wissenschaftlichen Ergebnisse Hinweise zur Handlungsorientierung liefern und bei Bemühungen zur Bekämpfung von Korruption herangezogen werden können.

Das Buch ist in drei Teile gegliedert. Im Anschluss an diese Einleitung wird eine kurze Einführung in die Thematik gegeben. Hierbei handelt es sich, wenn man so will, um eine Darstellung des konkreten Realphänomens, auf das sich alle Autoren gleichermaßen beziehen. Es folgen im zweiten Teil sieben Fachbeiträge mit ihren disziplinären Analysen. Aus diesen Beiträgen werden schließlich im dritten Teil Hinweise auf praxisrelevante Fragestellungen im Zusammenhang von Prävention und Bekämpfung von Korruption abgeleitet.

Im Zentrum des ersten einführenden Teils dieses Buches steht ein Überblick über die Korruptionsvorfälle bei Siemens. Einzelne Aspekte des umfangreichen Siemens-Falls sind bereits umfassend von journalistischer Seite dokumentiert und in der Tagespresse berichtet worden. Die Vielzahl und Unterschiedlichkeit der Sachverhalte führt aber zu einer gewissen Unübersichtlichkeit, die es schwierig macht, einen systematischen Zugang zu finden. Sebastian Wolf konzentriert sich daher in seinem Beitrag „Die Siemens-Korruptionsaffäre – Ein Überblick" auf die jüngeren Korruptionsvorwürfe bei der Siemens AG und stellt zunächst anhand einiger Beispiele typische Korruptionsvorgänge im Unternehmen dar. Desweiteren zeigt er auf, wie die Vorfälle in der bisherigen gerichtlichen Aufarbeitung verhandelt wurden und wie und mit welchen Maßnahmen Siemens auf die Entdeckung der Korruptionsereignisse reagiert hat. Dieser Überblick veranschaulicht die Dimension korrupter Praxis bei Siemens und verdeutlicht das Erfordernis, wissenschaftliche Analysen aus unterschiedlichen Perspektiven vorzunehmen.

Der Hauptteil des Buches beinhaltet die einzelnen Fachbeiträge zum Siemens-Fall. Die ersten beiden Kapitel beschäftigen sich mit juristischen und wirtschaftswissenschaftlichen Fragen. Sie setzen im Kern an den Bedingungen an, die Korruptionstäter bei ihren Taten ins Kalkül ziehen müssen.

Holger Niehaus diskutiert in seinem Beitrag „Strafrechtliche Folgen der Bestechung im vermeintlichen Unternehmensinteresse" die Frage, inwieweit die Tatbestände der Untreue, der Amtsträgerbestechung und der Bestechung im geschäftlichen Verkehr juristische Anknüpfungspunkte darstellen können, um Schmiergeldzahlungen bei Auslandsgeschäften strafrechtlich ahnden zu können. Es wird gezeigt, dass der Untreuetatbestand eine Schädigung des Unternehmensvermögens voraussetzt. Dies ist aber bei Korruptionstaten wie im Siemens-Fall nicht unproblematisch, da die Bestechungshandlungen dazu dienten, Aufträge zu erlangen und die Konkurrenz zu übervorteilen. Sie erfolgten im vermeintlichen Unternehmensinteresse und sollten das Unternehmensvermögen letztlich mehren. Der Tatbestand der Untreue liegt aber dahingehend vor, dass „schwarze Kassen" ohne die Zustimmung der Aktionäre gebildet und gespeist wurden. Voraussetzung der Amtsträgerbestechung als strafrechtlichem Ansatzpunkt ist die Amtsträgereigenschaft des Bestochenen. Diese ist bei Mitarbeitern privatrechtlich organisierter Unternehmen, die sich im Staatsbesitz befinden oder an denen der Staat beteiligt ist, fraglich (eine Konstellation, die heute aufgrund der Privatisierungstendenzen in bestimmten, besonders korruptionsanfälligen Branchen fast der Regelfall ist). Da bisher noch keine einheitliche Rechtsprechung zu diesem Punkt existiert, ist die strafrechtliche Aufarbeitung von Korruptionsfällen insoweit mit Ungewissheiten behaftet. Die korrupten Mitarbeiter bei Siemens haben sich aber wegen Bestechung im geschäftlichen Verkehr (§ 299 StGB) schuldig gemacht. Allerdings ist für den in der Siemens-Affäre teilweise maßgeblichen Zeitraum (vor Einfügung des § 299 Abs. 3 StGB) fraglich, ob die damalige Gesetzesfassung auch Handlungen im ausländischen Wettbewerb einbezog. Diese Schwierigkeit der strafrechtlichen Ahndung besteht allerdings nur noch für einen Übergangszeitraum, so dass hier in Zukunft ein belastbarer Ansatz für die Strafverfolgung zu erwarten ist.

Mathias Nell geht in seinem Beitrag zum einen der Frage nach, wie das (ggf. subjektiv empfundene) Entdeckungsrisiko für (potentielle) Korruptionsstraftäter erhöht werden kann. In diesem Zusammenhang stellt er Überlegungen zur strafbefreienden Selbstanzeige an und diskutiert Anreize für Unternehmen, Rechtsverletzungen von Mitarbeitern offen zu legen. Zum anderen erörtert Mathias Nell vor dem Hintergrund des Ordnungswidrigkeitengesetzes Mittel, die der Problematik entgegenwirken sollen, dass Unternehmen sich durch kosmetische Compliance-Management-Systeme (betriebliche Instrumente und Mechanismen, die nach Außen Rechtskonformität signalisieren und dokumentieren, im Innenverhältnis aber keine Beachtung finden sollen – so genanntes ,window-dressing') einer Haftung entziehen können.

Die beiden folgenden Beiträge greifen politikwissenschaftliche Fragestellungen auf und verbinden diese mit den Korruptionsfällen bei Siemens. Sebastian Wolf beschäftigt sich mit „Korruption und Außenwirtschaftspolitik" und stellt die politischen Rahmenbedingungen des Siemens-Falls dar. Sein Augenmerk liegt auf der deutschen Politik, die – so seine Hauptthese – sich bisher eher zurückhaltend bei der Eindämmung von Auslandsbestechung verhalten hat, um der deutschen Exportwirtschaft im internationalen Geschäftsverkehr keine potentiellen Wettbewerbsnachteile entstehen zu lassen. Bis Mitte der 1990er Jahre hat die deutsche Politik diesem Thema nur in geringem Umfang Aufmerksamkeit gewidmet. Erst mit dem OECD-Bestechungsabkommen und dem damit verbundenen internationalen Druck wurden Passagen des deutschen Gesetzes in Richtung einer Pönalisierung von Auslandsbestechung geändert. Die Ereignisse der letzten Jahre im Siemens-Fall haben ebenfalls zu einer gewissen Bewegung der Politik geführt, die aber insgesamt nicht signifikant ausgefallen ist. Als Folge der nur mäßigen Bemühungen der deutschen Politik, Auslandsbestechung wirksam einzudämmen, erlangt insbesondere die Arbeit von Nicht-Regierungsorganisationen größeres Gewicht bei der Bekämpfung von Korruption.

Diesen Punkt greift Diana Schmidt-Pfister in ihrem Beitrag „Transnationale Zivilgesellschaft gegen Korruption in multinationalen Unternehmen?" auf. Die Aufdeckung der internationalen Korruption hat bei Siemens eine Welle der Empörung in den Medien der betroffenen Länder ausgelöst. Anders als bei Protesten gegen gemeinschafts- oder umweltschädigendes Handeln von Unternehmen waren es aber nicht die transnationalen zivilgesellschaftlichen Organisationen, die die öffentliche Aufmerksamkeit auf die Missstände lenkten. Vor diesem Hintergrund werden die Bedingungen, Rollen und Gegenstände eines zivilgesellschaftlichen Vorgehens gegen Korruption untersucht. Diese Aspekte werden auf der Basis der Literatur und von Untersuchungen zu den „neuen sozialen Bewegungen" im Menschenrechts- und Umweltbereich betrachtet. Auf diesem Weg gewinnt man ein besseres Verständnis des grundsätzlich begrenzten Handlungspotentials, das zivilgesellschaftliche Akteure bei der Korruptionsbekämpfung besitzen. Die Untersuchung erklärt damit zugleich auch die geringe zivilgesellschaftliche Beteiligung im Zusammenhang der Korruptionsaffäre bei der Siemens AG.

Die nachfolgenden drei Beiträge beziehen sich auf organisatorische Aspekte von Korruption, setzen aber jeweils unterschiedliche Schwerpunkte. Vor dem Hintergrund eines Überblicks über den Stand der Managementforschung zu Wirtschaftskriminalität und Korruption geht Jürgen Grieger in seinem Beitrag „Korruption und Kultur bei der Siemens AG – Eine Handlungs-Struktur-Analyse“ der Frage nach, unter welchen Bedingungen sich korruptes Handeln in der Kultur von Unternehmen verwurzelt und als organisatorische Routine zum Bestandteil der Struktur eines sozialen Systems werden kann. Unter Bezugnahme auf organisationstheoretische Grundlagen und jüngere Beiträge zur Korruptionsforschung wird Korruption auf den Dimensionen von Handlung und Struktur – zwischen Voluntarismus und Determinismus – verortet. Es wird gezeigt, wie ansonsten ‚normale' Personen unter dem Einfluss bestimmter Organisationsverhältnisse dazu gelangen, korruptes Handeln als zulässiges Mittel zur Erreichung wirtschaftlicher Ziele zu erachten und zu praktizieren. Besondere Aufmerksamkeit wird dabei auf die Pfadabhängigkeit der Entwicklung von Organisationen gerichtet. Das Konzept der Pfadabhängigkeit betont die Historizität von Organisationen, berücksichtigt somit ihre ideosynkratische Entwicklung und wird als theoretische Basis für die Rekonstrution von ‚Korruptionskultur' verwendet. Der Beitrag knüpft an spezifische Ereignisse des Siemens-Korruptionsskandals an und zeigt abschließend, wie Ergebnisse der Analyse zur Ableitung von Erklärungen des konkreten Falls genutzt werden können und welche grundsätzlichen Perspektiven sich für antizipatives und präventives Handeln ergeben.

Rainer Dombois unterbreitet in seinem Beitrag „Von organisierter Korruption zu individuellem Korruptionsdruck?“ eine soziologische Analyse der Siemens- Korruptionsaffäre. Mit dem Betrachtungsschwerpunkt auf Auslandsbestechung geht er der Frage nach, wie Korruption als eine normalisierte Organisationspraxis entstehen kann. Neuere Ansätze der Organisationsforschung legen es nahe anzunehmen, dass zu Beginn einer solchen Entwicklung Prozesse stehen, in denen korrupte Praktiken von den Akteuren routinemäßig und zumeist ohne begleitende Reflektion ausgeübt werden. Wenn sich die korrupten Praktiken durch Einübung, Akzeptanz und Wiederholung schließlich „institutionalisiert“ haben, dann entwickeln korrupte Akteure Strategien der Selbstrechtfertigung, die eine weitere Verfestigung korrupten Handelns nach sich ziehen – unter anderem dadurch, dass korrupte Praktiken an neue Unternehmensmitglieder weiter gegeben werden. In der Folge erscheint Korruption den Akteuren zunehmend als selbstverständliches Handlungsmuster, das nicht mehr hinterfragt wird. Durch Anwendung dieser Normalisierungsthese auf den Siemens-Fall findet Rainer Dombois eine Reihe von Beispielen, mit denen sich entsprechende Praktiken belegen und organisationssoziologisch erklären lassen.

Peter Graeff richtet in seinem Beitrag „Im Sinne des Unternehmens? Soziale Aspekte der korrupten Transaktionen im Hause Siemens“ den Blick auf das Entscheidungsverhalten von potenziell korrupten Mitarbeitern. Im Rahmen eines Prinzipal-Agenten-Modells geht er der Frage nach, wie sich trotz offizieller Korruptionsverbote bei Siemens, die durch den Code of Conduct expliziert waren, Netzwerkstrukturen etablieren konnten, in denen von den Akteuren korrupte Praktiken durchgeführt und verschleiert werden konnten. Ähnlich wie in den beiden vorangehenden Beiträgen spielen auch in dieser Erklärung des Korruptionsphänomens Normen eine wichtige Rolle. Die Erklärung rekurriert jedoch zusätzlich auf die Funktion individueller Vertrauensprozesse in sozialen Beziehungen. Für Mitarbeiter bei Siemens, die Auslandsbestechung begingen, existierte eine doppeldeutige Situation: einerseits konnten sie über ihre korrupten Praktiken auch dem Unternehmen Aufträge und andere Vorteile verschaffen, andererseits verstießen sie gegen den Code of Conduct. Dieser Umstand wird im Prinzipal-Agenten-Modell mit dem Begriff der „Prinzipalinteressenverwirrung" benannt. Maßnahmen zur Bekämpfung von Korruption in privaten Wirtschaftsunternehmen müssen vor allem diesen Punkt berücksichtigen.

Im dritten Teil des Buches unterbreiten Jürgen Marten und Karenina Schröder ein „Resümmee: Anregungen für die Arbeit von Transparency Deutschland". Ihr Beitrag stellt den Versuch dar, die disziplinär erarbeiteten Ergebnisse handlungsorientiert zusammen zu führen, um auf diesem Weg zu verallgemeinerbaren Handlungsempfehlungen für Korruptionsprävention und -bekämpfung zu gelangen. Welchen Beitrag kann und muss die Politik, welchen die Wirtschaft und welchen die Zivilgesellschaft leisten? Um diese Fragen beantworten zu können, gilt es zunächst ein Verständnis für die stark divergierenden Ausgangslagen der einzelnen Akteursgruppen zu entwickeln, die aus unterscheidlichen Motivlagen, Handlungszwängen oder sozialer Verankerung resultieren. Die Zusammenschau der wissenschaftlichen Untersuchungen aus verschiedenen Sektoren und Disziplinen leistet dazu einen ersten Beitrag. Jürgen Marten und Karenina Schröder ziehen aus ihrer Zusammenführung praxisrelevante Schlussfolgerungen für die Korruptionsbekämpfung und benennen Themen, bei denen weiterer Forschungsbedarf besteht.

Der Arbeitskreis Korruptionsforschung hat sich auf Initiative von Transparency International Deutschland im März 2007 in Berlin konstituiert. Sehr schnell waren sich die aus unterschiedlichen wissenschaftlichen Disziplinen stammenden Mitglieder darüber einig, die vorhandene Heterogenität an Zugängen zu und Sichtweisen auf Korruption kritisch-konstruktiv zu nutzen.

Die Grundidee bestand dabei darin, die Verschiedenartigkeit der Analyse an einem gemeinsamen Gegenstand zu demonstrieren und dabei die vielschichtigen Facetten des komplexen Realphänomens zu erhellen sowie einer interessierten Öffentlichkeit zu kommunizieren. Die Aktualität und das große Ausmaß des Siemens-Korruptionsskandals drängten sich für die praktische Konkretisierung dieses transdisziplinären Forschungsprojektes geradezu auf.

Die Beiträge in diesem Band stellen sozusagen den Forschungsbericht dar. Dessen gelegentliche Uneinheitlichkeit in Form und Diktion sollte als Reichhaltigkeit verstanden werden, denn genau das ist es, was Autoren und Herausgeber beabsichtigen: Dass sich eine differenzierte und kontroverse Diskussion über die Ursachen, Bedingungen, Formen und Folgen von Korruption entwickelt, in der nicht nur Wissenschaftler aus unterschiedlichen Disziplinen miteinander Argumente austauschen, sondern dass diese auch von einer kritischen Praxis reflektiert und auf konkrete Fragestellungen im Zusammenhang der Bekämpfung von Korruption übertragen werden.

Die Siemens-Korruptionsaffäre – ein Überblick[1]

Sebastian Wolf

1. Einleitung

Mitte November 2006 durchsuchten Hunderte Fahnder von Polizei und Staatsanwaltschaft zahlreiche Verwaltungsgebäude des Siemenskonzerns. Ausgelöst wurden die Ermittlungen zum wohl größten bisherigen Korruptionsfall der Bundesrepublik Deutschland (SZ 13./14.01.07: 34) unter anderem durch Ermittlungen in Italien, Liechtenstein und der Schweiz sowie durch einen anonymen Hinweisgeberbrief aus der Siemens-Buchhaltung (abgedruckt in SZ 19./20.04.08: 34). Inzwischen wird von schwarzen Kassen und Schmiergeldzahlungen verschiedener Siemens-Unternehmensbereiche im internationalen Geschäftsverkehr in Höhe von über 1,3 Milliarden Euro allein in den Jahren 2000 bis 2006 ausgegangen (SZ 22.07.08: 1). Seit der Großrazzia im Herbst 2006 kam es zu wiederholten Durchsuchungen von Siemensgebäuden im In- und Ausland. Gegen verschiedene Mitarbeiter oder frühere Mitarbeiter des Unternehmens wurde zeitweise Haftbefehl erlassen, unzählige Personen wurden als Zeugen oder Verdächtigte befragt. Die Behörden ermitteln insbesondere wegen Bestechung von ausländischen Amtsträgern oder Angestellten, Untreue, Geldwäsche und Steuerhinterziehung. In zahlreichen Ländern laufen entsprechende Verfahren gegen den Siemenskonzern oder einzelne Mitarbeiter, etwa in China, Frankreich, Griechenland, Indonesien, Italien, Liechtenstein, Malaysia, Nigeria, Norwegen, Österreich, Russland, der Schweiz, Ungarn und den USA (Siemens 2007b: 171-172; 2008: 2; SZ 29.11.06: 22). Die ersten Gerichtsurteile liegen vor, und Siemens hat infolge der Korruptionsaffäre umfangreiche personelle und strukturelle Maßnahmen ergriffen. Dennoch ist die strafrechtliche, zivilrechtliche und innerbetriebliche Aufarbeitung längst nicht abgeschlossen. Die korporative Mitgliedschaft der Siemens AG bei Transparency International Deutschland wurde Mitte Dezember 2006 „einvernehmlich" beendet, nachdem sie bereits seit 2004 ruhte (Leyendecker 2007: 106).

Der folgende Überblick über die Siemens-Korruptionsaffäre, der keinerlei Anspruch auf Vollständigkeit erhebt, skizziert zunächst einige exemplarische Fälle aus dem noch immer unüberschaubaren Gesamtkomplex (2.), streift dann die bisherige juristische Aufarbeitung (3.) und behandelt abschließend die von Siemens getroffe-

1 Stand: Ende August 2008.

nen Maßnahmen (4.). Auf die gesonderte Korruptionsaffäre um die Arbeitsgemeinschaft Unabhängiger Betriebsangehöriger (AUB) wird im Folgenden nicht eingegangen,[2] auch nicht auf die zahlreichen Kartellrechtsverstöße (vgl. Siemens 2007a: 9-10; 2007b: 176-178) oder andere Rechtsstreitigkeiten.

2. Exemplarische Fälle

Die strafrechtliche Aufarbeitung in der Korruptionsaffäre konzentrierte sich zunächst auf fragwürdige Zahlungen im Zusammenhang mit der Telekommunikationssparte Siemens COM. Allein hier sollen geschätzte 1,16 Milliarden Euro in schwarze Kassen geflossen sein (SZ 6./7.10.07: 2), etwa 450 Millionen Euro seit dem Jahr 2000 (SZ 09.11.07: 1). In den 90er Jahren unterhielten Siemensmitarbeiter mehrere Schwarzgeldkonten in Österreich. Als die direkte Versorgung dieser Konten von der Konzernzentrale aus zu heikel wurde, entwickelte man Anfang dieses Jahrzehnts ein neues System zur Verschleierung der Schmiergeldquellen. Über ein mehrstufiges Geflecht von Scheinberatungsfirmen mit Sitz in den USA, Österreich und auf den Virgin Islands wurden umfangreiche Summen aus dem Konzern auf schwarze Konten unter anderem in Liechtenstein und der Schweiz transferiert. Von diesen Konten sind Bestechungsgelder mutmaßlich mindestens nach Ägypten, Aserbaidschan, China, Griechenland, Indonesien, Irak, Israel, Italien, Kamerun, Kuwait, Nigeria, Norwegen, Russland und in andere GUS-Staaten, Saudi-Arabien, Ungarn, Vietnam und in die Karibik geflossen, um Aufträge zu erlangen (Leyendecker 2007: 73; Siemens 2007b: 170-171; SPIEGEL 14.04.08: 82; SZ 29.11.06: 22). Nach den bisherigen Erkenntnissen interner Ermittler ist es in nahezu jedem Siemens-Unternehmensbereich zu Bestechungszahlungen im internationalen Geschäftsverkehr gekommen, wenn auch in unterschiedlichem Ausmaß (SPIEGEL 14.04.08: 77; SZ 10./11.11.07: 31).

Umfangreiche Schmiergeldzahlungen des Siemenskonzerns sollen in den 90er Jahren und Anfang dieses Jahrzehnts in Nigeria vorgenommen worden sein. Dort haben Mitarbeiter des Unternehmens mutmaßlich mehr als hundert Entscheidungsträger bestochen, darunter vier ehemalige Telekommunikationsminister. Jährlich sollen etwa 10 Millionen Euro Schwarzgeld – teilweise in bar – nach Nigeria transferiert worden sein. Das Geld diente primär der Beschaffung von Aufträgen im Telekommunikationssektor. Die nigerianischen Behörden haben nun eigene Ermittlun-

2 Siemens steht im Verdacht, von 1990 an etwa 50 Millionen Euro an den ehemaligen AUB-Vorsitzenden Wilhelm Schelsky gezahlt zu haben, um die AUB als Gegenorganisation zur IG Metall aufzubauen und unter anderem deren Position im Aufsichtsrat zu schwächen. Siehe hierzu Leyendecker (2007: 86-89, 111-122), SZ (04.07.08: 21) und Wolf (2008) mit weiteren Nachweisen. Die Staatsanwaltschaft Nürnberg-Fürth ermittelt gegen Schelsky und die ehemaligen Mitglieder des Siemens-Zentralvorstands Heinz-Joachim Neubürger, Johannes Feldmayer und Günter Wilhelm sowie den ehemaligen Aufsichtsratsvorsitzenden Karl-Hermann Baumann (SZ 26./27.07.08: 25).

gen aufgenommen. Zudem wurde eine Auftragssperre gegen Siemens verhängt, und bestehende Aufträge wurden annulliert (SZ 20.11.07: 20; 07.12.07: 26).

Erhebliche Summen sind von den Schwarzgeldkonten offenbar auch nach Griechenland geflossen. Das Geld wurde unter anderem zur Erlangung von Aufträgen für den Ausbau des griechischen Telefonnetzes, für die Lieferung von Zügen an die nationale Eisenbahngesellschaft, für die Ausstattung der Armee mit neuester Technik und zum Aufbau eines aufwendigen Sicherheitssystems für die Olympischen Spiele in Athen im Jahr 2004 eingesetzt. Laut Zeugenaussagen wendete Siemens innerhalb von 17 Jahren etwa 100 Millionen Euro für korrupte Praktiken in Griechenland auf, zuletzt bis zu 15 Millionen Euro jährlich. Vermutlich sind auch Minister und Abgeordnete in verschiedene Transaktionen verwickelt. Das Unternehmen hat anscheinend beide großen politischen Parteien in Griechenland über Jahre hinweg in beträchtlichem Umfang geschmiert, um sich Geschäftsvorteile zu sichern (SZ 29./30.03.08: 38; 27.05.08: 19; 07./08.06.08: 36; 04.08.08: 18).

Siemens wird verdächtigt, zur Erlangung eines Auftrags für die Herstellung und Verteilung fälschungssicherer Personalausweise in Argentinien in den 90er Jahren und Anfang dieses Jahrzehnts bis zu 100 Millionen Dollar Schmiergeld bezahlt zu haben. Dem früheren Staatspräsidenten Carlos Menem sollen 16 Millionen Dollar versprochen worden sein, geleistet wurden vermutlich etwa 4,4 Millionen Dollar. Auch an den früheren Innenminister Carlos Corach und den ehemaligen Staatssekretär und Leiter der Migrationsbehörde Hugo Franco sollen Millionenbeträge geflossen sein. Nach dem Ende von Menems Regierungszeit wurde der Vertrag mit Siemens gekündigt. Die von Siemens verlangten Summen seien nach Aussage der neuen Regierung ungewöhnlich hoch gewesen, die technische Qualität des Produkts dagegen ungenügend. Außerdem kursierten längst Gerüchte über Unregelmäßigkeiten bei der Auftragsvergabe. Im Jahr 2001 wurde ein neuer Vertrag mit Siemens abgeschlossen, der jedoch wenige Monate darauf wieder gekündigt wurde. Anfang 2007 verurteilte ein Schiedsgericht beim International Center for Settlement Investment Disputes der Weltbank Argentinien wegen des geplatzten Geschäfts zu 217,8 Millionen Dollar Schadensersatz an Siemens. Argentinien hat gegen die Entscheidung Einspruch wegen Verfahrensmängeln eingelegt. Lässt sich nachweisen, dass bei der Auftragsvergabe Bestechungsgelder flossen, ist der Schiedsspruch womöglich hinfällig. Die argentinischen Behörden haben Büroräume des Siemenskonzerns in Buenos Aires durchsuchen lassen und Rechtshilfeersuchen an die Münchner Staatsanwaltschaft gerichtet. Gegen den ehemaligen Siemens-Zentralvorstand Uriel Sharef wird im Zusammenhang mit diesem Fall wegen des Verdachts der Untreue ermittelt. Auch der frühere Vorstandsvorsitzende Heinrich von Pierer soll von den Schmiergeldzahlungen gewusst haben, bestreitet dies aber vehement (SZ 17./18.05.08: 27; 11.08.08: 19; 16./17.08.08: 25).

Verschiedene Sparten der Siemens AG sind mutmaßlich in den Korruptionsskandal um das Öl-für-Lebensmittel-Programm der Vereinten Nationen im Irak verwickelt (SZ 04.01.07: 19; 10.01.07: 20; 02.07.08: 1). Millionenbeträge soll das Unternehmen auch für Schweigegelder im Zusammenhang mit Bestechungshandlungen im Ausland gezahlt haben. In Saudi-Arabien sind vermutlich mindestens 38 Millionen Euro Schweigegeld an einen ehemaligen Geschäftspartner geflossen, der damit gedroht hatte, sein Wissen über illegale Siemens-Zahlungen zur Gewinnung von Aufträgen der Saudi Telecom für Fest- und Mobilfunknetze publik zu machen (SZ 10./11.02.07: 28; 09.01.08: 19). Auch in anderen Fällen wurde der Konzern offenbar erpresst und hat in der Folge Schweigegelder gezahlt, um Korruptionshandlungen im internationalen Geschäftsverkehr geheim zu halten (SZ 02.04.08: 22).

3. Juristische Aufarbeitung

Die Staatsanwaltschaft Wuppertal ermittelt seit 2004 gegen Siemensmitarbeiter der Kraftwerkssparte wegen mutmaßlicher Bestechung im Zusammenhang mit der Auftragsvergabe für ein EU-gefördertes Programm zur Sanierung eines Kraftwerks in Serbien im Jahr 2002 (Siemens 2007a: 2). In mindestens einem Dutzend anderer Staaten wird gegen Siemens wegen Bestechungs- oder Geldwäschedelikten ermittelt (Siemens 2008: 2; SZ 29.11.06: 22). Das Unternehmen fürchtet offenbar vor allem das Verfahren der US Securities and Exchange Commission (SEC). Die amerikanische Börsenaufsichtsbehörde könnte drastische Sanktionen verhängen wie Geldstrafen in Milliardenhöhe, Auftragssperren und den Ausschluss von der New Yorker Börse (SZ 26./27.01.08: 25). Wenn die SEC die Sätze anwendet, die sie in anderen Fällen bei deutlich geringeren Vergehen berechnete, würde sich die Strafe wohl auf einen zweistelligen Milliardenbetrag summieren (SZ 23.07.08: 17). Auch die Weltbank hat eine Untersuchung gegen den Konzern eingeleitet. Sollte sich der Verdacht der Bestechung im Rahmen der Auftragsvergabe für einen Staudamm in Pakistan bestätigen, könnte das den temporären Ausschluss von weltbankgeförderten Projekten bedeuten (SPIEGEL 02.07.07: 95/96).

Im bundesweit ersten Gerichtsverfahren um die Bestechung ausländischer Siemens-Kunden wurde der frühere Finanzvorstand der Kraftwerkssparte Andreas Kley vom Darmstädter Landgericht Mitte Mai 2007 wegen Bestechung ausländischer Angestellter und Untreue zu zwei Jahren Haft auf Bewährung und einer Geldstrafe in Höhe von 400.000 Euro verurteilt. Der mitangeklagte frühere Siemens-Mitarbeiter Horst Vigener erhielt wegen Beihilfe zur Bestechung eine Bewährungsstrafe von neuen Monaten. Das Gericht ordnete zudem gegen den Siemenskonzern einen Verfall von Wertersatz in Höhe von 38 Millionen Euro an (LG Darmstadt 2007; SZ 15.05.07: 21). Von 1999 bis 2002 flossen etwa sechs Millionen Euro Schmiergeld an zwei Topmanager des italienischen Unternehmens Enel zur Erlangung von Aufträgen für Gasturbinen im Wert von 338 Millionen Euro (SZ 21.03.07: 21; 28.03.07: 21). Das Gericht zeigte sich über das korruptionsfreundliche Klima in dem Unternehmen besorgt: Die Bestechungszahlungen seien auch dadurch ermöglicht worden, „dass die Siemens AG außer der schriftlichen Ermahnung zur Einhaltung der Compliance-Vorschriften in der damaligen Zeit keine sich aufdrängenden wirksamen Maßnahmen zur Unterbindung der Bildung oder Aufdeckung von schwarzen Kassen und von Bestechung getroffen hat“ (LG Darmstadt 2007: 64/65). Im Revisionsverfahren hat der Bundesgerichtshof Ende August 2008 das Urteil des Landgerichts teilweise bestätigt und teilweise aufgehoben. Er entschied, dass es sich beim Führen schwarzer Kassen um Untreue handele, da dem Unternehmen durch ein pflichtwidriges Vorenthalten von Geldmitteln ein Vermögensnachteil zugefügt worden sei. Die Verurteilung wegen Bestechung im geschäftlichen Verkehr hob der Bundesgerichtshof auf, weil die betreffende Strafrechtsnorm zur Tatzeit nur Bestechung zum Nachteil deutscher Mitbewerber umfasst habe. Erst 2002 seien Bestechungshandlungen im ausländischen Wettbewerb unter Strafe gestellt worden. Die Verfallsanordnung gegen Siemens wurde in diesem Zusammenhang ebenfalls aufgehoben, da es an der erforderlichen Anknüpfungstat (Bestechung) fehle. Der Bundesgerichtshof hat das Verfahren zur Neufestsetzung der Strafen an eine andere Wirtschaftsstrafkammer des Landgerichts Darmstadt zurückverwiesen (SZ 30./31.08: 23).

Anfang Oktober 2007 entschied das Landgericht München, die Siemens AG müsse 201 Millionen Euro – 1 Million Euro Geldbuße und 200 Millionen Euro Gewinnabschöpfung – wegen Auslandsbestechung in der Telekommunikationssparte zahlen (SZ 6./7.10.08: 2). Grundlage des Urteils waren 77 belegbare Bestechungsfälle in Nigeria, Russland und Libyen zwischen 2001 und 2004 mit einem Gesamtvolumen von 12 Millionen Euro (SZ 20.11.07: 20). Dieser Gerichtsentscheid schließt weitere Verbandsstrafen wegen Korruptionsvergehen in anderen Unternehmensbereichen und Verurteilungen einzelner Siemens COM-Mitarbeiter nicht aus. Das Unternehmen musste bisher im Zusammenhang mit der Korruptionsaffäre Steuernachzahlungen in Höhe von 352 Millionen Euro und Zinszahlungen in Höhe von 28 Millionen Euro leisten (Siemens 2007b: 181). Zahlreiche fragwürdige Beraterverträge und Provisionen waren ursprünglich von Siemens als steuerlich abzugsfähig deklariert worden.

Die Untersuchungen der Münchner Strafverfolgungsbehörden beschränken sich mittlerweile nicht nur auf die Siemens-Telekommunikationssparte, sondern wurden auch auf andere Sektoren des Unternehmens ausgedehnt, unter anderem die Bereiche Kraftwerksbau, Energieübertragung, Medizintechnik, Verkehrstechnik und IT-Dienstleistungen (Siemens 2008: 1; SZ 30.4./01.05.08: 19). Mittlerweile ermittelt die Staatsanwaltschaft München gegen ca. 300 Siemens-Mitarbeiter (SZ 18.07.08: 3), davon etwa 100 aus der Telekommunikationssparte (SZ 29.05.08: 18). Gegen mehrere ehemalige Mitglieder des Zentralvorstands – Heinz-Joachim Neubürger, Thomas Ganswindt, Uriel Sharef und Volker Jung – laufen Ermittlungen wegen Untreue. Die Staatsanwaltschaft hat gegen diese ehemaligen Siemens-Topmanager und die früheren Zentralvorstände Heinrich von Pierer, Klaus Kleinfeld, Johannes Feldmayer, Jürgen Radomski, Klaus Wucherer und Rudi Lamprecht sowie gegen den früheren Aufsichtsratsvorsitzenden Karl-Hermann Baumann außerdem Ordnungswidrigkeitsverfahren wegen Verdachts der Verletzung der Aufsichtspflicht eingeleitet (SZ 26./27.07.08: 25).

Der frühere Siemens COM-Direktor Reinhard Siekaczek (ausführliches Interview in SZ 01.08.08: 28) wurde vom Münchner Landgericht Ende Juli 2008 in einer bereits rechtskräftigen Entscheidung wegen Veruntreuung von Firmenvermögen zu zwei Jahren Freiheitsstrafe auf Bewährung und 108.000 Euro Geldstrafe verurteilt.

Er hat nach Ansicht des Gerichts in 49 Fällen insgesamt fast 49 Millionen Euro in schwarze Kassen abgezweigt, um sie anderen Siemens-Mitarbeitern für Bestechungshandlungen in aller Welt zur Verfügung zu stellen, und galt als Hauptverwalter des Schmiergeldsystems in der Telekommunikationssparte. Der Vorsitzende Richter bezeichnete Siekaczek dennoch nur als ein „Rädchen im System", denn alle Kontrollinstanzen und „die gesamte Organisation" bei Siemens seien auf die Ermöglichung von schwarzen Kassen und Korruption ausgerichtet gewesen. Es habe eine „organisierte Unverantwortlichkeit" im Konzern geherrscht. Nach Ansicht der Staatsanwaltschaft hätte Siekaczek aufgrund seiner Taten eigentlich zu vier Jahren Gefängnis verurteilt werden müssen. Er wirkte jedoch „weit über Gebühr" an der Aufdeckung und Entschlüsselung des Korruptionssystems im Siemenskonzern mit und verdiente so in den Augen von Staatsanwaltschaft und Gericht eine deutlich reduzierte Strafe (SZ 29.07.08: 26). Die 39 Aktenordner voller Beweismaterial, die Siekaczek der Staatsanwaltschaft zur Verfügung stellte, und seine detaillierten Aussagen werden in den anstehenden Verfahren voraussichtlich von besonderer Bedeutung sein (SZ 25.07.08: 24).

4. Innerbetriebliche Maßnahmen

Siemens hat infolge der Korruptionsaffäre umfangreiche personelle und strukturelle Maßnahmen ergriffen. Etliche Mitarbeiter des unteren und mittleren Managements, gegen die die Staatsanwaltschaft ermittelt, wurden suspendiert oder entlassen. Das Unternehmen hat 2007 in über 470 Fällen Compliance-Verstöße mit Disziplinarmaßnahmen sanktioniert, davon betreffen allerdings lediglich 14% Korruption oder Kartellrechtsverstöße (SZ 16.01.08: 18; ZEIT 13.03.08: 27). Auch verschiedene Siemens-Regionalgesellschaften haben im Zuge der Korruptionsaffäre disziplinarische Schritte unternommen. So wurden beispielsweise in China 20 Mitarbeiter entlassen, darunter auch hochrangige Manager (SZ 25./26.08.07: 26). Der vormalige Chief Compliance Officer Albrecht Schäfer wurde seines Postens enthoben und kurz darauf entlassen mit dem Vorwurf, er habe den Aufsichtsrat nicht ausreichend über Korruptionsverdachtsfälle informiert. Schäfer klagte gegen die Kündigung, worauf diese nach einigen Monaten wieder zurückgenommen wurde (SZ 08./09.12.07: 25). Der Stuttgarter Oberstaatsanwalt Daniel Noa wurde als neuer Leiter der Abteilung Compliance verpflichtet (SZ 13.12.06: 18), verließ den Konzern aber bereits nach einem halben Jahr wieder (SZ 29.06.07: 19). Seit September 2007 ist Andreas Pohlmann neuer Chief Compliance Officer (Siemens 2007: 8). Ungefähr 40 Compliance Officer – etwa die Hälfte des betreffenden Personals in den Regionen – wurden bislang ausgetauscht (SZ 9./10.02.08: 26).

Der Zentralvorstand wurde verkleinert und fast vollständig neu besetzt. Nur zwei der acht Mitglieder des jetzigen Vorstands waren bereits vor dem November 2006 in dieser Position. Die Verträge von Vorstandsmitgliedern wie Johannes Feldmayer und Jürgen Radomski wurden bewusst nicht verlängert (SZ 28./29.04.07: 24). Der

Aufsichtsrat drängte den seinerzeitigen Vorstandsvorsitzenden Klaus Kleinfeld gegen dessen Willen zum Rückzug (SZ 26.04.07: 1, 3). Auch in Kleinfelds Amtszeit als Konzernchef, im Geschäftsjahr 2005/06, kam es zu verdächtigen Finanztransfers (SZ 21.12.06: 25). Kleinfeld hatte wie andere Mitglieder des Zentralvorstands stets betont, von dem System schwarzer Kassen nichts gewusst zu haben. Neuer Vorstandsvorsitzender wurde im Juli 2007 Peter Löscher, der im Unterschied zu seinen Vorgängern nicht aus dem Unternehmen selbst stammte. Auch im Aufsichtsrat kam es zu signifikanten Neubesetzungen. Heinrich von Pierer, der frühere langjährige Vorstandsvorsitzende, trat im April 2007 als Vorsitzender des Aufsichtsrats zurück. Als Aufsichtsratschef oblag ihm die Aufklärung in eigener Sache, was zu Befangenheitsvorwürfen geführt hatte. Neuer Aufsichtsratsvorsitzender wurde Gerhard Cromme, der zwar schon seit 2003 Mitglied des Aufsichtsrats ist, aber wie Löscher keine Vergangenheit als Siemens-Mitarbeiter hat. Sieben der zehn Aktionärsvertreter im Aufsichtsrat wurden im Januar 2008 ausgewechselt, darunter vor allem solche, die als Gefolgsleute des alten Zentralvorstands galten (SZ 26./27.01.08: 25).

In struktureller Hinsicht hat Siemens als Konsequenz aus der Korruptionsaffäre zahlreiche Schritte unternommen (siehe Siemens 2007a: 4, 7-8; 2007b: 88-91, 174-176). So hat der Aufsichtsrat einen eigenen Compliance-Ausschuss eingerichtet, der die laufenden Ermittlungen und Antikorruptionsmaßnahmen verfolgt. Er besteht aus den Mitgliedern des Prüfungsausschusses und wird vom Aufsichtsratsvorsitzenden geleitet. Siemens hat ferner einen Disziplinarausschuss eingerichtet, um angemessene Sanktionen wegen Verletzungen von Compliance-Bestimmungen zu erarbeiten und zu verhängen. Die Anwaltskanzlei Debevoise & Plimpton wurde damit beauftragt, eine unabhängige und umfassende interne Untersuchung durchzuführen, um Verstöße gegen Antikorruptionsvorschriften und Schwachstellen im Compliance- und Kontrollsystem des Unternehmens einschließlich der Regionalgesellschaften zu ermitteln. Die Kanzlei wird hierbei durch das Wirtschaftsprüfungsunternehmen Deloitte & Touche unterstützt. Sie berichtet direkt an den Compliance-Ausschuss des Aufsichtsrats. Strafrechtlich relevante Erkenntnisse werden auch den deutschen und amerikanischen Strafverfolgungsbehörden zur Verfügung gestellt (SZ 10./11.11.07: 31).

Im Zentralvorstand wurde ein eigener Posten für Rechts- und Compliance-Angelegenheiten geschaffen und mit Peter Y. Solmssen besetzt. Der neue Chief Compliance Officer berichtet an ihn, den Vorstandsvorsitzenden sowie den Compliance- und den Prüfungsausschuss des Aufsichtsrats. Die Corporate Compliance-Organisation im Gesamtunternehmen wurde neu organisiert, der Chief Compliance Officer hat nun mehr Einfluss auf die regionalen Compliance Officer. Künftig sollen sich die Compliance-Mitarbeiter verstärkt dem Thema Korruptionsprävention zuwenden. Das Unternehmen hat außerdem Michael J. Hershman (einen Mitbegründer von Transparency International) in seiner Eigenschaft als kommerziellen Berater engagiert, um den Zentralvorstand und den Compliance-Ausschuss des Aufsichtsrats bei der künftigen Organisation der Compliance- und Kontrollsysteme, der Überprüfung der Compliance-Richtlinien sowie hinsichtlich einschlägiger Kommunikations-

und Schulungsmaßnahmen zu unterstützen (SZ 12.12.2006: 21). Er soll zudem den Chief Compliance Officer bei seinen Aktivitäten beraten.

Alle internen Revisions- und Prüfungsfunktionen wurden in der Abteilung Finanzrevision konzentriert. Der Leiter dieser Abteilung kann nun dem Prüfungsausschuss des Aufsichtsrats direkt Bericht erstatten. Die Revisions- und Compliance-Abteilungen des Unternehmens sowie eine spezielle Taskforce überprüfen die internen Compliance- und Kontrollsysteme auf Schwachstellen. Die Zahlungsverkehrs- und Barzahlungssysteme des Konzerns wurden zentralisiert. Der Abschluss neuer Beraterverträge sowie neue Zahlungen für bestehende Verträge wurden grundsätzlich untersagt, manche Verträge wurden gekündigt oder ausgesetzt. Neue Beraterverträge dürfen nur im Ausnahmefall nach sorgfältiger Prüfung und Zustimmung durch die betreffenden Führungskräfte des Unternehmens und den Chief Compliance Officer abgeschlossen werden. Die Wirtschaftsprüferfirma KPMG, die Siemens jahrelang prüfte und den Transfers von über einer Milliarde Euro auf Schwarzgeldkonten nicht bemerkte, wird ihr Mandat möglicherweise verlieren. Siemens hat den Wirtschafsprüferauftrag neu ausgeschrieben (SZ 13.06.08: 17). KPMG hat nach eigenen Angaben seine Pflichten voll erfüllt und wirft Siemens vor, Wirtschafsprüfer gezielt getäuscht zu haben (SZ 19.06.08: 24).

Im Rahmen der Einführung eines offiziellen Antikorruptionsprogramms führt das Unternehmen spezielle Compliance-Schulungen für Führungskräfte und Compliance Officer durch. An einem webbasierten elektronischen Training nahmen bislang etwa 36.000 Mitarbeiter teil, angestrebt werden bis zu 100.000 Beschäftigte. Die Siemens-Antikorruptionsrichtlinien wurden überarbeitet, ergänzt, lesefreundlich zusammengefasst und im Unternehmen verbreitet. Es wurde eine neue Richtlinie bezüglich der Einhaltung des Verbots der Korruption im öffentlichen Sektor eingeführt. Bei bestimmten Fragen oder Transaktionen müssen künftig externe Beauftragte für den öffentlichen Sektor eingeschaltet werden. Ein externer Anwalt wurde zum unabhängigen Ombudsmann des Unternehmens ernannt. Siemens-Mitarbeiter und Dritte sollen sich bei Korruptionsverdachtsfällen vertraulich an ihn wenden können. Der Konzern hat zudem einen Compliance Helpdesk geschaffen, der einschlägige Fragen beantwortet und Beschwerden entgegennimmt.

Siemens legte ein umfangreiches Amnestieprogramm auf, um Mitarbeiter zur Mitteilung möglicher Korruptionsfälle zu bewegen. Das Unternehmen versprach, bei Inanspruchnahme des Programms von Kündigungen und Schadensersatzforderungen abzusehen und höchstens begrenzte Disziplinarmaßnahmen wie Abmahnungen, Versetzungen und Schulungen auszusprechen. Führungskräfte aus dem gehobenen Management waren von dem Amnestieprogramm bis auf wenige Ausnahmen ausgeschlossen. Das Programm war ursprünglich bis Ende Januar 2008 befristet und wurde wegen großen Zuspruchs bis Ende Februar 2008 verlängert; 110 Beschäftigte sollen Aussagen gemacht haben (SZ 06.03.08: 17). Der Konzern fordert von mehreren Mitarbeitern der Telekommunikationssparte, die nicht an dem Amnestieprogramm teilnahmen, Schadensersatz und hat entsprechende Mahnbescheide versandt (SZ 04.02.08: 17). Etliche Beschuldigte, gegen die auch die Staatsanwaltschaft München ermittelt, wurden zu einer schriftlichen Erklärung aufgefordert, im Falle von Schadensersatzansprüchen nicht deren etwaige Verjährung geltend zu machen (SZ 05./06.01.08: 23). Der Aufsichtsrat hat Ende Juli 2008 Schadensersatzforderungen gegen elf ehemalige Zentralvorstände beschlossen, unter anderem Heinrich von Pierer, Klaus Kleinfeld, Heinz-Joachim Neubürger, Johannes Feldmayer, Thomas Ganswindt, Uriel Sharef, Jürgen Radomski, Klaus Wucherer und Rudi Lamprecht (SZ 26./27.07.08: 25; 31.07.08: 21). Die Betroffenen haben bereits angekündigt, sich gegen die Forderungen zur Wehr zu setzen. Dem Unternehmen seien durch die mutmaßlichen Korruptionsdelikte keinerlei finanzielle Nachteile entstanden (SZ 28.07.08: 23; 30.07.08: 1).

Anfang August 2008 kündigte Siemens an, sich von seiner in der Vergangenheit besonders korruptionsbelasteten Telekommunikationssparte zu trennen (SZ 02./03.08.08: 24). Aus der Sicht des neuen Chief Compliance Officer hat das Unternehmen im Wettbewerb um die besten Talente als Arbeitgeber an Attraktivität eingebüßt (SZ 09./10.02.08: 26). Siemens hat nach eigenen Angaben im Geschäftsjahr 2007 347 Millionen Euro (Siemens 2007b: 183) und im ersten Halbjahr 2008 302 Millionen Euro (Siemens 2008: 4) für externe Berater zur Aufklärung der Korruptionsaffäre und zur Beseitigung von Schwachstellen im internen Kontrollsystem aufgewendet. Trotz der zahlreichen laufenden Ermittlungen „geht Siemens nicht davon aus, dass die […] Rechtsthemen wesentliche negative Auswirkungen auf die Vermögens-, Finanz- und Ertragslage von Siemens haben werden“ (Siemens 2007b: 179). Andererseits erwartet das Unternehmen, „künftig im Zusammenhang mit den Untersuchungen Aufwendungen oder Rückstellungen für Strafzahlungen, Geldbußen oder andere Zahlungen bilanzieren zu müssen, die wesentlich sein können“ (Siemens 2007b: 183).

Literatur

Landgericht Darmstadt (2007) *Urteil vom 14.05.2007*, Az. 712 Js 5213/04 – 9 KLs.

Leyendecker, H. (2007) *Die große Gier. Korruption, Kartelle, Lustreisen: Warum unsere Wirtschaft eine neue Moral braucht*, Berlin.

Siemens (2007a) *Legal proceedings – Fiscal 2007*, abrufbar unter http://w1.siemens.com/press/pool/de/events/jahrespk2007/legal-proceedings-q4-2007-e.pdf.

Siemens (2007b) *Geschäftsbericht 2007*, abrufbar unter http://w1.siemens.com/annual/07/pool/download/pdf/d07_00_gb2007.pdf.

Siemens (2008) *Rechtsstreitigkeiten – Erstes Halbjahr des Geschäftsjahrs 2008*, abrufbar unter http://w1.siemens.com/press/pool/de/events/Q22008/Q22008-legal-proceedings-d.pdf.

Der Spiegel (2008) Die Firma, Heft 16 vom 14.04.08, 76-90.

Wolf, S. (2008) Die gekaufte Gewerkschaft. Anmerkungen zur Korruptionsaffäre Siemens-AUB, *Forum Recht* 26 (1), 21.

Teil II: Interdisziplinäre Analyse

Strafrechtliche Folgen der „Bestechung" im vermeintlichen Unternehmensinteresse

Holger Niehaus

In der sogenannten Siemens-Affäre schreitet die juristische Aufarbeitung inzwischen voran. Die rechtlichen Konsequenzen für die handelnden Personen und das Unternehmen sind dabei nicht nur strafrechtlicher Natur, sondern betreffen das Ordnungswidrigkeitenrecht,[1] das Steuerrecht[2] und die zivilrechtliche Haftung der Verdächtigen für die dem Konzern entstandenen Schäden.[3]

Nimmt man die strafrechtlichen Sanktionen in den Blick, so stehen drei Anknüpfungspunkte einer möglichen Strafbarkeit der Siemens-Mitarbeiter zur Verfügung, die jedoch jeweils hinsichtlich ihrer Voraussetzungen und des von ihnen verfolgten Rechtsgüterschutzes Fragen aufwerfen, soweit es um die hier näher betrachtete Sachverhaltsgestaltung der Zahlung von Schmiergeldern im vermeintlichen Unternehmensinteresse geht, und die deshalb nähere Betrachtung verdienen. Es handelt sich dabei zum einen um den Tatbestand der Untreue (§ 266 StGB) und zum anderen um die Bestechung bzw. Bestechlichkeit von *Amtsträgern* (§§ 334, 332) oder *im geschäftlichen Verkehr* gemäß § 299 StGB. Die dabei zu entscheidenden Rechtsfragen weisen angesichts der für die Rechtsprechung relativ jungen Problematik über den Fall Siemens hinaus; ihre Beantwortung – insbesondere auch durch die Entscheidung des Bundesgerichtshofes vom 29.08.2008[4] – wird die Weichen für die zukünftige Strafverfolgungspraxis in Korruptionsfällen mit Auslandsbezug stellen und gegebenenfalls auch die Gesetzgebung beeinflussen.

1 Das Landgericht München I hat am 4. Oktober 2007 in dem gegen Siemens geführten Ordnungswidrigkeitenverfahren die Zahlung einer Geldbuße in Höhe von 201 Mio. Euro auf der Grundlage der §§ 30, 17 Abs. 4 OWiG angeordnet (Frankfurter Rundschau v. 5.10.2007, S. 19; vgl. den Beitrag von Nell in diesem Band).

2 Nach Presseinformationen stehen durch das System geheimer Auslandskonten Steuerrückzahlungen in Höhe von 179 Mio. Euro im Raum (Frankfurter Rundschau v. 5.10.2007, S. 19).

3 Der Aufsichtsrat hat am 29.07.2008 beschlossen, Regressforderungen des Konzerns gegen elf frühere Topmanager aufgrund der dem Unternehmen entstandenen Schäden geltend zu machen, die sich inklusive Strafzahlungen, Steuernachzahlungen und Anwaltskosten bisher auf 1,4 Milliarden Euro belaufen sollen (Frankfurter Rundschau v. 30.7.2008, Nr. 176, S. 1; Süddeutsche Zeitung v. 25.07.2008).

4 BGH (2. Strafsenat) v. 29.08.2008 – 2 StR 587/07.

In der Rechtswirklichkeit weisen Korruptionsfälle durch die stetig voranschreitende Privatisierung ehemals staatlicher Aufgaben sowie durch die Internationalisierung der Geschäftsbeziehungen (der weltweit agierende Siemens-Konzern kann insoweit als exemplarisch gelten) immer weniger das klassische Bild des bestochenen inländischen, verbeamteten Entscheidungsträgers auf. Der Gesetzgeber hat auf diese Entwicklungen seit dem Jahr 1997 durch verschiedene Maßnahmen reagiert. So wurde durch das Gesetz zur Bekämpfung der Korruption vom 13.08.1997 klargestellt, dass es für den Amtsträgerbegriff des deutschen Strafrechts nicht darauf ankommt, ob die Stelle, bei der ein Empfänger von Schmiergeldzahlungen mit der Wahrnehmung von Aufgaben der öffentlichen Verwaltung beschäftigt ist, in den Formen des Privatrechts – also insbesondere als Aktiengesellschaft oder als GmbH – organisiert ist.

Weiterhin wurde im Strafgesetzbuch ein 26. Abschnitt „Straftaten gegen den Wettbewerb“ eingefügt, wodurch auch die bisher im Gesetz gegen den unlauteren Wettbewerb (UWG) geregelte Bestechung und Bestechlichkeit im geschäftlichen Verkehr (§ 299 StGB) in das Kernstrafrecht übernommen wurde. Die Vorschrift wurde im Jahr 2002 – in Umsetzung einer Gemeinsamen Maßnahme der EU – auf „Handlungen im *ausländischen* Wettbewerb“ ausgedehnt.

Durch das EU-Bestechungsgesetz (EUBestG)[5] aus dem Jahr 1998 wurde die Strafbarkeit wegen Bestechung (§ 334 StGB) erweitert auf Handlungen gegenüber Amtsträgern eines anderen Mitgliedsstaates der Europäischen Union, „soweit seine Stellung einem Amtsträger im Sinne des § 11 Abs. 1 Nr. 2 des Strafgesetzbuches entspricht“ (und gegenüber Amtsträgern der Europäischen Union).

Ebenfalls im Jahr 1998 hat der deutsche Gesetzgeber eine Konvention der OECD (Organisation for Economic Co-operation and Development) zur Bekämpfung der Bestechung ausländischer Amtsträger im internationalen Geschäftsverkehr in deutsches Recht umgesetzt, indem er das Gesetz zur Bekämpfung internationaler Bestechung (IntBestG) geschaffen hat, das am 15.2.1999 in Kraft getreten ist. Seither ist die Bestechung von Amtsträgern beliebiger Staaten (nicht nur der EU wie nach dem EUBestG) unter Strafe gestellt.

Zwischenzeitlich liegt ein Gesetzentwurf der Bundesregierung vom 10.08.2007[6] vor, durch den die Vorschriften des EUBestG und des IntBestG in das Kernstrafrecht überführt werden sollen (durch einen neu zu schaffenden § 335 a StGB).

5 Gesetz zu dem Protokoll vom 27. September 1996 zum Übereinkommen über den Schutz der finanziellen Interessen der Europäischen Gemeinschaften (EU-Bestechungsgesetz – EU-BestG) vom 10.09.1998 (BGBl. II, S. 2340).

6 BR-Dr. 548/07.

2. Bisherige strafrechtliche Aufarbeitung in der Rechtsprechung

Das Landgericht Darmstadt hat in seiner Entscheidung vom 14.05.2007 (712 Js 5213/04 - 9 KLs) im sogenannten Enel-Verfahren die Tatbestände der Untreue und der Bestechung im geschäftlichen Verkehr als verwirklicht angesehen und die Angeklagten zu Freiheitsstrafen verurteilt, deren Vollstreckung jeweils zur Bewährung ausgesetzt wurde. Den Angeklagten wurde zur Last gelegt, zwei leitende Angestellte des italienischen Energiekonzerns Enel bestochen zu haben, um Aufträge für Siemens (genauer: für die Siemens-Tochter „Siemens Power Generation") zu erhalten. Der 2. Strafsenat des Bundesgerichtshofes hat die Verurteilung wegen Untreue bestätigt, diejenige wegen Bestechung im geschäftlichen Verkehr jedoch aufgehoben und die Sache deshalb an das Landgericht Darmstadt zurückverwiesen. Zugleich entfiel dadurch die Rechtsgrundlage für den vom LG Darmstadt gegen Siemens angeordneten Verfall (§ 73 Abs. 3 StGB) in Höhe von 38 Mio. Euro.

Der „Verwalter der Schwarzen Kassen"[7] – der langjährige Siemens-Direktor Reinhard Siekaczek – ist vom Landgericht München I am 28.07.2008 wegen Untreue zu einer Geldstrafe in Höhe von 540 Tagessätzen à 200 Euro und zu einer Freiheitsstrafe von zwei Jahren, die zur Bewährung ausgesetzt wurde, verurteilt worden. Auf der Grundlage der Erkenntnisse aus diesem Verfahren ermittelt die Staatsanwaltschaft München gegen 300 weitere Personen und hat für den Herbst 2008 zwei weitere Anklagen angekündigt.[8]

Ein weiterer Komplex der Siemens-Affäre betrifft den Vorwurf von Zuwendungen an Gewerkschaften bzw. „Antigewerkschaften" (die sogenannte AUB) bzw. „Gewerkschaftler", um deren Wohlwollen gegenüber Entscheidungen der Unternehmensleitung zu gewinnen oder zu sichern und die als weniger unternehmerfreundlich geltende IG Metall zurückzudrängen.[9] In diesem Zusammenhang sind ein ehemaliges Vorstandsmitglied von Siemens (J. Feldmayer) und der ehemalige AUB-Vorsitzende (W. Schelsky) vor dem Landgericht Nürnberg-Fürth wegen Untreue und Steuerhinterziehung angeklagt.

Auch im Ausland nimmt die strafrechtliche Aufarbeitung der Bestechungsvorgänge ihren Fortgang. So hat zuletzt die Staatsanwaltschaft Athen Anklage gegen Siemens wegen Bestechung von Mitarbeitern griechischer Staatsunternehmen erhoben.[10]

Betrachtet man die bisher vorliegenden Entscheidungen der Strafgerichte in vergleichbar gelagerten Fällen, so stand die Einordnung des Verhaltens als Untreue zum Nachteil der betroffenen Firmen im Vordergrund. So wurden in der sogenanten VW-Affäre verschiedene Angeklagte wegen Untreue bzw. der Anstiftung und der

7 Frankfurter Rundschau v. 29.07.2008, Nr. 175, S. 15.
8 Frankfurter Rundschau v. 29.07.2008, Nr. 175, S. 15.
9 Frankfurter Rundschau v. 04.07.2008, Nr. 154, S. 20.
10 Frankfurter Rundschau v. 3.7.2008, Nr. 153, S. 6 f.

Beihilfe hierzu verurteilt.[11] Der Siemens-Fall, der beim Landgericht Nürnberg angeklagt ist, weist zum VW-Skandal insofern eine inhaltliche Nähe auf, als es in beiden Fällen auch um Zuwendungen an Gewerkschaften ging, um diese gegenüber dem Kurs der Unternehmensführung gewogen zu stimmen. Auch im Fall der Schwarzgeldkonten der Hessischen CDU hat der BGH letztinstanzlich die Verurteilung der beiden Angeklagten wegen Untreue bestätigt.[12]

3. Konsentierte Schmiergeldzahlungen als Untreue im Sinne des § 266 StGB?

Ob und unter welchen Voraussetzungen jedoch eine Schmiergeldzahlung, die zumindest nach der Vorstellung der Handelnden im wirtschaftlichen Interesse des von ihnen vertretenen Unternehmens (und gegebenenfalls mit Einwilligung hochrangiger Unternehmensvertreter) erfolgte, die objektiven und subjektiven Voraussetzungen der Untreue erfüllt, ist in hohem Maße problematisch. Denn die Untreue ist kein Delikt zum Schutz eines fairen Wettbewerbes durch Bestrafung als unlauter empfundener Geschäftspraktiken, sondern ein reines Vermögensdelikt. Der Täter wird bestraft, weil er dem Vermögen seines Unternehmens, hinsichtlich dessen ihn eine besondere *Treuepflicht* trifft, *vorsätzlich* einen *Vermögensschaden* zufügt. Daraus folgt, dass eine strafbare Untreue dann nicht vorliegt, wenn entweder das Vermögen des Unternehmens durch die Handlungen objektiv nicht geschmälert wurde – mögen diese nach ethischen Gesichtspunkten auch als verwerflich erscheinen – oder wenn der Handelnde nicht wusste und wollte, dass dem Unternehmen ein Vermögensschaden entsteht.

Darüber hinaus ist fraglich, ob von Untreue gesprochen werden kann, wenn – unabhängig von der Frage eines Vermögensschadens und des diesbezüglichen Vorsatzes – der Vermögensträger als der durch den Straftatbestand ausschließlich geschützte Rechtsgutsträger mit dem Handeln des Beschuldigten einverstanden war. Hinsichtlich des letzteren Aspekts ist zudem die Anschlussfrage aufgeworfen, *welche* Stellen in einem komplexeren Unternehmen wie Siemens in welchem Umfang informiert gewesen müssen, damit von einem Einverständnis ausgegangen werden kann.

Vor dem Hintergrund dieses Charakters des § 266 StGB als Straftat gegen das Vermögen des Geschäftsherrn erscheint es jedenfalls nicht als naheliegend, den Handelnden Untreue zum Nachteil des Unternehmens vorzuwerfen, das in den Verfahren wegen der Korruptionshandlungen, durch die es angeblich geschädigt worden sein soll, freiwillig die Anwaltskosten der angeklagten Mitarbeiter übernommen und Kaution gestellt hat, um ihnen die Untersuchungshaft zu ersparen.[13]

11 Leyendecker, S. 191, 203, 208.

12 BGH, NJW 2007, 1760 mit Anmerkung Ransiek, NJW 2007, 1727.

13 Vgl. Leyendecker, S. 63.

Auch im Siemens-Fall vor dem Landgericht München I hat der Angeklagte, der als „Organisator der schwarzen Kassen" galt,[14] sich darauf berufen, dass er nur gewissenhaft die Aufgaben erledigt habe, die ihm aufgetragen wurden und dass über sein Verhalten jedenfalls der Bereichsvorstand informiert war; auch im Zentralvorstand sei „das Thema" zumindest bekannt gewesen. Hiervon ist auch das Landgericht München in seiner mündlichen Urteilsbegründung ausgegangen.[15]

3.1. Verletzung der Vermögensbetreuungspflicht?

Es ist bereits fraglich, ob die Zahlung von Schmiergeld im – vermeintlichen – Unternehmensinteresse als Verletzung der Vermögensbetreuungspflicht der Beschuldigten gegenüber dem Unternehmen angesehen werden kann. Denn diese werden sich – mit dem Vorwurf der Untreue konfrontiert – regelmäßig darauf berufen, dass sie nicht nur in uneigennütziger Weise die Vermögensinteressen des Unternehmens wahrgenommen haben, sondern dies sogar in einer für das Unternehmen besonders vorteilhafter Weise getan haben, etwa indem sie dem Unternehmen durch die Schmiergeldzahlung lukrative Aufträge sicherten.

Ein Angestellter, der sich jedoch ohne Zustimmung der zuständigen Organe des Vermögensinhabers anmaßt, selbst zu entscheiden, welche Art des Vermögenseinsatzes für diesen vorteilhaft ist, handelt – um ein Bild des seinerzeitigen Vorsitzenden des 3. Strafsenates des BGH aus der mündlichen Verhandlung im sogenannten Mannesmann-Verfahren aufzugreifen – nicht wie Gutsverwalter, sondern wie ein Gutsbesitzer.[16] Eben dies darf er nicht und verletzt insoweit seine Vermögensbetreuungspflicht gegenüber dem Unternehmen.

3.2. Die Frage des Vermögensschadens

3.2.1. (Gefahr von) Sanktionen als Vermögensschaden?

Wendet man sich weiter der oben angesprochenen Frage nach dem Vermögensschaden zu, so liegt es nahe, dem Einwand des Beschuldigten, das Unternehmen habe wirtschaftlich von seinem Verhalten letztlich profitiert und jedenfalls keinen Schaden erlitten, zu entgegnen, dass der Vermögensträger aufgrund des Verhaltens des Beschuldigten Geldbußen nach dem deutschen Ordnungswidrigkeitenrecht oder im Ausland zahlen musste oder ihm sonstige Sanktionen wirtschaftlicher Art auferlegt wurden, etwa eine befristete Sperre für die Vergabe von öffentlichen Aufträgen. In

14 Süddeutsche Zeitung v. 26.05.2008.
15 Frankfurter Rundschau v. 27.05.2008, Nr. 121, S. 15; Süddeutsche Zeitung v. 29.07.2008.
16 Zit. in Süddeutsche Zeitung vom 22.12.2005.

Betracht kommen weiter zivilrechtliche Schadensersatzansprüche Dritter infolge des illegalen Verhaltens der Beschuldigten – wie etwa im Fall der Hessischen CDU.[17] Derartige wirtschaftliche Nachteile können im Fall Siemens ohne weiteres hohe Millionenbeträge erreichen.[18] Sie sind auch zweifellos ursächlich durch das Verhalten der beschuldigten Mitarbeiter herbeigeführt worden und könnten somit den Vermögensschaden im Sinne des Untreuetatbestandes begründen.[19]

Insoweit fehlt den Beschuldigten jedoch regelmäßig der Vorsatz, denn sie trafen ja gerade mit erheblichem Aufwand Vorkehrungen zur Verschleierung der illegalen Zahlungen – wie etwa die Schaffung eines Systems von Auslandskonten und Briefkastenfirmen, wobei der wahre Charakter der Zahlungen darüber hinaus durch den Abschluss von Scheinberaterverträgen verschleiert wurde.[20] Es entsprach daher gerade nicht dem Willen der Beschuldigten, dass die Zahlungen bekannt werden und Sanktionen gegen das Unternehmen verhängt würden.[21] Vielmehr dürfte es den Beschuldigten nicht zu widerlegen sein, dass sie ernsthaft und nicht nur vage auf das Ausbleiben solcher Sanktionen aufgrund der getroffenen Vorsichtsmaßnahmen vertrauten. Eine fahrlässige Untreue ist indes nach deutschem Recht nicht strafbar, so dass die verhängten Sanktionen als Anknüpfungspunkt für einen Vermögensschaden und damit für die Untreuestrafbarkeit ausscheiden.

Allerdings ist es seit jeher weitgehend anerkannt, dass nicht erst der eingetretene wirtschaftliche Schaden einen tatbestandsmäßigen Vermögensschaden im Sinne des § 266 StGB begründet, sondern bereits die Schaffung der *Gefahr* eines solchen wirtschaftlichen Schadens, sofern diese nur hinreichend konkret ist, so dass bei wirtschaftlicher Betrachtung das zu betreuende Vermögen durch die Gefahr bereits gemindert ist.

Mithilfe dieser Argumentation hat der BGH im Fall der schwarzen Kassen der Hessischen CDU das objektive Vorliegen eines Vermögensschadens bejaht[22] und auch das LG Darmstadt gelangt im Enel-Verfahren über die Annahme einer konkreten Vermögensgefährdung in Gestalt von drohenden strafrechtlichen (Anordnung des Verfalls) und zivilrechtlichen Folgen (Rückabwicklung der Aufträge, Schadensersatz) zur Annahme eines Schadens.[23] Der BGH hat allerdings den Vorsatz der Beschuldigten im Wege einer einschränkenden Auslegung des *subjektiven* Tatbestandes verneint, weil die Beschuldigten nicht damit gerechnet hatten, dass sich die von ihnen erkannte Gefahr von Sanktionen und Schadensersatzforderungen gegen den von ihnen vertretenen Landesverband realisieren würde. Entgegen den allgemeinen Regeln reiche es für den Vorsatz in diesen Fällen nicht aus, dass der Täter die Ge-

17 BGH, NJW 2007, 1760, 1765: Dort wurde u.a. auf Schadensersatzansprüche des Bundesverbandes der CDU gegen den hessischen Landesverband abgestellt.

18 Allein die Sanktionsbefugnis der amerikanischen Börsenaufsicht SEC erreicht diese Beträge.

19 LG Darmstadt, Urteil vom 14.05.2007, 712 Js 5213/04 – 9 KLs, Rn. 149.

20 SPIEGEL-online v. 26.05.2008; Frankfurter Rundschau v. 27.05.2008, Nr. 121, S. 15.

21 Vgl. LG Darmstadt, Urteil vom 14.05.2007, 712 Js 5213/04 – 9 KLs, Rn. 150.

22 BGH, NJW 2007, 1760, 1765.

23 LG Darmstadt, Urteil vom 14.05.2007, 712 Js 5213/04 – 9 KLs, Rn. 149.

fahr erkannt und gleichwohl weitergehandelt habe, sondern der Täter müsse auch die *Realisierung* der Gefahr gebilligt haben, denn anderenfalls drohe das Verletzungsdelikt der Untreue in ein Gefährdungsdelikt umgedeutet zu werden.[24] An dieser subjektiven Voraussetzung fehlte es selbstverständlich in der vom BGH entschiedenen Situation wie auch im Enel-Verfahren vor dem LG Darmstadt[25] und in den übrigen Konstellationen des Siemens-Falles, denn die Beschuldigten gingen gerade davon aus, dass sich die Gefahr nicht realisieren würde. Der 2. Strafsenat des BGH hat diese im Jahr 2007 begründete Rechtsprechung inzwischen bestätigt.[26]

Auf der Grundlage dieser neueren Rechsprechung ist davon auszugehen, dass auch im Siemens-Fall die Voraussetzungen der Untreue nicht mit den eingetretenen Sanktionen bzw. der von den Beschuldigten erkannten Gefahr ihrer Verhängung begründet werden können.

Im rechtswissenschaftlichen Schrifttum wird der genannten Rechtsprechung allerdings mit guten Gründen widersprochen.[27] Denn wenn man mit dem BGH die eingetretene Gefahr in objektiver Hinsicht als ausreichend erachtet, so besteht nach den allgemeinen Regeln zum Vorsatz kaum eine Möglichkeit, diesen zu verneinen.[28] Den Tätern war die Gefahr der Verhängung von Sanktionen vollständig bewusst und dass sie deren Realisierung nicht wünschten, hindert nach der nahezu einhelligen Auffassung zum sogenannten „bedingten Vorsatz" die Vorsätzlichkeit des Handelns gerade nicht. Die Lösung der beschriebenen Fälle ist nach dieser Ansicht im Schrifttum über eine Auslegung des Gefahrbegriffs zu suchen. Denn nur, wenn die Gefahr negativer Konsequenzen hinreichend konkret ist, kann ihr Bestehen bereits als Vermögensschaden angesehen werden.[29] Am Vorliegen einer solchen konkreten Gefahr kann jedoch bis zur Entdeckung mit Recht gezweifelt werden, denn es bestand lediglich ein allgemeines Entdeckungsrisiko, das sich noch in keiner Weise örtlich oder zeitlich in Richtung auf eine bestimmte Situation verdichtet hatte. Vor diesem Hintergrund dürfte es keinen Bestand haben, wenn das LG Darmstadt, ohne sich mit dem erforderlichen Grad der Konkretisierung der Gefahr auseinandergesetzt zu haben, apodiktisch feststellt, dass dem durch die Auszahlung der Bestechungsgelder erlangten Gewinn durch die Akquisition eines äußerst lukrativen Auftrags „sofort eine erhebliche schadensgleiche Vermögensgefährdung gegenüber" gestanden habe.[30]

Im Ergebnis gelangt daher die genannte Auffassung im Schrifttum zu demselben Ergebnis wie der BGH, nämlich dazu, dass die Voraussetzungen der Untreue insoweit nicht vorliegen.

24 BGH, NJW 2007, 1760, 1765.
25 LG Darmstadt, Urteil vom 14.05.2007, 712 Js 5213/04 – 9 KLs, Rn. 150.
26 BGH, NStZ 2007, 704.
27 Ransiek, NJW 2007, 1727.
28 Vgl. LG Darmstadt, Urteil vom 14.05.2007, 712 Js 5213/04 – 9 KLs, Rn. 150.
29 Ransiek, NJW 2007, 1727.
30 LG Darmstadt, Urteil vom 14.05.2007, 712 Js 5213/04 – 9 KLs, Rn. 150.

3.2.2. Die Bildung und Unterhaltung schwarzer Kassen als Vermögensschaden?

In der o. g. Grundsatz-Entscheidung gelangt der BGH allerdings (hinsichtlich eines anderen Teils des angeklagten Sachverhaltes) auf einem anderen Weg zur Annahme eines Vermögensschadens, indem er nämlich bereits das Bilden und das daran anschließende Unterhalten einer schwarzen Kasse durch Gründung verdeckter Auslandskonten und entsprechende verdeckte Transaktionen als Schädigung des zu betreuenden Vermögens ansieht.[31] Dabei komme es nicht darauf an, ob die Täter glaubten, „letztlich" im Interesse der Berechtigten zu handeln. Denn durch Bildung schwarzer Kassen werde das Guthaben der Kontrolle durch die wahren Berechtigten (die Aktiengesellschaft und ihre Organe) entzogen und dem Gutdünken der handelnden Mitarbeiter preisgegeben.[32] Bereits dieser Verlust über die Kontrolle von Vermögenswerten durch den Geschäftsherrn stelle für diesen einen Schaden dar. Hierbei sei auch zu beachten, dass die Definition dessen, was im Interesse des Geschäftsherrn liegt, nicht Aufgabe der Beschuldigten, sondern der zuständigen Organe ist (im Falle einer Aktiengesellschaft also des Vorstandes und des Aufsichtsrates).

Ob sich im Nachhinein herausstellt, dass die Verwendung der Vermögenswerte durch die Beschuldigten tatsächlich im Unternehmensinteresse war und diese vielleicht sogar das Vermögen aus finanzieller Sicht vorbildlich verwendet und vielleicht sogar gemehrt haben (z. B. durch Erlangung lukrativer Aufträge durch Schmiergeldzahlungen), stellt nach dieser Sichtweise lediglich eine Schadenswiedergutmachung dar, die u. U. auf Strafzumessungsebene Berücksichtigung finden, aber nichts am einmal eingetretenen Tatbestand der Untreue zu ändern vermag.

Der BGH hat in der Revisionsentscheidung zum Enel-Urteil des LG Darmstadt diese Auslegung bestätigt,[33] der in der Sache auch zuzustimmen sein dürfte. Denn das von § 266 StGB geschützte Rechtsgut ist das Vermögen und damit auch das Recht, nach eigenem Gutdünken darüber zu verfügen. Deshalb setzt § 266 StGB auch nicht voraus, dass der Berechtigte sein Vermögen *dauerhaft* verliert.[34]

Dieser Gedanke deckt sich auch mit dem Alltagsverständnis einer Vermögensminderung, wenn man ihn auf ein fiktives Beispiel aus dem Privatrechtsverkehr überträgt: Verheimlichen etwa die Eltern ihrer 17jährigen Tochter, dass diese eine Erbschaft gemacht hat, weil sie fürchten, dass diese das Geld für eine Weltreise ausgeben wird, wenn sie volljährig wird, und legen sie das Geld stattdessen im eigenen Namen mit einer guten Rendite in Bundesschatzbriefe an, um es ihr im Alter von 27 Jahren, wenn die Eltern die Tochter für reif genug halten, einschließlich der Zinsen auszuzahlen, so ist das Vermögen der Tochter während der Dauer der Vorenthaltung ihrer Erbschaft gemindert (und wenn sie davon erführe, so würde sie dies auch so

31 BGH, NJW 2007, 1760, 1763.

32 BGH, NJW 2007, 1760, 1763.

33 BGH, Urteil v. 29.8.2008, 2 StR 587/07.

34 Ransiek, NJW 2007, 1727, 1728.

empfinden). Die – der Tochter unbekannte – Aussicht auf eine spätere Rückzahlung ändert daran nichts.

Jedenfalls dann also, wenn das zu betreuende Vermögen „mit hohem konspirativem Aufwand über einen langen Zeitraum“[35] dem Berechtigten vorenthalten wird, um es nach dem Gutdünken der handelnden Personen für das Unternehmen einzusetzen, liegt bereits in der Entziehung von Vermögenswerten durch das Transferieren in „schwarze Kassen“ ein Vermögensschaden.[36]

3.3. Ausschluss des Untreuetatbestandes wegen Einverständnisses?

Mit der oben genannten These, dass bereits das Bilden und Unterhalten einer schwarzen Kasse aus Sicht des Berechtigten bereits einen Vermögensschaden und nicht nur eine Gefährdung bildet, ist allerdings noch nicht entschieden, dass tatsächlich auch eine strafbare Untreue vorliegt. Denn aus der Bestimmung des Vermögens des Berechtigten als Schutzzweck des § 266 StGB folgt, dass eine Untreue dann nicht vorliegen kann, wenn der Berechtigte mit der Verwendung von Geldern als Schmiergeld einverstanden ist (sei es, dass man dann eine Treuepflichtverletzung der Mitarbeiter ablehnt, sei es, dass man in diesem Fall einen Vermögensschaden als nicht gegeben ansieht). Denn die Untreue ist kein Tatbestand, der die Missachtung von Buch- und Bilanzführungsvorschriften (durch die Nichtauflistung der Gelder in der schwarzen Kasse) unter Strafe stellt.

Handelte es sich bei dem Unternehmen, in dessen vermeintlichem Interesse die Schmiergelder gezahlt werden, um den Betrieb eines Einzelkaufmanns, so fiele die Entscheidung zumindest im Ergebnis leicht: Hat der Betriebsinhaber von der Bildung einer Schwarzen Kasse im Ausland durch seine Mitarbeiter gewusst und war er mit der Verwendung dieser Gelder als Bestechungsleistungen einverstanden, so hätten sich die Mitarbeiter nicht unter dem Gesichtspunkt des Vermögensdeliktes des § 266 StGB strafbar gemacht. Nun handelt es sich bei Siemens indes um eine Aktiengesellschaft, die zudem in eine Mutter- und einige Tochtergesellschaften aufgespalten ist.

35 BGH, NJW 2007, 1760, 1764.

36 BGH, Urteil v. 29.8.2008, 2 StR 587/07. Demgegenüber hatte das LG Darmstadt das Übernehmen (einer bereits bestehenden) und Unterhalten einer schwarzen Kasse lediglich als Vermögensgefährdung gewertet (LG Darmstadt, Urteil v. 14.05.2007, 712 Js 5213/04 – 9 KLs, Rn. 152); insoweit fehlte den Beschuldigten bei Zugrundelegung der o. g. neueren BGH-Rechtsprechung indes der Gefährdungsvorsatz.

3.4. Umfang des Zustimmungserfordernisses

Es kommt daher entscheidend darauf an, welche Personen oder Gremien der Bildung und Unterhaltung der schwarzen Kasse zugestimmt haben müssten, damit eine Untreue ausgeschlossen wäre. In Betracht kämen insoweit die Hauptversammlung als Organ der Eigentümergesamtheit, der Vorstand und der Aufsichtsrat des Mutterkonzerns und die Vorstände und Aufsichtsräte derjenigen Tochter-AG(en), denen die Beschuldigten angehören. Nachgelagert würde sich weiterhin die Frage stellen, ob auch einzelne Vorstandsmitglieder mit strafausschließender Wirkung zustimmen könnten.

Im Siemens-Verfahren vor dem LG München I hat etwa ein Bereichsvorstand der Netzwerksparte des Konzerns (ICN) ausgesagt, es seien auch Bereichsvorstände anderer Tochtergesellschaften (insbesondere der Kraftwerkssparte) und einzelne Mitglieder des Zentralvorstandes eingeweiht gewesen.[37] Das für Finanzen zuständige Vorstandsmitglied hat allerdings in der Hauptverhandlung bestritten, von schwarzen Kassen etwas gewusst zu haben.[38] Im Enel-Verfahren vor dem LG Darmstadt hat das Gericht festgestellt, dass der angeklagte Siemens-Mitarbeiter vor der Schmiergeldzusage jeweils – ausgerechnet – mit dem für die Einhaltung der Compliance-Richtlinien verantwortlichen Bereichsvorstand Rücksprache gehalten und das Schmiergeld erst dann zugesagt und ausgezahlt hat, nachdem das Vorstandsmitglied sich einverstanden erklärt hatte.[39]

Stellt man sich also die Frage, wie weit das Zustimmungserfordernis reicht, so erscheint es zunächst als wenig realitätsnah, auf die Zustimmung aller Eigentümer – mithin auf einen Beschluss der Hauptversammlung – abzustellen. Denn ein so großer und verzweigter Konzern wie die Siemens-AG wird in der Realität von den Vorständen geführt. Die Gemeinschaft der Eigentümer trifft in aller Regel keine operativen Entscheidungen und die Hauptversammlungen beschränken sich im wesentlichen auf die aktienrechtlich erforderlichen Handlungen, insbesondere die Wahl und Entlastung von Vorständen und die Festsetzung der Dividenden.

Bei näherer Betrachtung ergibt sich jedoch ein anderes Bild. Denn ungeachtet der praktischen Abläufe in Großkonzernen ist festzuhalten, dass Eigentümer der Aktiengesellschaft und deren Vermögens die Anteilseigner sind; sie sind – um in dem oben zitierten Bild zu bleiben – die Gutsbesitzer und die durch § 266 StGB geschützten Vermögensinhaber. Diese können – und müssen dies im Fall der Aktiengesellschaft – nun allerdings die Verwendung ihres Vermögens auf Stellvertreter übertragen – im obigen Sinne: auf die „Gutsverwalter". Solange sich diese im Rahmen ihrer Vertretungsmacht halten, ist ihr Verhalten vom Willen des Vertretenen gedeckt und kann deshalb ihm gegenüber keine Untreue darstellen. Etwas anderes muss indes wiederum gelten, wenn die Erteilung der Vertretungsmacht von den Stellvertretern durch

37 Frankfurter Rundschau v. 03.06.2008, Nr. 127, S. 22.

38 Frankfurter Rundschau v. 17.06.2008, Nr. 139, S. 16.

39 LG Darmstadt, Urteil vom 14.05.2007, 712 Js 5213/04 – 9 KLs, Rn. 91, 92, 97.

Vorspiegelung falscher Tatsachen oder durch Verschweigen wahrer Tatsachen, über die der Vertretene eine Auskunft erwarten durfte, erschlichen hat. Denn in einem solchen Fall kann nicht davon gesprochen werden, dass der Vermögensinhaber dem Verwalter die Vermögenssorge willentlich übertragen hat; vielmehr wurde der vermeintliche Wille ja durch Manipulation erzeugt, indem eine ordnungsgemäße Willensbildung gerade vereitelt wurde. Diese Grundsätze gelten auch bei der Weiterübertragung der Vertretungsmacht, etwa vom gesamten Vorstand auf einzelne zuständige Mitglieder des Vorstandes (insbesondere den Finanzvorstand) oder vom Vorstand des Gesamtkonzerns auf Vorstände einzelner – innerhalb des Konzerns (etwa für das Auslandsgeschäft im Bereich Kraftwerksbau) zuständiger – Tochtergesellschaften oder Unternehmensbereiche.

Auch hier mag wieder ein Vergleich mit der Rechtslage im Rechtsverkehr unter natürlichen Personen herangezogen werden: Wenn ein Stellvertreter Kenntnis von einem Konto mit Geldern des Vertretenen hat, von denen diesem nichts bekannt ist, und er diesem die Existenz des Kontos verschweigt, um nach eigenem Gutdünken (wenngleich nach seiner Ansicht im Interesse des Vertretenen) damit zu verfahren, so wird sich der Vertreter nach Bekanntwerden des Vorgangs nicht darauf berufen können, dass der Vertretene ihn mit der Vermögenssorge beauftragt habe. Dies gilt jedenfalls dann, wenn der Vertretene in regelmäßigen Abständen Rechenschaft zu legen hat und die Verlängerung bzw. Wiedererteilung der Vollmacht von der vorgelegten Bilanz abhängig ist.

Im Fall der Bildung schwarzer Kassen bedeutet dies, dass nur eine Kenntnis und Einwilligung des Vermögensträgers hinsichtlich der Bildung „schwarzer Kassen“ den Untreuevorwurf gegen die handelnden Mitarbeiter ausräumen würde. Die Wahl des Vorstandes und die damit verbundene Betrauung mit der Vermögenssorge des Unternehmens wirkt – im Falle des Eingeweihtseins des Vorstandes oder einzelner Vorstandsmitglieder – nur dann als Einwilligung des Vermögensträgers, wenn diesem bewusst war, dass die in den schwarzen Kassen verwahrten Gelder überhaupt vorhanden sind. Im Regelfall dürfte es daran aber gerade fehlen, denn es entspricht dem Wesen der „schwarzen“ Kasse, dass in ihr Bestehen nur wenige Einzelpersonen eingeweiht sind, nicht aber tausende Aktionäre eines Großkonzerns. Liegt der Fall so, dann kann auch die Einwilligung einzelner Vorstandsmitglieder oder sogar des gesamten Vorstandes die Handelnden nicht vom Vorwurf der Untreue bewahren, denn der durch § 266 StGB geschützte Vermögensträger hat der Bildung einer schwarzen Kasse dann gerade nicht zugestimmt und eine solche Zustimmung kann auch nicht in der Betrauung eines in die Vorgänge eingeweihten Vorstandes gesehen werden, denn mangels Kenntnis der Gelder kann sich auch die Beauftragung mit der Verwaltung des Vermögens der AG, die in der Bestellung des Vorstandes enthalten ist, nicht auf diese Gelder beziehen.

Schließlich hilft den Betroffenen das Argument nicht weiter, dass die Aktionäre – hätten sie von der Verwendung der Gelder gewusst – dieser zugestimmt hätten, da sie gerade zum Wohl ihrer Vermögensinteressen erfolgt sei, nicht weiter. Denn eine solche „mutmaßliche Einwilligung“ wirkt allenfalls dann entlastend, wenn die Information des Berechtigten und die Einholung einer tatsächlichen Einwilligung dem

Handelnden nicht möglich war, was in den hier relevanten Fallkonstellationen ersichtlich nicht der Fall war.

3.5. Zwischenergebnis zur Untreue (§ 266 StGB)

Eine Zahlung von Schmiergeldern im vermeintlichen Unternehmensinteresse erfüllt nicht ohne weiteres den Tatbestand der Untreue. Insbesondere stellt diese Vorschrift nicht den Verstoß gegen wirtschaftsethische Regeln unter Strafe, sondern allein die vorsätzliche Verursachung eines Vermögensschadens durch den Verstoß gegen eine Vermögensbetreuungspflicht, was ein Handeln gegen den Willen des Vermögensträgers voraussetzt. Die Zahlung von Schmiergeld als solche begründet deshalb keinen Vermögensschaden, wenn der Handelnde die Vorstellung hatte, dadurch letztlich das Vermögen des Berechtigten zu mehren – insbesondere durch Erlangung von lukrativen Aufträgen. Selbst wenn dies letztlich fehlschlägt, scheidet eine Untreuestrafbarkeit mangels Vorsatzes zur Herbeiführung eines Schadens des Unternehmens aus, und eine „fahrlässige Untreue" existiert im deutschen Strafrecht nicht.

Grundlage eines Untreuevorwurfs kann dagegen die Bildung einer „schwarzen Kasse" sein – wie dies auch im Fall Siemens erfolgt ist. Denn die langfristige Entziehung der Gelder stellt bereits als solche – selbst wenn sie im vermeintlichen Unternehmensinteresse erfolgt – einen Vermögensschaden für das Unternehmen dar. Etwas anderes gilt nur dann, wenn der Vermögensträger – im Fall einer Aktiengesellschaft also die Gesamtheit der Anteilseigner – mit der Bildung der heimlichen Kasse für Schmiergelder einverstanden war. Daran wird es jedoch regelmäßig – und dem Wesen „schwarzer" Kassen entsprechend – fehlen. Die Wahl eines Vorstandes, dessen Aufgabe auch die Verwaltung des vorhandenen Vermögens ist, stellt kein solches Einverständnis dar, denn ein solches setzt voraus, dass der Vollmachtgeber über das Vorhandensein des zu verwaltenden Vermögens überhaupt informiert ist.

4. *Bestechung in- und ausländischer Amtsträger (§§ 331 ff. StGB i. V. m. dem IntBestG bzw. dem EUBestG)*

Ein weiterer denkbarer Anknüpfungspunkt für eine Strafbarkeit in den Konstellationen, die zur „Siemens-Affäre" zusammengefasst werden, ist die *Amtsträgerbestechung*. Dabei kann die seit jeher strafbare Bestechung inländischer Amtsträger (§§ 331 ff. StGB) außer Betracht bleiben, denn soweit es um innerdeutsche Vorgänge geht, etwa um Leistungen an die arbeitgeberfreundliche „Gewerkschaft" AUB und deren Vorsitzenden, fehlt es an der Amtsträgereigenschaft der Zahlungsempfänger. Gewerkschaftsfunktionäre sind weder Beamte noch sind sie „sonst dazu bestellt, bei einer Behörde oder bei einer sonstigen Stelle … Aufgaben der öffentlichen Verwaltung … wahrzunehmen" (§ 11 Abs. 1 Nr. 2 c) StGB).

In Betracht kommt aber eine Bestechung ausländischer Amtsträger gemäß § 334 StGB i. V. m. dem Gesetz zur Bekämpfung internationaler Bestechung (IntBestG)[40] bzw. dem EU-Bestechungsgesetz (EUBestG).

4.1. Amtsträgereigenschaft i. S. d. EUBestG von Mitarbeitern einer Aktiengesellschaft?

Das EuBestG erweitert in seinem § 1 die Strafbarkeit wegen Bestechung gemäß § 334 StGB auf Handlungen gegenüber Amtsträgern eines anderen Mitgliedsstaates der Europäischen Union, „soweit seine Stellung einem Amtsträger im Sinne des § 11 Abs. 1 Nr. 2 des Strafgesetzbuches entspricht“ (und gegenüber Amtsträgern der Europäischen Union).

Das zentrale Auslegungsproblem, das sich den Gerichten in diesen Fällen stellt, ist die Frage nach der Amtsträgereigenschaft von Mitarbeitern privatrechtlich organisierter Unternehmen, an denen der Staat jedoch (mehrheitlich oder nur mit einem Minderheitenanteil) beteiligt ist.[41] So wurden etwa im Siemens-Fall (Enel-Verfahren) Zahlungen an Mitarbeiter eines italienischen Stromkonzerns geleistet, bei dem es sich um einen ehemaligen Staatsbetrieb handelte und der nunmehr in Form einer Aktiengesellschaft organisiert war, wobei der italienische Staat nach einem Börsengang im Jahr 1999 noch 68 % der Anteile hielt.[42] Da es sich bei der Versorgung der Bevölkerung mit Strom um eine Aufgabe im Rahmen der sogenannten Daseinsvorsorge handelt, kommt es durchaus in Betracht, die Mitarbeiter des als Aktiengesellschaft organisierten ehemaligen Staatsunternehmens als Amtsträger im Sinne des oben bereits zitierten § 11 Abs. 1 Nr. 2 c) StGB anzusehen, denn die Vorschrift wurde durch das Korruptionsbekämpfungsgesetz aus dem Jahr 1997 dahingehend erweitert, dass es für die Amtsträgereigenschaft auf die zur Aufgabenerfüllung gewählte Organisationsform des Unternehmens nicht ankommt.

Umso mehr erstaunt es, dass das Landgericht Darmstadt in seinem Urteil aus dem Jahr 2007, das insoweit vom BGH[43] bestätigt wurde, lediglich in außerordentlich dürren Worten die Amtsträgereigenschaft der italienischen Beteiligten verneint, obwohl es im Rahmen der Sachverhaltsdarstellung der Umwandlung des ehemaligen Staatsunternehmens in die heutige Aktiengesellschaft, an der der Staat aber noch immer mehrheitsbeteiligt ist, breiten Raum widmet. Das Gericht gibt auch keine im Wege der Auslegung und Subsumtion gewonnene Begründung für sein Ergebnis,

40 Gesetz zu dem Übereinkommen vom 17. Dezember 1997 über die Bekämpfung der Bestechung ausländischer Amtsträger im internationalen Geschäftsverkehr vom 10.09.1998 (BGBl. II, S. 2327).

41 Vgl. Bernsmann, Strafverteidiger 2003, 521, 523.

42 Vgl. ausführlich zur Privatisierung und Liberalisierung des italienischen Strommarktes LG Darmstadt, Urteil vom 14.05.2007, 712 Js 5213/04 – 9 KLs, Rn. 8 ff.

43 BGH, Urteil v. 29.8.2008, 2 StR 587/07.

sondern beschränkt sich in seinem Urteil auf die – juristisch unerhebliche – Feststellung, dass hinsichtlich der Ablehnung der Amtsträgereigenschaft in der Hauptverhandlung zwischen allen Verfahrensbeteiligten Einigkeit bestanden habe.[44]

Diese Übereinstimmung zwischen den Verfahrensbeteiligten erstaunt umso mehr, als der Bundesgerichtshof im Jahr 2005 den Geschäftsführer eines als GmbH organisierten Unternehmens, dessen Geschäftsgegenstand die Versorgung der Bevölkerung mit Fernwärme war, als Amtsträger angesehen hat.[45] Im dortigen Fall befand sich die GmbH allerdings im Gegensatz zu dem besagten italienischen Konzern im Alleinbesitz des Staates. Ob allerdings der Unterschied zwischen einer die 2/3-Grenze übersteigenden Mehrheitsbeteiligung des Staates und dem staatlichen Alleinbesitz es rechtfertigt, im einen Fall von einer Amtsträgereigenschaft auszugehen, im anderen aber nicht, ist in hohem Maße fragwürdig. Nach der Rechtsprechung ist bei privatrechtlich organisierten Unternehmen auf dem Gebiet der Daseinsvorsorge eine Gesamtbetrachtung vorzunehmen, in deren Rahmen zu prüfen ist, ob das Unternehmen gleichsam als „verlängerter Arm des Staates" angesehen werden kann.[46] Auf diese Rechtsprechung nimmt auch das LG Darmstadt Bezug, ohne jedoch näher zu erläutern, weshalb nach seiner Auffassung „‚E.Power' und ‚E.Produzione' [...] weder nach ihrer Satzung noch nach ihrem tatsächlichen Betätigungsfeld behördenähnliche Institutionen [darstellen], die als verlängerter Arm des Staates angesehen werden könnten".[47] Nach dem Gesetzeszweck des Korruptionsbekämpfungsgesetzes liegt ein anderes Ergebnis nahe. Denn Ziel dieses Gesetzes war es, auf die veränderte Rechtswirklichkeit, die durch eine noch immer zunehmende Privatisierung gekennzeichnet ist, zu reagieren, indem ausdrücklich formuliert wurde, dass eine privatrechtliche Organisationsform nichts an der Amtsträgereigenschaft der Beschäftigten eines Unternehmens, das mit der Wahrnehmung öffentlicher Aufgaben befasst ist, ändert. Eine „Flucht ins Privatrecht" – also ein Entziehen aus der strafrechtlichen Verantwortung – durch Wahl einer privatrechtlichen Organisationsform, während in der Sache der Staat noch immer öffentliche Aufgaben wahrnimmt, sollte verhindert werden.

Jedenfalls dann, wenn der Staat, wie im vorliegenden Fall, über eine 2/3-Mehrheit der Anteile den Kurs des Unternehmens weitgehend nach Belieben steuern kann, widerspräche es dem Gesetzeszweck der §§ 332, 334 StGB und des EUBestG, die Mitarbeiter derartiger Unternehmen aus der strafrechtlichen Verantwortung zu entlassen. Vieles spricht daher in den Fällen der Bestechung von Mitarbeitern ausländischer Energieunternehmen, an denen der Staat mehrheitsbeteiligt ist, für eine Amtsträgereigenschaft der bestochenen Mitarbeiter und damit für eine Anwendbarkeit des § 334 StGB in Verbindung mit dem EUBestG. Es ist allerdings aufgrund des wenig bestimmten Gesetzeswortlautes des § 11 Abs. 1 Nr. 2 c) StGB stets im Einzelfall zu

44 LG Darmstadt, Urteil vom 14.05.2007, 712 Js 5213/04 – 9 KLs, Rn. 155.
45 BGH, StV 2005, 322.
46 BGH, StV 2005, 322.
47 LG Darmstadt, Urteil vom 14.05.2007, 712 Js 5213/04 – 9 KLs, Rn. 155.

prüfen, ob das Unternehmen eine öffentliche Aufgabe wahrnimmt und ob es aufgrund hinreichender staatlicher Steuerung als „sonstige Stelle“ im Sinne der Vorschrift angesehen werden kann.

4.2. Strafbarkeit auf der Grundlage des IntBestG

Lehnt man eine Strafbarkeit nach § 334 StGB in Verbindung mit dem EUBestG ab, weil man – wie das LG Darmstadt im Enel-Verfahren – zu dem Ergebnis gelangt, dass die bestochenen Angestellten des ausländischen Unternehmens keine Amtsträger im Sinne des § 11 StGB sind, so ist weiter zu untersuchen, ob die Voraussetzungen des IntBestG vorliegen, das in seinem § 1 ebenfalls auf § 334 StGB verweist. Das EUBestG und das IntBestG stehen nicht in einem Hierarchieverhältnis zueinander, so dass eine Strafbarkeit etwa im Siemens/Enel-Verfahren vor dem LG Darmstadt nicht daran scheiterte, dass es sich bei dem Land, in dem bestochen wurde, mit Italien um einen EU-Mitgliedsstaat handelte.[48]

Durch das IntBestG wurde die OECD (Organisation for Economic Co-operation and Development)-Konvention zur Bekämpfung der Bestechung ausländischer Amtsträger im internationalen Geschäftsverkehr aus dem Jahr 1997 in deutsches Recht umgesetzt. Seine Normen sind deshalb zum einen nicht auf Angehörige der EU-Staaten beschränkt, sondern gelten weltweit. Abgesehen von dieser räumlichen Erweiterung geht aber zum anderen auch der sachliche Anwendungsbereich des IntBestG über das soeben erörterte EUBestG hinaus.[49] Denn § 1 IntBestG nimmt nicht wie § 1 EUBestG auf die Definition des Amtsträgerbegriffs in § 11 Abs. 1 Nr. 2 StGB Bezug, sondern formuliert eine eigene Begriffsbestimmung.[50] Dies erfolgte deshalb, weil es die Absicht der OECD-Konvention war, innerhalb der Vertragsstaaten einheitliche Standards für die Verfolgung grenzüberschreitender Korruption zu schaffen. Den Wirtschaftssubjekten der jeweiligen Vertragsstaaten sollte kein Vorteil oder Nachteil dadurch entstehen, dass der betroffene Staat ein besonders weites oder enges Korruptionsstrafrecht aufweist.[51] Daher ist es für die Strafbarkeit nicht maßgeblich, ob der Zuwendungsempfänger nach dem Recht seines Staates als Amtsträger anzusehen ist, sondern ob er die Amtsträgerdefinition des IntBestG erfüllt. Ausreichend ist es danach, wenn es sich bei dem Bestochenen um eine Person handelt, die beauftragt ist, bei einer oder für eine Behörde eines ausländischen Staates *oder für ein öffentliches Unternehmen* […] *oder sonst* öffentliche Aufgaben für einen ausländischen Staat wahrzunehmen (§ 1 Nr. 2 b) IntBestG).

48 Pelz, ZIS 2008, 333.
49 Vgl. Tinkl, wistra 2006, 126, 128.
50 BGH, Urteil v. 29.8.2008, 2 StR 587/07.
51 BT-Dr. 13/10428 v. 20.04.1998; vgl. LG Darmstadt, Urteil vom 14.05.2007, 712 Js 5213/04 – 9 KLs, Rn. 159.

Es müssen also kumulativ zwei Voraussetzungen zusammentreffen, nämlich die Wahrnehmung einer öffentlichen Aufgabe und die Eigenschaft der wahrnehmenden Stelle als Behörde oder öffentliches Unternehmen. Letzteres ist im Fall von Kapitalgesellschaften nach den Erläuterungen der vertragsschließenden Staaten zum OECD-Abkommen gegeben, wenn das Unternehmen vom Staat unmittelbar oder mittelbar beherrscht wird, der Staat also die Anteilsmehrheit hält oder die Mehrheit der Mitglieder des Verwaltungs- oder Aufsichtsrats ernennen kann.[52] Die Regelungen reflektieren insoweit die zunehmende Privatisierung von Aufgaben der öffentlichen Verwaltung und finden für die schwierige Abgrenzung zwischen reinen Privatrechtssubjekten, die nicht den Vorschriften über die Amtsträgerbestechung unterfallen, und öffentlichen Unternehmen eine pragmatische Lösung, indem auf das ohne weiteres nachvollziehbare und für Außenstehende (insbesondere aus dem Ausland) – halbwegs – erkennbare Kriterium der Mehrheitsbeteiligung abgestellt wird. Denn es ist davon auszugehen, dass im Rahmen von internationalen Geschäftsbeziehungen, in deren Rahmen es um die Vergabe von Großaufträgen geht, es dem Geschäftspartner durchaus bekannt ist, ob auf der Gegenseite ein mehrheitlich im Staatsbesitz befindliches Unternehmen steht – schon weil dies Auswirkungen etwa auf die Kreditwürdigkeit oder etwa bestehende Ausschreibungspflichten hat.

Weniger deutlich ist, was mit dem Begriff der „öffentlichen Aufgabe“ gemeint ist. Die Erläuterungen zum OECD-Abkommen beschränken sich hier auf den Hinweis, dass der Begriff der öffentlichen Aufgaben „alle Handlungen im öffentlichen Interesse“ umfasse, „die im Auftrag eines anderen Staates vorgenommen werden, wie zum Beispiel die Erfüllung einer von dem anderen Staat übertragenen Aufgabe im Zusammenhang mit dem öffentlichen Auftragswesen“.[53] Legt man angesichts der Unbestimmtheit dieser Formulierung hier hilfsweise die Vorstellungen des deutschen Rechts zu dieser Frage zugrunde, so unterfällt etwa der Bereich der Versorgung der Bevölkerung mit Energie dem Bereich der sogenannten Daseinsvorsorge, deren Wahrnehmung üblicherweise als eine öffentliche Aufgabe angesehen wird.[54] Der BGH hat dies zuletzt in einer Entscheidung bestätigt, die den Geschäftsführer einer GmbH betraf, welche die Bevölkerung mit Fernwärme versorgt.[55] Lediglich, wenn ein derartiges Unternehmen sich *ausschließlich* gewinnbringend wirtschaftlich betätigen wolle, gelte etwas anderes. Eine Zuordnung der Tätigkeit der fraglichen Enel-Tochterunternehmen zum Bereich der Daseinsvorsorge, der zu den öffentlichen Aufgaben zählt, lässt sich deshalb nur dann vermeiden, wenn man darauf abstellt, dass diese die Bevölkerung nicht unmittelbar mit Energie versorgen, sondern lediglich die *Voraussetzungen* der Energieversorgung schaffen – insbesondere durch die

52 BT-Dr. 13/10428, S. 24, Ziff. 14 der Erläuterungen; vgl. LG Darmstadt, Urteil vom 14.05.2007, 712 Js 5213/04 – 9 KLs, Rn. 158; Schuster/Rübenstahl, wistra 2008, 204.

53 BT-Dr. 13/10428, S. 23, Ziff. 12 der Erläuterungen.

54 BGHSt 12, 89, 90; 31, 264, 268; 45, 16, 19; Bundestags-Drucksache 13/5584, S. 12; Schuster/Rübenstahl, wistra 2008, 201, 204.

55 BGH, StV 2005, 322, 323.

Errichtung von Infrastruktur (Anlagenbau und Energieerzeugung), während die eigentliche Belieferung der Endkunden durch andere Unternehmen erfolgte.[56]

Das LG Darmstadt, das insoweit vom 2. Strafsenat des BGH bestätigt wurde, gelangt im Enel-Verfahren zur Verneinung der Wahrnehmung einer öffentlichen Aufgabe durch das italienische Energieversorgungsunternehmen, indem es die Erläuterungen zum OECD-Abkommen (Ziff. 15) aufgreift. Danach fehlt es an der Wahrnehmung einer öffentlichen Aufgabe nämlich bereits dann, wenn das Unternehmen in dem betreffenden Markt auf einer „normalen geschäftlichen Grundlage tätig ist, das heißt auf einer Grundlage, die der eines privatwirtschaftlichen Unternehmens ohne begünstigende Subventionen oder sonstige Vorrechte im wesentlichen gleichkommt."[57]

Diese Voraussetzungen bejaht das LG Darmstadt bereits deshalb, weil auf dem in Rede stehenden Markt des Baus von Kraftwerksanlagen bzw. der Produktion von Strom tatsächlich ein Wettbewerb stattfindet, das in staatlichem Mehrheitsbesitz befindliche Unternehmen also keine Monopolstellung hat, sondern sich in Konkurrenz zu rein privatrechtlichen Unternehmen befindet.[58]

Einer solchen Argumentation lässt sich allerdings entgegenhalten, dass sie kaum mit dem Gesetzeszweck des IntBestG in Übereinstimmung zu bringen sein dürfte. Wie auch der deutsche § 11 Abs. 1, Nr. 2 StGB unterscheidet das IntBestG nämlich zwischen „klassischen" Amtsträgern (§ 1 Nr. 2 a) IntBestG; „Beamte" im Sinne des § 11 Abs. 1 Nr. 2 a) StGB) und „sonstigen" Amtsträgern, nämlich solchen Personen, die keine „Beamten" sind, aber Bedienstete eines öffentlichen Unternehmens sind und als solche öffentliche Aufgaben wahrnehmen. Damit sollte – wie oben geschildert – verhindert werden, dass durch die Wahl einer privatrechtlichen Organisationsform die strafrechtlichen Bindungen abgeschüttelt werden („Flucht ins Privatrecht"). Wenn man nun das Vorhandensein einer Konkurrenzsituation als Kriterium dafür ansieht, dass Angestellte eines öffentlichen Unternehmens nicht mehr als „sonstige Amtsträger" zu behandeln wären, so wäre den Akteuren die „Flucht ins Privatrecht" geradezu mustergültig gelungen, denn Wirtschaftsbereiche, in denen eine Konkurrenzsituation zwischen (teilweise) staatlichen Anbietern und rein privaten Unternehmen nicht herrscht, gibt es in der Praxis kaum und darf es teilweise – etwa im Geltungsbereich der Wettbewerbsfreiheiten des EU-Vertrages – gar nicht geben.

Für den § 1 Nr. 2 IntBestG würde dies bedeuten, dass die Vorschrift der Nr. 2 b), die gerade eine Reaktion auf die noch immer anhaltende Privatisierung ehemals staatlicher Wirtschaftsbereiche darstellen sollte, praktisch bedeutungslos wäre und die im Gesetz offensichtlich angelegte Differenzierung zwischen „klassischen" (Nr.

56 Schuster/Rübenstahl, wistra 2008, 201, 204.

57 BT-Dr. 13/10428, S. 24, Ziff. 15 der Erläuterungen; LG Darmstadt, Urteil vom 14.05.2007, 712 Js 5213/04 – 9 KLs, Rn. 161.

58 LG Darmstadt, Urteil vom 14.05.2007, 712 Js 5213/04 – 9 KLs, Rn. 162 f.; zustimmend Schuster/Rübenstahl, wistra 2008, 201, 204.

2 a) und „sonstigen“ Amtsträgern (Nr. 2 b; auch „Quasi-Amtsträger“ genannt[59]) letztlich obsolet würde. Dies widerspricht ersichtlich der Intention des Gesetzes und deckt sich – wie oben gezeigt – auch nicht mit der Auslegung des Bundesgerichtshofes zur parallel gelagerten Problematik im deutschen Strafgesetzbuch, der etwa den Geschäftsführer eines als GmbH organisierten Energieversorgungsunternehmens durchaus als Amtsträger eingeordnet hat.

4.3. Zwischenergebnis zur Amtsträgerbestechung

In Fällen wie der Siemens-Problematik stellt sich für das Strafrecht in zunehmendem Maße das Problem der Privatisierung ehemals öffentlicher Wirtschaftsbereiche – im konkreten Fall etwa die Frage, ob Mitarbeiter eines als Aktiengesellschaft (also in privatrechtlicher Form) organisierten Unternehmens, das sich mit der Energieversorgung der Bevölkerung befasst, als Amtsträger im erweitert verstandenen Sinne angesehen werden können. Verneint man diese Frage mit dem LG Darmstadt und dem 2. Strafsenat des BGH (im Enel-Verfahren) schon deshalb, weil die privatisierten Unternehmen sich in einer Konkurrenzsituation mit rein privaten Unternehmen befinden, so wäre es dem Staat letztlich gelungen, sich durch Wahl einer privatrechtlichen Organisationsform den Bedingungen des Strafrechts zu entziehen (Flucht ins Privatrecht). Vieles – insbesondere die neuere Gesetzgebungsgeschichte, die gerade Vorschriften zur Erfassung solcher Privatisierungsvorgänge geschaffen hat – spricht deshalb dafür, jedenfalls die Entscheidungsträger staatlich beherrschter Unternehmen, die mit öffentlicher Daseinsvorsorge befasst sind, als Amtsträger zu behandeln. Dies hätte zur Folge, dass Schmiergeldzahlungen in diesem Bereich als Amtsträgerbestechung zu behandeln wären.

5. Die Bestechung im geschäftlichen Verkehr (§ 299 StGB)

Da – wie oben gezeigt – in den Fällen der Schmiergeldzahlung an Mitarbeiter ausländischer Unternehmen die Begründung einer Strafbarkeit über die Untreue oder die Amtsträgerbestechung erhebliche Probleme aufwirft, stellt die Bestechung im geschäftlichen Verkehr (§ 299 StGB) den – aus Sicht der Strafverfolgungsbehörden – wichtigsten Anknüpfungspunkt für eine denkbare Strafbarkeit dar.

Schon durch die Stellung der Norm im 26. Abschnitt des StGB („Straftaten gegen den Wettbewerb“) wird deutlich, dass die Vorschrift des § 299 StGB sich in ihrem

59 Schuster/Rübenstahl, wistra 2008, 201, 204.

Rechtsgut (der „lautere Wettbewerb“[60]) und in ihren Voraussetzungen wesentlich von den bis 1997 üblicherweise abschließend als „Korruptionsdelikte“ bezeichneten Vorschriften über die Amtsträgerbestechung in den §§ 331 ff. StGB unterscheidet, die im 30. Abschnitt des StGB unter der Überschrift der „Straftaten im Amt“ geregelt sind. Voraussetzung für die Strafbarkeit ist, dass „im geschäftlichen Verkehr zu Zwecken des Wettbewerbes“ einem Angestellten eines geschäftlichen Betriebes ein Vorteil als Gegenleistung dafür gewährt wird, dass er den Vorteilsgeber „bei dem Bezug von Waren oder gewerblichen Leistungen in unlauterer Weise“ bevorzugt.

Die Gewährung von Geldleistungen an leitende Mitarbeiter (etwa der italienischen Enel-Tochterfirmen im Fall des LG Darmstadt) erfüllte nach dem Wortlaut diese Voraussetzungen, denn der Begriff „Bezug“ umfasst den gesamten wirtschaftlichen Vorgang von der Bestellung bis zur Bezahlung von Waren. Die Bestechung zur Erlangung eines Warenlieferungsauftrages erfolgt daher „bei dem Bezug“ von Waren.

5.1. Anwendbarkeit auf Handlungen im ausländischen Wettbewerb im Zeitraum von 1999 – 2002?

Nachdem der Gesetzgeber zudem im Jahr 2002 dem § 299 StGB einen Absatz 3 hinzugefügt hat, demzufolge die Vorschrift auch für Handlungen im *ausländischen* Wettbewerb Anwendung findet, steht auf der Basis des heutigen Rechts nicht mehr in Zweifel, dass *künftig* auch Vorgänge wie diejenigen, die im Fall Siemens in Rede stehen, nämlich die Bestechung von Mitarbeitern ausländischer Firmen, dem Tatbestand der Bestechung im geschäftlichen Verkehr unterfallen.

Für die konkrete Entscheidung im Rahmen der Siemens-Affäre war dies allerdings höchst fraglich, denn als die Handlungen, die etwa vor dem LG Darmstadt angeklagt waren, vorgenommen wurden, existierte der § 299 Abs. 3 StGB noch nicht, und eine zeitlich zurückwirkende Anwendung von Vorschriften ist im deutschen Strafrecht – u. a. sogar durch das Grundgesetz (Art. 103 Abs. 2 GG) – untersagt. Weil aber im Siemens-Fall keine weiteren deutschen Anbieter an der Auftragsausschreiben teilgenommen hatten, wäre der deutsche Wettbewerb nicht berührt und § 299 StGB deshalb unanwendbar, falls die Vorschrift vor der Gesetzesänderung im Jahr 2002 den ausländischen Wettbewerb nicht erfasst hätte. Da der Gesetzgeber es für nötig erachtet hat, den § 299 StGB entsprechend zu ergänzen, liegt eine solche Auslegung bei unbefangener Betrachtung nahe.[61] Zudem entsprach es der unbestrittenen Auslegung auch des BGH zur Vorgängervorschrift des § 299 StGB – nämlich § 12 des Gesetzes gegen den unlauteren Wettbewerb (UWG) – dass der Anwen-

60 Ausführlich und mit zutreffender Ablehnung des Versuches, diesem – für die Auslegung maßgeblichen – Rechtsgut weitere „Reflexe“ wie den Schutz der Bevölkerung vor überhöhten Preisen anzustaffeln: Vormbaum, in: Festschrift für Schroeder, S. 649, 653.

61 Vormbaum, in: Festschrift für Schroeder, 649, 654.

dungsbereich auf den inländischen Wettbewerb beschränkt ist.[62] Eine inhaltliche Ausweitung war durch die Übernahme des § 12 UWG a.F. in das StGB jedoch nicht beabsichtigt.[63]

Das Landgericht Darmstadt wendete § 299 StGB gleichwohl an und vertrat die Auffassung, dass der ausländische Wettbewerb schon vor der Gesetzesänderung geschützt gewesen sei, auch wenn dies damals in der Gesetzesfassung noch nicht ausdrücklich klargestellt war.[64] Als Argumente führte es an, dass der Wortlaut des § 299 StGB eine auf den deutschen Wettbewerb beschränkende Auslegung nicht gebiete und die zunehmende Europäisierung des Wettbewerbs eine Auslegung nahelege, die auch den europäischen Wettbewerb einbezieht. Es bestehe vor dem Hintergrund der Rechts- und Wettbewerbsentwicklung in der EU die „Notwendigkeit einer gemeinschaftsfreundlichen Auslegung“, was im Fall des § 299 StGB die Erstreckung der Strafbarkeit auf Handlungen im europäischen Wettbewerb bedeute. Dies gelte jedenfalls dann, wenn – wie im Enel-Verfahren – eine förmliche EU-weite Ausschreibung stattgefunden habe.

Dieser Auffassung, die auch im rechtswissenschaftlichen Schrifttum Anhänger hat,[65] wird von anderen Autoren widersprochen.[66] Auch der 2. Strafsenat des BGH hat sich der Auslegung des LG Darmstadt insoweit nicht anschließen können und hat das Urteil deshalb teilweise aufgehoben.[67] Denn die EU hat den Mitgliedsstaaten zwar durch eine Gemeinsame Maßnahme aufgegeben, die Bestechung im geschäftlichen Verkehr auf Handlungen im Wettbewerb der EU-Staaten zu erweitern; vor einer Umsetzung dieser Maßnahme in deutsches Recht entfaltet diese europarechtliche Vereinbarung aber keine unmittelbare Wirkung zu Lasten der betroffenen Bürger.[68] Bei der Erstreckung des § 299 StGB auf den ausländischen Wettbewerb durch § 299 Abs. 3 StGB handelte es sich daher – entgegen der Gesetzesbegründung – nicht um eine Klarstellung, sondern um einen konstitutiven Akt.[69] Zudem wird durch die Auslegung des LG Darmstadt nicht nur ein Tatbestandsmerkmal des § 299 StGB entgegen der bisherigen Auffassung ausgelegt, was als solches nicht in Konflikt mit dem Rückwirkungsverbot geriete, sondern es wird das bisherige Rechtsgut der Vorschrift durch ein anderes ersetzt – nämlich der inländische Wettbewerb durch den weltwei-

62 BGH NJW 1964, 969, 971 f.; BB 1968, 520; OLG Düsseldorf, NJW 1974, 417; vgl. Pelz, ZIS 2008, 333, 334.

63 Vgl. Pelz, ZIS 2008, 333, 335 m.w.N.

64 LG Darmstadt, Urteil vom 14.05.2007, 712 Js 5213/04 – 9 KLs, Rn. 137 ff.

65 Fischer, StGB, 55. Aufl., § 299, Rn. 2; Tiedemann, in: Leipziger Kommentar zum StGB, § 299, Rn. 55.

66 Rönnau, in: Handbuch Wirtschaftsstrafrecht, 2. Aufl., Heidelberg 2008, III.2., Rn. 47; Schuster/Rübenstahl, wistra 2008, 201, 206; Vormbaum, in: Festschrift für Schroeder, 649, 659 / 660; Pelz, ZIS 2008, 333, 339.

67 BGH, Urteil v. 29.8.2008, 2 StR 587/07.

68 Schuster/Rübenstahl, wistra 2008, 201, 206; Pelz, ZIS 2008, 333, 337.

69 Pelz, ZIS 2008, 333, 335.

ten Wettbewerb – und dadurch faktisch eine neue Strafnorm geschaffen.[70] Vieles spricht daher dafür, § 299 StGB vor Einfügung des Absatzes 3 im Sinne einer Beschränkung auf Handlungen im inländischen Wettbewerb zu verstehen. Im Rahmen der Siemens-Affäre sind die Beteiligten in künftigen Verfahren danach freizusprechen (bzw. schon nicht anzuklagen), soweit nicht Handlungen in Rede stehen, die sich auf den Zeitraum nach Inkrafttreten des § 299 Abs. 3 StGB beziehen.[71]

5.2. Zwischenergebnis zur Bestechung im geschäftlichen Verkehr

Der Gesetzgeber hat im Jahr 2002 den Anwendungsbereich des § 299 StGB auf Handlungen im ausländischen Wettbewerb ausgedehnt. Nach vorzugswürdiger, aber umstrittener Auffassung sind derartige Handlungen von der bis zu diesem Zeitpunkt geltenden Rechtslage nicht erfasst und damit straflos. Dies gilt auch für die hier diskutierten Fallkonstellationen im Rahmen der Siemens-Affäre.

6. Reformvorhaben

Die Rechtsentwicklung auf dem Gebiet des Korruptionsstrafrechts befindet sich nach wie vor in Bewegung. Zur Zeit befindet sich ein Gesetzentwurf der Bundesregierung[72] im Gesetzgebungsverfahren, der das Korruptionsstrafrecht in Teilen neu ordnen und erneut Erweiterungen mit sich bringen wird.

6.1. Integration des EUBestG und des IntBestG in das Kernstrafrecht

Eines der Kernanliegen des Gesetzentwurfes ist die Überführung der Korruptionstatbestände des EuBestG und des IntBestG in das Kernstrafrecht.[73] Dies wird durch die Ergänzung der Definition des Amtsträgerbegriffes in § 11 StGB um „Europäische Amtsträger“ sowie durch die Schaffung eines § 335 a StGB („Ausländische und internationale Bedienstete“) gewährleistet. Diese gesetzgeberische Maßnahme ist aus Gründen einer systematisch stringenten und für den Rechtsanwender übersichtlichen Regelungsweise zunächst wünschenswert.

70 Pelz, ZIS 2008, 333, 338, 339.
71 Schuster/Rübenstahl, wistra 2008, 201, 207.
72 BR-Dr. 548/07.
73 BR-Dr. 548, 07, S. 2.

6.2. Zum Begriff des Europäischen Amtsträgers (Art. 1, Nr. 3 und 15 des Entwurfes)

Durch die zunehmende Privatisierung öffentlicher Aufgaben, aber auch durch Formen von schuldrechtlicher Kooperation zwischen Trägern der öffentlichen Gewalt und Privaten („Public Private Partnership"), sieht sich die Rechtsprechung mit der Frage konfrontiert, in welchem Umfang Private gemäß § 11 Abs. 1 Nr. 1 c) StGB in den Kreis der Amtsträger einbezogen werden können, ohne den Charakter der Amtsdelikte als Sonderdelikte aufzugeben.[74] Die Tatsache, dass eine private Person durch Träger der öffentlichen Gewalt mit der Durchführung einer öffentlichen Aufgabe betraut ist (etwa durch Werkvertrag), wird dabei für sich genommen kaum ausreichen können. Auch das bisherige deutsche Recht verlangt in § 11 Abs. 1 Nr. 2 c) StGB zumindest eine „Bestellung" zur Wahrnehmung öffentlicher Aufgaben, was eine Einschränkung des Amtsträgerbegriffes in den Fällen bloßer privatrechtlicher Beauftragung nahe legt[75]. Verlangt wird etwa, dass der Bestellungsakt entweder zu einer über den einzelnen Auftrag hinausgehenden längerfristigen Tätigkeit oder zu einer organisatorischen Eingliederung in die Behördenstruktur führen müsse.[76]

Eine solche Einschränkung fehlt in Art. 1 Nr. 3 und 15 des Entwurfes für den Europäischen Amtsträger und für ausländische Bedienstete vollständig, indem die sehr weite Definition des „sonstigen Amtsträgers" aus § 1 Nr. 2 b) IntBestG übernommen wird. Sie ist ausweislich der Entwurfsbegründung[77] auch nicht gewollt, da diese Private, die etwa kraft Werkvertrages mit der Wahrnehmung öffentlicher Aufgaben beauftragt sind, ausdrücklich als Amtsträger verstanden wissen will. Die Auffassung der Entwurfsbegründung, dass diese Personen „funktionell Bediensteten gleichzustellen" sein sollen, hat im Gesetzestext keinen Ausdruck gefunden. Der Entwurf gibt daher in dem Vorschlag eines § 11 Abs. 1 Nr. 2 a, lit. c) sowie eines § 335a Abs. 1 Nr. 2 a), b) StGB für den Bereich der Europäischen Amtsträger und Bediensteten den Sonderdeliktscharakter der Amtsträgerdelikte (zu) weitgehend auf (wie bisher bereits das IntBestG).

6.3. Zur Bestechlichkeit und Bestechung im geschäftlichen Verkehr, § 299 StGB (Art. 1, Nr. 10 des Entwurfes)

Wie oben gezeigt, ist das geschützte Rechtsgut des § 299 StGB das Allgemeininteresse an lauteren Wettbewerbsbedingungen.[78] Es handelt sich also um eine Vorschrift zum Schutz des Wettbewerbes, wie sich auch aus der systematischen Stellung des §

74 Vgl. BGHSt 45, 16; BGHSt 46, 310, 313; OLG Frankfurt, 1 HEs 114/02 v. 22.07.2002.

75 Vgl. BGHSt 43, 96, 105; Geppert, Jura 1981, 44; Haft NJW 1995, 1113, 1117; Zeiler, MDR 1996, 439, 441 f.

76 BGHSt 43, 96, 105.

77 BR-Dr. 548/07, S. 19.

78 Gercke/Wollschläger, wistra 2008, 5.

299 StGB im 26. Abschnitt des Besonderen Teils des StGB und aus der Gesetzesgeschichte ergibt, denn § 299 StGB löste den vormaligen § 12 UWG a.F. ab. Dementsprechend verlangt der Tatbestand des § 299 StGB in der gegenwärtigen Fassung, dass der Täter einen anderen „im Wettbewerb in unlauterer Weise bevorzug[t]“. § 299 Abs. 1 Nr. 2 in der Fassung des Entwurfes enthält jedoch nunmehr ein Untreuedelikt, was durch die Entwurfsbegründung bestätigt wird.[79] Diese Ausdehnung des Rechtsgutes dürfte mit der systematischen Stellung des § 299 StGB (s. o.) kaum in Übereinstimmung zu bringen sein. Es ist im Hinblick auf die §§ 266, 26, 27 StGB darüber hinaus auch ein kriminalpolitisches Interesse an einer solchen Ausdehnung nicht erkennbar. Die Konkurrenzfrage zu § 266 StGB ist ungeklärt, wenn beide Delikte künftig jedenfalls partiell dasselbe Rechtsgut (Vermögensinteressen des Geschäftsherrn) schützen.[80]

7. *Zusammenfassung*

Die strafrechtliche Beurteilung von Schmiergeldzahlungen im – vermeintlichen – Interesse des eigenen Unternehmens, wie sie exemplarisch im Fall Siemens in Erscheinung getreten sind, wirft erhebliche Probleme auf.

Der Tatbestand der Untreue (§ 266 StGB) erscheint insoweit nicht als das richtige Instrument, denn durch ihn wird das *Vermögen* des Geschäftsherrn geschützt, das aber durch die Schmiergeldzahlungen im Fall der beabsichtigten Auftragserlangung zunächst vermehrt und nicht verringert wurde. Die Gefahr von straf-, zivil- oder ordnungswidrigkeitenrechtlichen Konsequenzen für das Unternehmen als Folge der Schmiergeldzahlung ändert daran nichts, weil diese Gefahr entweder für die Gleichstellung mit dem erforderlichen Vermögensschaden des Geschäftsherrn nicht hinreichend konkret ist oder es den Handelnden insoweit am Vorsatz fehlte.

Die einzig tragfähige Begründung für eine Untreuestrafbarkeit ist die Bildung schwarzer Kassen durch die bestechenden Unternehmensmitarbeiter, weil darin bereits eine Entziehung von Vermögenswerten liegt, die einen Vermögensschaden begründet. Allerdings fehlt es auch dann an einer Untreuestrafbarkeit, wenn die maßgeblichen Entscheidungsträger des Unternehmens mit der Bildung einer schwarzen Kasse einverstanden waren. Im Falle einer Aktiengesellschaft wie der Siemens AG

79 BR-Dr. 548/07, S. 123, 24: „Verletzung einer Pflicht gegenüber dem Unternehmen [...] außerhalb von Wettbewerbslagen“).

80 Dass das Konkurrenzverhältnis unklar ist, gesteht mittelbar auch die Gesetzesbegründung ein, indem sie ausführt, dass Tateinheit und Tatmehrheit in Betracht kommen: Vgl. BT-Dr. 548/07, S. 24, Ziff. 2 a.E. Die Gesetzesbegründung verkennt dabei allerdings, dass – wenn künftig wie beabsichtigt die Interessen des Geschäftsherrn als geschütztes Rechtsgut in den Tatbestand des § 299 StGB aufgenommen werden – sich die Frage der Gesetzeskonkurrenz im Verhältnis zu § 266 StGB neu stellt. Der Verweis auf die Entscheidung BGH NJW 2006, 925 trägt bereits deshalb nicht.

dürfte dies allerdings bei Zugrundelegung der hier vertretenen Auffassung regelmäßig ausscheiden, weil danach die Eigentümer der AG als Inhaber des geschützten Vermögens zugestimmt haben müssten. Stellt man indes – was durchaus denkbar wäre – auf den Vorstand oder einzelne – für Finanzen zuständige – Vorstandsmitglieder ab, so würde selbst das Bilden einer schwarzen Kasse nicht ausreichen, um den Tatbestand der Untreue zu begründen.

Denkbar wäre weiterhin eine Amtsträgerbestechung, da über das EUBestG und das IntBestG auch die Bestechung von Amtsträgern ausländischer Staaten unter Strafe gestellt wurde. Allerdings ist in diesen Fällen regelmäßig die schwierige Frage der Amtsträgereigenschaft von Mitarbeitern *privatrechtlicher* Unternehmen aufgeworfen, die staatlich beherrscht sind oder zumindest im Auftrag staatlicher Stellen öffentliche Aufgaben (wie etwa der Stromversorgung) wahrnehmen. Rechtsprechung und Schrifttum haben für die Beantwortung dieser Frage bisher noch keine verlässliche Lösung gefunden, was aufgrund der strafrechtlichen Bestimmtheitserfordernisse und der erforderlichen Erkennbarkeit der Reichweite strafbewehrter Verbote für den Bürger und die Unternehmen einen wenig befriedigenden Zustand darstellt. Zu kurz dürfte es jedenfalls greifen, wenn mit dem Landgericht Darmstadt Bestochene bereits deshalb nicht als Amtsträger angesehen werden, weil das Unternehmen, für das sie arbeiten, sich im Wettbewerb mit rein privatrechtlichen Unternehmen befindet. Dies würde eine gelungene „Flucht in das Privatrecht" darstellen, indem man sich durch Privatisierung der öffentlich-rechtlichen (in diesem Fall: strafrechtlichen) Bindungen entledigt hätte.

Einschlägig ist dagegen nach aktueller Rechtslage – auch bei Handlungen im ausländischen Wettbewerb – der (allerdings mit milderer Strafdrohung als die Amtsträgerkorruption versehene) Tatbestand der Bestechung im geschäftlichen Verkehr gemäß § 299 Abs. 2 StGB. Im Rahmen der weiteren strafrechtlichen Aufarbeitung der Siemens-Affäre stellt sich allerdings die Frage nach der Anwendbarkeit der Vorschrift auf Handlungen im ausländischen Wettbewerb, die vor der Erweiterung des § 299 StGB um seinen Absatz 3 vorgenommen wurden. Die Frage wird die Gerichte noch für einen Übergangszeitraum beschäftigen, nämlich solange Handlungen aus der Zeit von 1999 bis 2002 zu beurteilen sind. Sie ist nach vorzugswürdiger Ansicht zu verneinen.

Literatur

Bernsmann, K. (2003) Die Korruptionsdelikte (§§ 331 ff. StGB) – Eine Zwischenbilanz, *Strafverteidiger* 23, 521 ff.

Bundesgerichtshof (2008) *Urteil vom 29.08.2008*, 2 StR 587/07.

Bundesgerichtshof (2007), Urteil vom 18.10.2006, 2 StR 499/05, *Neue Juristische Wochenschrift* 60, 1760 ff.

Dann, M. (2008) Erleichterungs- und Beschleunigungszahlungen im Ausland – kein Fall des IntBestG?, *Zeitschrift für Wirtschaftsstrafrecht* 27, 41 ff.

Fischer, T. (2008) *Strafgesetzbuch und Nebengesetze*, 55. Aufl., München.

Geppert, K. (1981) Repetitorium Strafrecht. Amtsdelikte, *Jura* 3 (1), 42 ff.

Gercke, B./Wollschläger, S. (2008) Das Wettbewerbserfordernis i. S. d. § 299 StGB, *Zeitschrift für Wirtschaftsstrafrecht* 27, 5 ff.

Haft, F. (1995) Freiberufler sind keine Amtsträger, *Neue Juristische Wochenschrift* 48, 1113 ff.

Landgericht Darmstadt (2008) Urteil vom 14.05.2007, 712 Js 5213/04 – 9 KLs, *Corporate Compliance Zeitschrift* 1, 37 ff.

Leyendecker, H. (2007) *Die große Gier. Korruption, Kartelle, Lustreisen: Warum unsere Wirtschaft eine neue Moral braucht*, 2. Aufl., Berlin.

Pelz, C. (2008) Änderung des Schutzzwecks einer Norm durch Auslegung? Zur Reichweite des § 299 Abs. 2 StGB a. F., *Zeitschrift für Internationale Strafrechtsdogmatik* 3, 333 ff.

Ransiek, A. (2007) „Verstecktes" Parteivermögen und Untreue, *Neue Juristische Wochenschrift* 60, 1727 ff.

Rönnau, Thomas (2008) Wirtschaftskorruption, in: H. Achenbach/A. Ransiek (Hrsg.), *Handbuch Wirtschaftsstrafrecht*, 2. Aufl., Heidelberg 2008, 76 ff.

Rönnau, T. (2007) „Angestelltenbestechung" in Fällen mit Auslandsbezug, *Juristenzeitung* 62, 1084 ff.

Rönnau, T. (2007) Untreue als Wirtschaftsdelikt, *Zeitschrift für die gesamte Strafrechtswissenschaft* 119, 887 ff.

Rönnau, T./Golombek, T. (2007) Die Aufnahme des „Geschäftsherrenmodells" in den Tatbestand des § 299 – ein Systembruch im deutschen StGB, *Zeitschrift für Rechtspolitik* 40, 193 ff.

Schuster, F. P./Rübenstahl, M. (2008) Praxisrelevante Probleme des internationalen Korruptionsstrafrechts, *Zeitschrift für Wirtschaftsstrafrecht* 27, 201 ff.

Tiedemann, K. (2008) § 299, in: H. W. Laufhütte/R. Rissing-van Saan/K. Tiedemann (Hrsg.) *Leipziger Kommentar zum Strafgesetzbuch*, 12. Aufl., Berlin.

Tinkl, C. (2006) Strafbarkeit von Bestechung nach dem EUBestG und dem IntBestG, *Zeitschrift für Wirtschaftsstrafrecht* 25, 126 ff.

Vormbaum, T. (2006) Probleme der Korruption im geschäftlichen Verkehr, in: A. Hoyer (Hrsg.) *Festschrift für Friedrich-Christian Schroeder*, Heidelberg u. a., 649 ff.

Zeiler, H. (1996) Einige Gedanken zum Begriff des Amtsträgers im Sinne des § 11 I Nr. 2c StGB, *Monatsschrift für Deutsches Recht* 50 (5), 439 ff.

Die Selbstanzeige als Instrument der Korruptionsbekämpfung

Mathias Nell

„Ob aus Not, Enttäuschung oder Rachsucht: Nur wenn einer wie Siekaczek sich offenbart, kann das Gesetz des Schweigens gebrochen werden. Dies und nur dies rechtfertigt ein mildes Urteil" (Marcus Beise, Süddeutsche Zeitung, 29.08.2008).

1. Einleitung

Hinweisgeber sind eine der bedeutsamsten Quellen für die Aufdeckung von Korruption. So wurden die Siemens-Ermittlungen in Deutschland unter anderem durch einen anonymen Brief an den Münchener Oberstaatsanwalt Christian Schmidt-Sommerfeld ausgelöst. Und auch der ehemalige Frankfurter Oberstaatsanwalt Wolfgang Schaupensteiner konnte korruptive Praktiken um den schwedischen Einrichtungskonzern Ikea bei der Vergabe von Bauaufträgen durch eine couragierte Hinweisgeberin entlarven und somit die Beteiligten zur Rechenschaft ziehen.

Neben diesen recht prominenten Fällen wird die Bedeutung von Hinweisgebern als Entdeckungsweg von Wirtschaftskriminalität in Deutschland empirisch durch eine Studie der Wirtschaftsprüfungsgesellschaft PricewaterhouseCoopers belegt, in der insgesamt 1.166 deutsche Unternehmen befragt wurden. In 64% der berichteten Fälle konnten die Betriebe wirtschaftskriminelle Handlungen durch interne Hinweise (38%) und externe Hinweise (26%) aufdecken. Damit kommt in Deutschland anderen betrieblichen Entdeckungswegen – wie etwa der internen Revision (14%), der Unternehmenssicherheit (3%) oder dem Risikomanagement (1%) – ein weitaus geringerer Stellenwert zu (PricewaterhouseCoopers 2007: 32).

Neben Unternehmen, die auf Grund ihrer Effektivität verstärkt Whistleblower-Systeme etablieren, hat auch der deutsche Gesetzgeber die Bedeutung von Hinweisgebern für die Wirtschaftskriminalitätsbekämpfung erkannt und versucht, dieser durch die künftige Neufassung des § 612a BGB Rechnung zu tragen. Ziel der zu überarbeitenden Norm soll es sein, eine klare und eindeutige Regelung im Bereich des Informantenschutzes zu schaffen. Damit soll die Rechtssicherheit für Arbeitnehmer, die über gesetzeswidrige Praktiken in ihrem Unternehmen informieren, deutlich verbessert werden

Es ist davon auszugehen, dass von der zunehmenden Implementierung betrieblicher Hinweisgeber-Maßnahmen sowie der staatlichen Stärkung des Schutzes von

Informanten – obwohl der Neufassung des § 612a BGB auch einige Mängel zuzusprechen sind – ein Korruptionspräventionseffekt ausgehen wird.[1] Denn jene Personen, die zu einer korruptiven Handlung ansetzen, können nicht mehr in gleichem Maße wie bisher damit rechnen, dass Dritte, die von Rechtsverletzungen Kenntnis erlangen, aufgrund einer fehlenden Möglichkeit zur sicheren Weiterleitung ihrer Informationen oder aus Angst vor Repressalien Stillschweigen bewahren. Hierdurch steigt für die Beteiligten das tatsächliche und subjektiv wahrgenommene Entdeckungsrisiko.

Die abschreckende Wirkung der drohenden Offenlegung durch Dritte ist aber Grenzen ausgesetzt. Denn als Heimlichkeitsdelikt ist Korruption von Verschleierung geprägt. Dies bedeutet einerseits, dass korruptive Praktiken von Außenstehenden gegebenenfalls von vornherein nicht wahrgenommen werden (können). Anderseits, sofern Rechtswidrigkeiten vermutet werden, fehlen nicht selten stichhaltige Beweise. Ohne diese sind potentielle Hinweisgeber aber weniger geneigt, ihren Verdacht preiszugeben. Denn sie könnten auch falsch liegen, andere also ungerechtfertigt anschuldigen, und somit selbst Konsequenzen zu tragen haben. Obwohl demgemäß die Erleichterung der Informationsweiterleitung in Unternehmen und ein verbesserter rechtlicher Schutz von Hinweisgebern einen zusätzlichen Abschreckungseffekt erzielen können, bleibt dieser durch den Heimlichkeitscharakter korrupter Deals und durch die Informationsasymmetrie zwischen den Eingeweihten und den Außenstehenden eingeschränkt.

Dieses Defizit kann jedoch durch die Erschließung einer besonderen Informantenquelle beseitigt werden: die Beteiligten selbst, die *Insider*. Denn diese besitzen als Partizipierende (zwangsläufig) Informationen über die Ausgestaltung und den Ablauf korrupter Deals. So wissen die Partner korruptiver Vereinbarungen (mit wenig Teilnehmern) gemeinhin, für welche konkrete Gegenleistung ein materieller oder immaterieller Vorteil angeboten, versprochen oder gewährt beziehungsweise gefordert oder angenommen wurde. Zudem haben die unmittelbar Beteiligten in solchen Geschäften für gewöhnlich auch Einblicke, über welche Kanäle der Vorteil geflossen ist, welche Scheingeschäfte konstruiert wurden und wie diese funktionierten, oder wer als Mittelsfigur fungierte.

Aber selbst in organisatorisch komplexeren korruptiven Strukturen, in denen eine einzelne Person die Zusammenhänge nicht in allen Feinheiten kennt, können die Kenntnisse dieser Personen ausreichen, um ein gesamtes Bestechungssystem hinreichend genau zu rekonstruieren. So war Reinhard Siekaczek, der als leitender Angestellter bei Siemens schwarze Kassen mit einem Gesamtvolumen von rund 58 Mio. Euro verwaltete, oftmals nicht bekannt, an wen die Schmiergelder flossen. Gleich-

1 Zu möglichen Vor- und Nachteilen des § 612a n.F. BGB, die hier nicht näher aufgegriffen werden können, siehe zum Beispiel Fairness Stiftung (http://www.fairness-stiftung.de/pdf/WBNW_zu_612a.pdf), Download am 25.07.2008. Siehe ebenfalls die öffentliche Anhörung des Deutschen Bundestages am 04.06.2008 (http://www.bundestag.de/ausschuesse/a10/anhoerungen/a10_81/index.html).

wohl war er der „Pfadfinder“ für die Münchener Staatsanwaltschaft. Denn bereits ein paar Tage nach seiner Festnahme im November 2006 überreichte er der Staatsanwaltschaft knapp 40 Ordner mit Beweismaterial und erläuterte in insgesamt 38 Vernehmungen überdies die Funktionsweise von Beraterverträgen, Kassenausgabe- und Buchungsbelegen. Siekaczek erstellte außerdem eine Gesamtübersicht über die Rolle von Siemens-Mitarbeitern im Siemens-Korruptionsgeflecht. Nach Aussage der Strafverfolgerin Bäumler-Hösl waren eben „diese Unterlagen (…) im Verlauf der Ermittlungen unentbehrlich“, um „das System verstehen zu können.“[2]

Indem Korruption also die Zusammenarbeit mehrerer Personen erfordert, eignet sich jeder Beteiligte Informationen über die Anderen und deren rechtswidrige Handlungen an. Während ein Einbrecher darauf bedacht ist, dass niemand sein Tun beobachtet und er keine Spuren hinterlässt, ist in korrupten Deals überdies jeder um die Wahrung des Pakts des Schweigens bemüht, beziehungsweise muss darauf vertrauen können. Als Charakteristikum gemeinschaftlich begangener Straftaten ist genau dies die Achillesferse korruptiver Vereinbarungen. Denn wenn (potentielle) Korruptionsstraftäter nicht mehr darauf bauen können, dass jeder Beteiligte Stillschweigen über Gesetzeswidrigkeiten bewahrt, wird ein wesentliches Fundament der Korruption porös: Vertrauen.

Die Bereitschaft der an Korruption Beteiligten zur Offenlegung bedarf jedoch konkreter Anreize. Da die strafrechtliche Verfolgung zu den signifikantesten Risiken der Begehung einer Korruptionsstraftat zählt, wird im Folgenden das Instrument der strafbefreienden Selbstanzeige für natürliche Personen diskutiert. Da aber auch Unternehmen in die Verantwortung genommen werden können, wenn es zu Straftaten oder Pflichtverletzungen von Mitarbeitern kommt, soll auch die Unternehmenshaftung aufgegriffen werden (mit besonderem Augenmerk auf die deutsche Gesetzeslage.) In diesem Zusammenhang werden das Instrument einer betrieblichen Selbstanzeige und deren positive Effekte für die Korruptionsbekämpfung diskutiert.

2. Die Bonusregelung des Bundeskartellamts als Vergleichsinstrument

Im Jahr 2000 führte das Bundeskartellamt die sogenannte Bonusregelung ein und überarbeitete diese im Jahr 2006. Danach kann das Bundeskartellamt Kartellteilnehmern, die durch ihre Kooperation beitragen, ein Kartell aufzudecken, die sonst drohende Geldbuße erlassen oder reduzieren. Die Bonusregelung bezieht sich sowohl auf natürliche Personen als auch auf Unternehmen und Unternehmensvereinigungen, die Absprachen über die Festsetzung von Preisen oder Absatzquoten sowie über die Aufteilung von Märkten und Submissionsabsprachen getroffen haben.

Einem Kartellbeteiligten wird gemäß der Bonusregelung die Geldbuße *erlassen*, „wenn (…) er sich als erster (…) an das Bundeskartellamt wendet, bevor dieses über

2 Süddeutsche Zeitung, Siemens Prozess – Jäger auf verlorenem Posten, 17.07.2008.

ausreichende Beweismittel verfügt, um einen Durchsuchungsbeschluss zu erwirken und (...) er das Bundeskartellamt durch mündliche oder schriftliche Informationen und – soweit verfügbar – Beweismittel in die Lage versetzt, einen Durchsuchungsbeschluss zu erwirken und (...) er nicht alleiniger Anführer eines Kartells war oder andere zur Teilnahme an dem Kartell gezwungen hat und (...) er ununterbrochen und uneingeschränkt mit dem Bundeskartellamt zusammenarbeitet" (Bundeskartellamt 2006: 1). Zum Erlass der Geldbuße kommt es in der Regel auch dann, wenn das Kartellamt zwar bereits in der Lage war, einen Durchsuchungsbeschluss zu erwirken, der Kartellbeteiligte sich aber „als erster (...) an das Bundeskartellamt wendet, bevor dieses über ausreichende Beweismittel verfügt, um die Tat nachzuweisen (...)" (Bundeskartellamt 2006: 1).

Zur *Reduktion* der Geldbuße von bis zu 50% kann es kommen, wenn ein Kartellmitglied die Bedingungen für einen vollständigen Erlass nicht erfüllt, aber „er dem Bundeskartellamt mündliche oder schriftliche Informationen und – soweit verfügbar – Beweismittel vorlegt, die wesentlich dazu beitragen, die Tat nachzuweisen und (...) er ununterbrochen und uneingeschränkt mit dem Bundeskartellamt zusammenarbeitet." (Bundeskartellamt 2006: 2) „Der Umfang der Reduktion richtet sich" dann „insbesondere nach dem Nutzen der Aufklärungsbeiträge und der Reihenfolge der Anträge" (Bundeskartellamt 2006: 2).

Die Bonusregelung ist eine Erfolgsstory. Im Zeitraum von 2000 bis 2007 gab es 44 Fälle, in denen insgesamt 171 Bonusanträge gestellt wurden (BT-Drucksache 16/5710).[3] Nach Auffassung des Bundeskartellamts gebe es zwar nicht mehr Kartelle, aber dank der Bonusregelung würden immer mehr Fälle aufgedeckt.[4] Zwar liegen bisher keine Erhebungen vor, ob Unternehmen durch die Bonusregelung tatsächlich davon abgehalten werden, ein illegales Kartell zu gründen. Zu vermuten ist dies aber, da Kartellbeteiligte durch die Regelung damit rechnen müssen, dass ein Mitglied abtrünnig wird und illegale Absprachen auffliegen lässt.

3. Die Selbstanzeige für natürliche Personen

Vergleichbare Aufdeckungs- und Präventionseffekte könnte auch eine kodifizierte, strafbefreiende Selbstanzeigemöglichkeit für sogenannte Korruptionsstraftaten (§ 299 f., § 331 ff. StGB) erzielen. Denn Korruptionsstraftäter können derzeit zwar bei freiwilliger Anzeige vor Entdeckung mit einer milderen Strafe oder Einstellung rechnen. Die Entscheidung, ob und in welcher Höhe eine Bestrafung erfolgt, ist aber in das Ermessen der Staatsanwälte und Richter gestellt. Somit bleibt ein erhebliches Maß an Unsicherheit, die den Anreiz zur Offenbarung gegenüber den Strafverfolgungsbehörden schmälert. Infolgedessen können Beteiligte an einer korruptiven

3 Für 2007 siehe *Tagesspiegel.de*, Petzen lohnt sich, 11.03.2008.

4 *Tagesspiegel.de*, Petzen lohnt sich, 11.03.2008.

Austauschbeziehung auf das Stillschweigen der Geschäftspartner im Regelfall vertrauen, sodass das Risiko der Entlarvung ceteris paribus relativ gering bleibt.

Pies (2008: 105) merkt in diesem Zusammenhang treffend an: „Ex ante sind (...) Strafen *funktional*, weil sie rationale Akteure tendenziell davon abhalten, sich an der sozialschädlichen Korruptionspraxis zu beteiligen. Hat sich jedoch – aus welchen Gründen auch immer – eine [Korruptionspraxis] erst einmal etabliert, so sind (...) Strafen ex post *dysfunktional*. Sie verstärken den Druck zu Geheimhaltung und sind damit – wider Willen – eine Stabilisierungshilfe für sozialschädliche Interaktionen". Die strafbefreiende Selbstanzeige kann diesen ungewollten Stabilisierungseffekt beseitigen.

Vielfach aber wird die Anreizwirkung einer Strafbefreiung bei Selbstanzeige in Zweifel gezogen. Zum Beispiel vor dem Hintergrund der Steuerhinterziehung tragen Kritiker vor, dass der Täter sich mit Rücksicht auf die durch § 371 Abgabenordnung (AO) möglichen Strafbefreiung zur Hinterziehung entschlossen haben könnte. Gründe für einen Rücktritt ergäben sich zumindest aus der Möglichkeit einer strafbefreienden Selbstanzeige nicht. Im Übrigen seien die explizit ausformulierten Ausschlussgründe des § 371 AO eine Verstärkung der Sicherheit des Straftäters und somit auch eine Verstärkung des Anreizes zur Steuerhinterziehung. Je sicherer die Strafbefreiung sei, desto geringer sei auch das Druckpotential der Strafandrohung. Die strafbefreiende Selbstanzeige relativiere also zum einen das Risiko der Steuerhinterziehung, biete jedoch zum anderen keinen hinreichenden Anreiz zur Rückkehr in die Legalität (Heesen 2003: 12).

Diese Einwände haben bei Delikten mit Einzeltätern ihre Berechtigung. Bei Straftaten, die gemeinschaftlich begangen werden, wie regelmäßige Bestechung oder Bestechlichkeit, verhält es sich aber anders. Denn für derartige Unrechtsvereinbarungen spielt Vertrauen eine große Rolle: Die Beteiligten müssen darauf vertrauen, dass die Partner Stillschweigen bewahren, sich also an den Pakt des Schweigens halten. Die strafbefreiende Selbstanzeige kann dieses Vertrauen untergraben und hierdurch eine abschreckende Wirkung entfalten. Denn die Täter können sich nicht mehr in Sicherheit darüber wiegen, dass auch ihr Gegenüber kein Interesse an der Offenlegung einer Schmiergeldvereinbarung hat. Vielmehr müssen sie damit rechnen, dass ihr Partner Reue zeigt und zur Selbstanzeige greift. Das Entdeckungsrisiko steigt.

Von einem anderen Blickwinkel aus wird Vertrauen oft mit der Bereitschaft in Verbindung gebracht, seine eigene Verwundbarkeit auf Basis positiver Erwartungen hinsichtlich der Absichten oder des Verhaltens eines Anderen zu akzeptieren (Rousseau et al. 1998: 395). Dieser Begriffsbestimmung zufolge ist Vertrauen in einer korruptiven Austauschbeziehung gegeben, wenn Personen in eine Unrechtsvereinbarung einwilligen, obwohl die Gefahr opportunistischen Verhaltens besteht (nur wenn Risiken bestehen, ist Vertrauen auch notwendig). Die Möglichkeit, durch Selbstanzeige Straffreiheit zu erlangen, vergrößert das Risiko von Opportunismus (Bruch des Pakts des Schweigens) und erhöht somit, ceteris paribus, das für die Begehung einer Korruptionsstraftat erforderliche Maß an Vertrauen. Gerade jene Deals, in denen drohende (rechtliche) Sanktionen und weniger soziale Beziehungen wie etwa Freundschaft das Fundament von Vertrauen sind, können durch das Instrument ex ante destabilisiert werden. Anders formuliert: Neben dem gewachsenen Entdeckungsrisiko kann auch das erhöhte Maß an Vertrauen, dass potentielle Korruptionsstraftäter durch die strafbefreiende Selbstanzeigemöglichkeit einander entgegenbringen müssen, eine präventive Wirkung entfalten.

Der deutsche Gesetzgeber ist deshalb gut beraten, im Strafgesetzbuch für Korruptionsdelikte eine Selbstanzeigemöglichkeit zu verankern. Hierbei sind drei Elemente zentral: Die Strafbefreiung, das Kriterium der Freiwilligkeit und die ununterbrochene und uneingeschränkte Zusammenarbeit mit den Strafverfolgungsbehörden.

Die Strafbefreiung – im Gegensatz zur Reduktion der Strafe – ist von Bedeutung, weil der völlige Verzicht auf Bestrafung den höchsten Anreiz zur Selbstanzeige bietet. Voraussetzung für die Strafbefreiung muss aber sein, dass die Selbstanzeige freiwilliger Natur ist. Dies bedeutet, dass die Tat noch nicht entdeckt war, der Täter also nicht wusste, dass die Strafverfolgungsbehörden bereits einen Anfangsverdacht hegten.

Die ununterbrochene und uneingeschränkte Kooperation mit den Strafverfolgungsorganen nach der Selbstanzeige ist von Bedeutung, um die abschreckende Wirkung des Instruments noch weiter zu forcieren. Denn wenn die Selbstanzeige auch damit einhergehen muss, dass der Reumütige – sofern ihm dies möglich und zumutbar ist – Beweise vorzulegen hat, um straffrei auszugehen, sehen sich die übrigen Beteiligten einem erhöhten Verurteilungsrisiko ausgeliefert.

Andererseits sollte die Kooperation des Anzeigers nicht tatsächlich zu einer Verurteilung der übrigen Beteiligten führen müssen, um Strafbefreiung zu erreichen. Denn die Verurteilung wird durch zahlreiche Faktoren beeinflusst, die nicht allein von der Kooperationsbereitschaft des Reumütigen abhängen – etwa der Verteidigung, der Begehung von Fehlern bei der Prozessführung seitens der Staatsanwaltschaft oder aber politischen Restriktionen, die ein Absehen von einer Strafverfolgung begründen. Unter Berücksichtigung dieser Aspekte könnte die Selbstanzeigemöglichkeit wie folgt verankert werden:

§§ 331 (4), 332 (4), 335 (3) Selbstanzeige bei Vorteilsannahme und Bestechlichkeit

Nicht bestraft wird, wer gemäß § 331 StGB für die Dienstausübung bzw. gemäß § 332 oder § 335 StGB für eine Diensthandlung einen Vorteil gefordert, sich versprechen hat lassen oder angenommen hat und dies bei den Strafverfolgungsbehörden zur Anzeige bringt bevor die Tat ganz oder zum Teil entdeckt war und er dies wusste oder bei verständiger Würdigung der Sachlage damit rechnen musste, und er ununterbrochen und uneingeschränkt mit den Strafverfolgungsbehörden zusammenarbeitet.

§§ 333 (4), 334 (4), 335 (3) Selbstanzeige bei Vorteilsgewährung und Bestechung

Nicht bestraft wird, wer gemäß § 333 StGB für eine Dienstausübung bzw. gemäß § 334 oder § 335 StGB für eine Diensthandlung einen Vorteil angeboten, versprochen oder gewährt hat und dies bei den Strafverfolgungsbehörden zur Anzeige bringt bevor die Tat ganz oder zum Teil entdeckt war und er dies wusste oder bei verständiger Würdigung der Sachlage damit rechnen musste, und er ununterbrochen und uneingeschränkt mit den Strafverfolgungsbehörden zusammenarbeitet.

§§ 299 (4), 300 Selbstanzeige bei Bestechlichkeit und Bestechung im geschäftlichen Verkehr
Nicht bestraft wird, wer gemäß § 299 (1) bzw. § 300 StGB einen Vorteil gefordert, sich versprechen hat lassen oder angenommen hat und dies bei den Strafverfolgungsbehörden zur Anzeige bringt bevor die Tat ganz oder zum Teil entdeckt war und er dies wusste oder bei verständiger Würdigung der Sachlage damit rechnen musste, und er ununterbrochen und uneingeschränkt mit den Strafverfolgungsbehörden zusammenarbeitet.
Nicht bestraft wird wer, gemäß § 299 (2) bzw. § 300 StGB bei dem Bezug von Waren oder gewerblichen Leistungen in unlauterer Weise bevorzugt werden sollte oder wurde und dies bei den Strafverfolgungsbehörden zur Anzeige bringt bevor die Tat ganz oder zum Teil entdeckt war und er dies wusste oder bei verständiger Würdigung der Sachlage damit rechnen musste, und er ununterbrochen und uneingeschränkt mit den Strafverfolgungsbehörden zusammenarbeitet.

Anzumerken bleiben schließlich zwei Punkte. Die Formulierungen der Selbstanzeige umfassen auch das Fordern und Anbieten. Dem könnte entgegen gehalten werden, dass der Initiator einer Straftat keine Strafbefreiung verdient. Soll etwa einer Person, die einen Vorteil mit dem Argument fordert, dass andernfalls eine Diensthandlung nicht oder nur verzögert durchgeführt oder ein Auftrag nicht vergeben würde, ihr Gegenüber also zur Begehung einer Straftat anstiftet, Strafbefreiung erlangen? Im Interesse der Wahrung des Rechtsfriedens ist dies wohl zu verneinen. So wird auch einem Kartellbeteiligten, der alleiniger Anführer des Kartells war oder andere zur Teilnahme gezwungen hat, kein Erlass der Geldbuße bei Offenlegung gegenüber dem Bundeskartellamt gewährt. Destabilisierungsgründe sprechen hingegen dafür, die strafbefreiende Selbstanzeigemöglichkeit auch auf das Fordern und Anbieten zu erstrecken.

Zu bedenken ist in diesem Zusammenhang nämlich dass, sofern etwa für das Fordern keine Strafbefreiung gewährt würde, der Bestechungsgeber bei Selbstanzeige seines Gegenübers später vor Gericht stets behaupten könnte, dass die gezahlten Schmiergelder von ihm gefordert wurden. Durch eine solche Behauptung würde er zum Gegenschlag gegen den Betrüger ausholen, die Selbstanzeige seines Partners also ex post abstrafen wollen. Es läge letztlich an den Strafverfolgungsbehörden und den Gerichten zu ergründen, welche Seite die Wahrheit sagt – ein diffiziles Unterfangen mit unsicherem Ausgang. Diese Unsicherheit aber reduziert im Umkehrschluss von vornherein den Anreiz zur Selbstanzeige, die korruptive Austauschbeziehung wird stabilisiert. Analog kann für das Anbieten argumentiert werden. Auch deshalb scheint es sinnvoll, das Fordern und Anbieten bei Selbstanzeige straffrei zu stellen.

Der zweite Punkt ist, dass eine undifferenzierte Selbstanzeigemöglichkeit korruptive Austauschbeziehungen stabilisieren kann. Der Bezug zu Kartellen verdeutlicht diesen Aspekt. Das Wissen eines Kartellbeteiligten, dass unkonformes Verhalten (zum Beispiel Nichteinhaltung der Preisabsprachen oder der Absatzquoten) durch die anderen (betrogenen) Mitglieder mit einer Offenlegung gegenüber dem Kartellamt abgestraft werden kann, lässt solch abspracheswidriges Verhalten unwahrscheinlicher werden (Buccirossi/Spagnolo 2006: 1283-1284). Ähnlich verhält es sich bei

Korruptionsdelikten. Die Möglichkeit der strafbefreienden Selbstanzeige schmälert das Risiko eines Bruchs der Unrechtsvereinbarung. Korruptive Austauschbeziehungen können also prinzipiell durch die Möglichkeit einer durch Vergeltung motivierten Selbstanzeige stabilisiert werden. Um dies zu verhindern, kann es darauf ankommen, wann jemandem Strafbefreiung bei Selbstanzeige gewährt wird, das heißt zu welchem Zeitpunkt in einem korrupten Deal ein Ausstieg durch Selbstanzeige möglich sein soll (siehe hierzu Lambsdorff/Nell 2007 und Nell/Schlüter 2008).

4. Die Unternehmenshaftung und Selbstanzeige für juristische Personen

Juristische Personen können nach deutschem Recht keine Straftaten begehen, sondern nur die natürlichen Personen, die für sie tätig werden. Vor diesem Hintergrund gab es immer wieder Debatten über die Rechtfertigung der strafrechtlichen Verantwortung von juristischen Personen. So wurden auch nach dem Bekanntwerden der Geschehnisse um Siemens erneut die Stimmen derer lauter, die für ein Unternehmensstrafrecht in Deutschland plädieren.

Der deutsche Gesetzgeber entschied sich bisweilen jedoch stets gegen eine Verankerung der Verbands- beziehungsweise Unternehmenshaftung im Kernstrafrecht. Hauptargument ist, dass Unternehmen als juristischen Personen keine Schuld zugesprochen werden kann, weil ihnen die hierfür notwendige Fähigkeit der Willensbildung fehlt. Ohne Schuld aber auch keine Strafe.

Immerhin kennt das deutsche Recht in § 30 des Gesetzes über Ordnungswidrigkeiten (OWiG), gegebenenfalls in Verbindung mit §§ 17 Abs. 4 und 130 OWiG, eine Ahndungsfähigkeit von juristischen Personen und Personenvereinigungen. Als Argument angeführt wird, durch die OWiG-Unternehmenshaftung „einen Ausgleich dafür [zu] ermöglichen, da[ss] der juristischen Person, die nur durch ihre Organe zu handeln imstande ist, zwar die Vorteile dieser in ihrem Interesse vorgenommenen Betätigung zufließen, da[ss] sie aber beim Fehlen einer Sanktionsmöglichkeit nicht den Nachteilen ausgesetzt wäre, die als Folge der Nichtbeachtung der Rechtsordnung im Rahmen der für sie vorgenommenen Betätigung eintreten können."[5]

Neben diesem repressiven Element soll die OWiG-Unternehmenshaftung auch eine Präventivfunktion erfüllen: Durch die Androhung von Sanktionen sollen Unternehmen – beziehungsweise deren Management – dazu angehalten werden, im eigenen finanziellen Interesse und dem der Gesellschafter und der Öffentlichkeit eine gesamtbetriebliche Kultur der Rechtstreue einzusetzen und zu pflegen. Sie sollen wirkungsvolle Compliance-Maßnahmen implementieren. Diesem Ziel aber wird die derzeitige OWiG-Unternehmenshaftung, insbesondere die Haftung gemäß § 30 in Verbindung mit § 130 OWiG, nicht ausreichend gerecht (siehe auch Nell 2008).

5 EOWiG (Regierungsentwurf eines Gesetzes über Ordnungswidrigkeiten), Begründung, Bundestags-Drucksache V/1269, S. 59.

4.1. Unternehmenshaftung gemäß § 30 in Verbindung mit § 130 OWiG

Am 4. Oktober 2007 hat das Landgericht München auf Antrag der Staatsanwaltschaft München der Siemens AG die Zahlung von 201 Mio. Euro angeordnet. In dem Beschluss ging das Gericht davon aus, dass der frühere leitende Angestellte Reinhard Siekaczek gemeinschaftlich mit anderen von 2001 bis 2004 in 77 Fällen zum Zweck der Auftragserlangung für die Gesellschaft ausländische Amtsträger in Russland, Nigeria und Libyen bestochen hat. Rechtsgrundlage der verhängten Geldbuße war § 30 in Verbindung mit § 17 Abs. 4 OWiG.

Gemäß § 30 OWiG wird gegen eine juristische Person oder Personenvereinigung eine Geldbuße dann verhängt, wenn Repräsentanten, also vertretungsberechtigte oder leitende Personen, eine Straftat oder Ordnungswidrigkeit begangen haben, durch die entweder Pflichten des Betriebs oder Unternehmens verletzt worden sind oder die zu deren Bereicherung geführt haben oder führen sollten (Karlsruher Kommentar 2000: 476). Zu den vertretungsberechtigten und leitenden Personen zählen bei juristischen Personen die Geschäftsführer oder Vorstände, bei Personen(handels)gesellschaften die geschäftsführenden Gesellschafter sowie bei einer (Außen-)Gesellschaft des bürgerlichen Rechts die Gesellschafter (Pelz 2007: 99).

Ferner wird eine Unternehmenshaftung nach § 30 OWiG ausgelöst, wenn Repräsentanten Rechtsverletzungen dulden beziehungsweise von ihnen wissen und sie nicht verhindern. Die juristische Person oder Personenvereinigung ist dann mittelbar für die Taten der Mitarbeiter verantwortlich, sofern diese mit dem Willen oder der Duldung der Repräsentanten geschehen. Die Einzelheiten der Taten müssen den Repräsentanten dabei nicht bekannt sein (Pelz 2007: 99).

§ 130 OWiG „begründet (…) eine bußgeldrechtliche Verantwortlichkeit des Inhabers von Betrieben und Unternehmen von Zuwiderhandlungen gegen betriebsbezogene Pflichten, die in dem Betrieb oder Unternehmen begangen worden sind, wenn die Zuwiderhandlung durch gehörige Aufsicht verhindert oder wesentlich erschwert worden wäre“ (Karlsruher Kommentar 2000: 1599). Die Inhaber eines Unternehmens können demnach geahndet werden, wenn sie ihre Aufsichtspflichten vorsätzlich oder fahrlässig unterlassen.[6] Eine Beteiligung im Sinne des § 14 OWiG ist nicht erforderlich. Es reicht, wenn Aufsichtspflichtige die erforderlichen Maßnahmen unterlassen, obwohl sie die Gefahr bestimmter Rechtsverletzungen für besonders groß erachten. Die Inhaber müssen also Rechtsverletzungen nicht eigenständig ausgeführt, angeordnet, geduldet oder von ihnen gewusst haben, um nach § 130 OWiG geahndet zu werden (Pelz 2007: 98-99).

Gerade Letzteres könnte dem ehemaligen Vorstands- und Aufsichtsratschef Heinrich von Pierer zum Verhängnis werden. Denn von Pierer hat zwar stets betont, von den korruptiven Praktiken bei Siemens nichts gewusst zu haben. Dies ist aber nicht

6 Zu den Inhabern zählen erneut Geschäftsführer oder Vorstände, geschäftsführende Gesellschafter sowie Gesellschafter.

entscheidend für seine mögliche Haftung gemäß § 130 OWiG. Es kommt einzig und allein darauf an, ob von Pierer das Risiko korruptiver Praktiken bei Siemens für besonders groß erachtete und dennoch seine Aufsichtspflichten nicht derart wahrgenommen hat, dass solche Rechtsverletzungen zumindest wesentlich erschwert wurden.

Von besonderer Bedeutung ist in diesem Zusammenhang, dass von § 130 OWiG eine Durchgriffsmöglichkeit auf das Unternehmen nach § 30 OWiG besteht. Die vorsätzliche oder fahrlässige Unterlassung von Aufsichtsmaßahmen seitens bestimmter Unternehmensorgane stellt eine Verletzung der betriebsbezogenen Pflichten dar, die eine Ahndungsfähigkeit der juristischen Person gemäß § 30 OWiG begründet (Pelz 2007: 98).

So will § 130 OWiG über die Verknüpfung mit § 30 OWiG sicherstellen, dass Unternehmen ihr Management zu Vorkehrungen veranlassen, die Zuwiderhandlungen durch Betriebsangehörige und Beauftragte möglichst unterbinden. Es soll Unternehmensorganen (beziehungsweise den Unternehmen selbst) *de lege lata* nicht möglich sein, eine Haftung zu umgehen, indem Verantwortungsbereiche und Aufgaben an niedriger gestellte Akteure delegiert werden, ohne dass die Delegation mit entsprechenden Aufsichtsmaßnahmen verknüpft ist.[7]

Auf den ersten Blick wirkt § 30 in Verbindung mit § 130 OWiG zielgerecht. Unternehmen werden dann mit Geldbuße geahndet, wenn ihre Aufsichtspflichtigen jene Maßnahmen schuldhaft unterlassen, die erforderlich gewesen wären, um Straftaten oder Ordnungswidrigkeiten zu verhindern oder zumindest wesentlich zu erschweren. Der Norm sind jedoch einige Mängel anzulasten, die einer effektiven Korruptionsbekämpfung entgegenstehen.

Zum einem erstrecken sich die Aufsichtspflichten nur auf betriebsbezogene Pflichten. Sofern Personen nicht mit Betriebsangelegenheiten beauftragt sind, liegt ihnen gegenüber keine Aufsichtspflicht vor. So etwa bei Subunternehmern (Pelz 2007: 101). Dies scheint einerseits sinnvoll, da diese selbst dafür Sorge tragen haben, dass es in ihrem Betrieb oder Unternehmen zu keinen Rechtsverletzungen kommt. Somit besteht allerdings prinzipiell die Möglichkeit, Bestechung an einen Subunternehmer „auszulagern“, ohne selbst Rechtsfolgen befürchten zu müssen. Denn lediglich wenn belegt werden kann, dass auch von § 30 OWiG (und gegebenenfalls § 9 OWiG) erfasste natürliche Personen des Hauptunternehmers an den Rechtsverletzungen beteiligt waren, wäre auch der Hauptunternehmer von einer Haftung gemäß § 30 OWiG betroffen.

Jener Nachweis kann aber in der Praxis aufgrund komplexer betrieblicher Entscheidungs- und Delegationsprozesse schwer zu erbringen sein. Nur der Subunternehmer würde dann im Falle der Entdeckung zu Verantwortung gezogen werden – ein Risiko, das er für eine fortdauernde Geschäftsbeziehung mit dem Hauptunternehmer unter Umständen in Kauf nimmt.

7 Bundeskartellamt Bonn, Beschluss vom 17.12.2003, Aktenzeichen B9 – 9/03.

Zum anderem besteht im Rahmen eines Konzernverbundes die Aufsichtspflicht der Konzernspitze lediglich im reinen Konzernbereich, nicht aber gegenüber juristisch selbstständigen Tochterunternehmen (Pelz 2007: 101). Hierdurch entstehen Möglichkeiten, Korruption über Tochtergesellschaften abzuwickeln, ohne dass der Konzerverbund selbst verantwortlich gemacht werden kann. Besonders gewichtig wird dieses Problem, wenn es sich um ein im Ausland eingetragenes Tochterunternehmen handelt und es im Ausland keine Unternehmenshaftung gibt, die auch den Konzerverbund indirekt treffen würde.

Neben diesen Defiziten bestehen weitere Probleme. Zur Aufsichtspflicht gehören nach herrschender Meinung Organisations-, Auswahl-, Instruktions-, Überwachungs- und Sanktionspflichten (Pelz 2007: 101). Die Rechtsprechung hat also zwar einige Anhaltspunkte entwickelt, welche konkreten Aufsichtsmaßnahmen erforderlich sind, um der Aufsichtspflicht nach § 130 OWiG zu genügen (Pelz 2007: 101-105). Ein Unternehmen kann aber nicht antizipieren, welche Maßnahmen Staatsanwälte oder Richter tatsächlich als zumutbar ansehen.

Im Zweifelsfall muss ein Unternehmen befürchten, dass das Fehlen oder die fehlende Beweisbarkeit bestimmter Maßnahmen (zum Beispiel durch fehlende oder unzureichende Dokumentation) den Inhabern als vorsätzliche oder fahrlässige Unterlassung der Aufsichtspflicht ausgelegt wird und somit auch das Unternehmen zur Verantwortung gezogen wird. Diese Unsicherheit hat einerseits zur Folge, dass der Anreiz geschmälert wird, korruptive Handlungen von Betriebsangehörigen oder Beauftragten zu enthüllen; und zwar selbst dann, wenn ein Unternehmen beziehungsweise dessen Inhaber ihre Aufsichtspflichten nach bestem Wissen und Gewissen wahrgenommen haben – oder dies zumindest glaubten. Hierdurch wird die intendierte Wirkung des Straf- und Zivilrechts untergraben, weil die unmittelbaren Täter seltener mit einer Strafanzeige oder Schadenersatzklage seitens des Unternehmens rechnen müssen. Denn hierdurch droht auch das Unternehmen ins Visier der Ermittler zu gelangen.

Ein weiteres Problem ist damit verbunden, dass Unternehmen angehalten sind, Compliance-Maßnahmen zu implementieren und zu dokumentieren, um eine Haftung gemäß § 30 in Verbindung mit § 130 OWiG zu vermeiden. Es ist ihnen beziehungsweise den Aufsichtspflichtigen aber prinzipiell möglich, sich der Haftung durch Kosmetikmaßnahmen (sog. *window-dressing*) zu entziehen. Also durch Maßnahmen, die nach Außen Rechtstreue bekunden, im Innenverhältnis aber nur halbherzig oder keine Anwendung finden (sollen) (Arlen 1994).

So können Unternehmen durch den Nachweis, dass Mitarbeiter und Aufsichtspersonen fortlaufend über die gesetzlichen Vorschriften belehrt und geschult, oder von der internen Revision stichprobenartige Kontrollen häufig und überraschend durchgeführt worden sind, vor Gericht Rechtstreue belegen. Eine Belehrung mündet aber nicht zwangsläufig in tatsächliche Rechtstreue. Siemens' Führungsebene ließ mehrmals verlautbaren, dass Bestechung und Bestechlichkeit in den eigenen Reihen nicht geduldet und mit aller Härte geahndet würden. Die Realität aber sah anders aus. Und auch eine hohe Kontrollintensität bewirkt nicht die Aufdeckung korruptiver Handlungen, wenn (bewusst) am falschen Ort geprüft wird.

Festzustellen ist daher, dass Unternehmen ihre Haftung abwenden können. Gerade dann, wenn ihnen ein Heer von Juristen, Wirtschaftsprüfern und Beratern zur Seite stehen, die jene Maßnahmen gestalten und implementieren, die im Sinne von § 130 OWiG zumindest formal als erforderlich verstanden werden. Eine vorsätzliche oder fahrlässige Unterlassung ist den Aufsichtspflichtigen – und somit in Verbindung mit § 30 OWiG dem Unternehmen – dann nur noch schwer nachzuweisen. Denn es muss dargelegt werden, dass die Betriebsabläufe, die getroffenen und unterlassenen Aufsichtsmaßnahmen und deren Veranlassung kausal im Zusammenhang mit der Zuwiderhandlung stehen.[8]

Möglicherweise war auch diese Hürde der Grund dafür, dass gegen Siemens die Geldbuße über 201 Mio. Euro nur gem. § 30 Abs. 1 Nr. 4, Abs. 2 und Abs. 3 in Verbindung mit § 17 Abs. 4 OWiG verhängt wurde. § 30 in Verbindung mit § 130 OWiG fand (bislang) keine Anwendung.[9] Überlegenswert ist deshalb eine völlige Abkehr der Anwendung von § 30 in Verbindung mit § 130 OWiG bei Korruptionsdelikten.

So wäre zwar ein Katalog, der klar und transparent darlegt, was genau zu den erforderlichen Aufsichtsmaßnahmen nach § 130 OWiG gehört, theoretisch denkbar. Dessen zielgenaue Umsetzung würde jedoch in der Praxis an der Heterogenität der Unternehmen scheitern. Die Rechtsunsicherheit und ihre Folgen blieben bestehen. Außerdem würde ein solcher Maßnahmenkatalog die Problematik des *window-dressing* nicht reduzieren. Denn Unternehmen könnten vor Gericht weiterhin darauf verweisen, dass sie beziehungsweise ihre Inhaber die verlangten Maßnahmen ergriffen haben. Ob diese in der Praxis auch ernsthaft Anwendung gefunden haben oder finden sollten, ist im Einzelfall nur schwer nachzuweisen. Ein Weg aus diesem *window-dressing*-Dilemma kann die Selbstanzeige für juristische Personen sein.

4.2. Die Selbstanzeige für juristische Personen

Eine betriebliche Selbstanzeigemöglichkeit hat das Ziel, Unternehmen nicht zu sanktionieren, wenn sie beziehungsweise deren Inhaber Vergehen von Mitarbeitern oder Beauftragten freiwillig den zuständigen Behörden mitteilen. Freiwilligkeit könnte, wie oben bereits ausgeführt, analog zu § 371 AO definiert werden. Die Ahndung unterbleibt also nur dann, wenn zum Zeitpunkt der Offenlegung die Tat nicht bereits teilweise oder ganz entdeckt war und Unternehmen beziehungsweise deren Inhaber dies wussten oder bei verständiger Würdigung der Sachlage damit rechnen mussten (Heesen 2003: 10-11).

8 OLG Hamm, 2. Senat für Bußgeldsachen, Beschluss vom 23.05.1996, Aktenzeichen 2 Ss OWi 375/96.

9 Nach persönlicher Auskunft des LG München I vom 01.04.2008; gemäß Beschluss vom 04.10.2007; Az. 5 Kls 563 Js 45994/07; keine Einsichtnahme wegen laufenden Verfahrens möglich.

Durch eine betriebliche Selbstanzeigemöglichkeit wird zum einem für Unternehmen ein Anreiz geschaffen, da Gewissheit darüber besteht, dass im Falle einer freiwilligen Offenlegung von einer Sanktionierung abgesehen wird. Drohen demgegenüber Sanktionen, wenn bekannt wird, dass Mitarbeiter in Bestechung oder Bestechlichkeit verwickelt waren, so besteht hierfür kaum ein Anreiz. Dies wiederum fördert korruptive Handlungen der Mitarbeiter: denn diese können darauf vertrauen, dass sie von ihren Unternehmen Dritten gegenüber nicht enttarnt werden, weil diese selbst sanktioniert werden könnten. Dieses Vertrauen wird durch die betriebliche Selbstanzeigemöglichkeit unterminiert; das Entdeckungs- und Verurteilungsrisiko für die unmittelbar Involvierten steigt.

Zudem kann die betriebliche Selbstanzeige wie § 30 in Verbindung mit § 130 OWiG bewirken, dass Unternehmen jene Maßnahmen ergreifen, die erforderlich sind, um Zuwiderhandlungen zu verhindern oder wesentlich zu erschweren. Mit dem bedeutsamen Unterschied, dass *erforderlich* nun nicht mehr überwiegend an Hand formaler, vager und zuweilen undurchsichtiger Kriterien gemessen wird (oder versucht wird zu messen), sondern vielmehr durch die tatsächliche Effektivität der Aufsichtsmaßnahmen. Denn die Wirksamkeit dieser wird daran gemessen, ob Unternehmen im Stande waren, Rechtsverletzungen der Mitarbeiter rechtzeitig offen zu legen. *Window-dressing* und Lippenbekenntnisse reichen nicht mehr aus, um das Unternehmen aus der Schlusslinie zu ziehen.

Es wird folglich Unternehmen selbst überlassen, welche Maßnahmen sie als erforderlich einstufen. Entscheiden sie sich gegen bestimmte Instrumente, so tragen sie das Risiko, dass sie bei Entdeckung durch Dritte zur Verantwortung gezogen werden. Ob die Nichtwahrnehmung einer vorsätzlichen oder fahrlässigen Unterlassung der Inhaber gleichkommt, würde entgegen der derzeitigen Gesetzeslage in Deutschland keine Rolle mehr für die Unternehmenshaftung spielen. Eine Geldbuße gegen ein Unternehmen würde stets verhängt, wenn Korruption nicht rechtzeitig im Sinne der Freiwilligkeit offen gelegt wurde.

Kritiker mögen bemängeln, dass weniger ethisch ausgerichtete Unternehmen korruptive Praktiken über lange Zeit anordnen oder dulden, bei drohender Entdeckung durch Dritte diese aber rasch offen legen und somit ihre Haftung abwenden könnten. Durch die Selbstanzeige würden also selbst jene Unternehmen keiner Haftung unterzogen, die Mitarbeiter zur Korruption anstifteten oder Bestechung im Wissen um den Vorteil, den sie hierdurch zum Beispiel Wettbewerbern gegenüber erlangen, zumindest stillschweigend hinnahmen; Unternehmen also, bei denen Korruption zur heimlich geduldeten Geschäftspraxis gehörte.

Dieser Einwand ist im Hinblick auf die Wahrung des Rechtsfriedens nachvollziehbar. Zu berücksichtigen aber ist, dass solch opportunistisches Verhalten gegenüber den an Gesetzesverstößen tatsächlich beteiligten Mitarbeitern der Korruptionsbekämpfung dienlich sein kann. Denn, wie eingangs erwähnt, basieren korruptive Vereinbarungen in erheblichem Maße auf Vertrauen in Stillschweigen. Mitarbeiter, die im Sinne ihrer Unternehmen schwarze Kassen verwalten – wie etwa Reinhard Siekaczek für Siemens – müssen sich also darauf verlassen können, dass auch ihre Arbeitgeber dicht halten und sich schützend vor sie stellen. Doch wenn Mitarbeiter nicht länger darauf vertrauen können, dass Stillschweigen morgen noch im Interesse des Unternehmens liegt, steigt ihr Risiko. Anders formuliert: Das Wissen, dass Unternehmen ihren Kopf durch Selbstanzeige aus der Schlinge ziehen können, wirkt präventiv. Denn durch das erschütterte Vertrauen werden Mitarbeiter zwei Mal darüber nachdenken, ob sie sich für „ihre“ Unternehmen tatsächlich strafbar machen wollen, wenn sie Gefahr laufen, zu guter Letzt doch als Sündenbocke da zu stehen.

Gewichtiger als der Einwand, dass die betriebliche Selbstanzeige auch Unternehmen von Sanktionen befreien würde, die Korruption förderten oder duldeten, ist, dass betriebliche Aufsichtsmaßnahmen nicht vermögen, alle Zuwiderhandlungen rechtzeitig aufzudecken und somit freiwillig offen zu legen. Staatsanwälte können durch (anonyme) Hinweise oder andere Beweismittel vor dem Unternehmen Kenntnis von diesen erlangen und ein Ermittlungsverfahren gegen das Unternehmen einleiten. Das vorgeschlagene Modell der Unternehmenshaftung, in dem nur die betriebliche Selbstanzeige zur Exkulpation beziehungsweise Ahndungsbefreiung führt, birgt dann die Gefahr, Unternehmen zur Verantwortung zu ziehen, die nach bestem Wissen und Gewissen handelten, Compliance also ehrlich durchführten.

Um dem (teilweise) vorzubeugen, wäre es denkbar, Unternehmen bei Entdeckung durch Dritte nicht zu sanktionieren, wenn sie beweisen können, dass Maßnahmen ergriffen wurden, durch welche die dekuvrierten Rechtsverletzungen erheblich erschwert werden sollten. Dies käme einer Beweislastumkehr gleich. Diese würde bewirken, dass nun nicht mehr die Staatsanwaltschaften eine vorsätzliche oder fahrlässige Verletzung der Aufsichtspflichten darlegen, sondern Unternehmen das Gegenteil beweisen müssten. Ihnen obläge also die Pflicht darzustellen, dass die tatsächlichen Betriebsabläufe, die getroffenen aber auch die unterlassenen Aufsichtsmaßnahmen sowie deren Veranlassung nicht kausal im Zusammenhang mit Rechtsverletzungen stehen.

Eine solche Beweislastumkehr könnte den Informationsvorsprung, den Unternehmen gegenüber den Staatsanwaltschaften zumeist haben, verringern. In der Öffentlichkeit würde diese Verteidigungsmöglichkeit zudem wohl als gerecht angesehen werden, da so die Begehung des Fehlers, selbst ein lauteres Unternehmen zu sanktionieren, reduziert werden kann. Zu bedenken ist jedoch, dass durch eine Beweislastumkehr die Gelegenheit für *window-dressing* nicht beseitigt wird. Denn um die Position in einem etwaigen Prozess zu stärken, haben Unternehmen erneut den Anreiz in Maßnahmen zu investieren, die auf dem Papier und vor Gericht zwar gut aussehen, aber im betriebsspezifischen Kontext kaum der Prävention dienen mögen oder sollen. Vor diesem Hintergrund scheint es Ziel führender zu sein, den Weg in die Straflosigkeit allein durch die Selbstanzeige zu ebnen und nicht (auch) durch eine erfolgreiche Beweisführung.

5. *Schlussfolgerung*

In Anbetracht des Erfolges der Bonusregelung des Kartellrechts ist es überlegenswert, ähnliche Regelungen auch im Korruptionsstrafrecht und bei der im OWiG verankerten Unternehmenshaftung einzuführen. Denn die Selbstanzeigemöglichkeit kann den Pakt des Schweigens aufbrechen, die Informationsgewinnung der Ermittlungsbehörden erleichtern und die korruptionspräventive Wirkung des Strafrechts verstärken. Zudem kann durch sie im Bereich der Unternehmenshaftung der besonders problematisch erscheinenden, an eine Aufsichtspflichtverletzung der Unternehmensinhaber geknüpften Haftung (§ 30 in Verbindung mit § 130 OWiG) entgegengewirkt werden.

Nicht zuletzt konnte auch Siemens positive Erfahrungen mit einer Selbstanzeigemöglichkeit, seinem sogenannten Amnestieprogramm machen. Da Siemens selbst keine Strafbefreiung zusichern konnte, bot man Mitarbeitern, die am System der Bestechung und schwarzen Kassen beteiligt waren an, gegen Offenlegung ihrer Kenntnisse auf Schadensersatzansprüche und Kündigung zu verzichten.[10] Ob Siemens auch zusicherte, auf eine Strafanzeige beziehungsweise gegebenenfalls einen Strafantrag zu verzichten, ist nicht ersichtlich.[11] Ungeachtet dessen gingen bis zum 31. März 2008 insgesamt 123 Amnestie-Anträge bei Siemens ein. 30 Amnestien wurden infolgedessen gewährt, 80 waren zum 31. März 2008 noch in Bearbeitung. In 10 Fällen war die Amnestie nicht notwendig, in 3 Fällen wurde sie (aus nicht näher bekannten Gründen) abgelehnt.[12]

Literatur

Arlen, J. (1994) The Potentially Perverse Effects of Corporate Criminal Liability, *Journal of Legal Studies* 23, 833-867.

Bachmann, G./Prüfer, G. (2005) Korruptionsprävention und Corporate Governance, *Zeitschrift für Rechtspolitik* 38 (4), 109-113.

Buccirossi, P./Spagnolo, G. (2006) Leniency policies and illegal transactions, *Journal of Public Economics* 90, 1281-1297.

Bundeskartellamt (2006) *Bekanntmachung Nr. 9/2006 über den Erlass und die Reduktion von Geldbußen in Kartellsachen – Bonusregelung*, Bonn.

Dietze, P. von/Janssen, H. (2007) *Kartellrecht in der anwaltlichen Praxis*, 3. Aufl., München.

10 *Der Tagesspiegel*, Siemens bietet Mitarbeitern Amnestie an, 01.11.2007.

11 Möglich ist dies jedoch, da grundsätzlich niemand verpflichtet ist, Straftaten anzuzeigen, von deren Begehung er Kenntnis erlangt hat. Denn eine Strafvereitelung (§ 258 Abs. 1 StGB) durch Nichtstun (hier: Nicht-Anzeige) liegt nur vor, wenn der Betreffende zum Tätigwerden verpflichtet ist – wie es bei Staatsanwälten oder Polizisten der Fall ist, nicht aber beim Vorstand einer AG.

12 Gemäß Präsentation von Dr. Josef Meran, Symposium Oeconomicum, Universität Münster, 07.05.2008.

Greeve, G. (2007) Korruptionsbekämpfung, in: C. E. Hauschka (Hrsg.) *Corporate Compliance*, München.

Heesen, E. (2003) *Selbstanzeige als Instrument zur Kriminalitätsbekämpfung – Eine rechtsökonomische Analyse*, Wiesbaden.

Karlsruher Kommentar (Boujong, K. (Hrsg.)) (2000) *Zum Gesetz über Ordnungswidrigkeiten*, 2. Aufl., München.

Lambsdorff, J. Graf/Nell, M. (2007) *Fighting Corruption with Asymmetrc Penalties and Leniency*, Center for Globalization and Europeanization of the Economy, Discussion Paper Nr. 59, Göttingen.

Nell, M. (2008) Korruptionsbekämpfung ja – aber richtig! Reformüberlegungen zur Unternehmenshaftung nach OWiG, *Zeitschrift für Rechtspolitik* 41 (5), 149-151.

Nell, M./Schlüter, H. (2008) Die strafbefreiende Selbstanzeige als Instrument der Korruptionsbekämpfung?, *Neue Juristische Wochenschrift* 61 (28), 1996-1999.

Pelz, C. (2007) Strafrechtliche und zivilrechtliche Aufsichtspflicht, in: C. E. Hauschka (Hrsg.) *Corporate Compliance*, München.

Pies, I. (2008) *Wie bekämpft man Korruption?*, Berlin.

PricewaterhouseCoopers (2007) *Wirtschaftskriminalität 2007 – Sicherheitslage der deutschen Wirtschaft*, Frankfurt am Main.

Rousseau, D. M./Stikin, S. B./Burt, R. S./Camerer, C. (1998) Not so different after all: A cross-discipline view of trust, *Academy of Management Review* 23 (3), 393-404.

Korruption und Außenwirtschaftspolitik. Zu den politischen Rahmenbedingungen des Siemens-Falls

Sebastian Wolf

1. Einleitung

Wenn sich Politologen (überhaupt) mit Korruption und Korruptionsbekämpfung beschäftigen, dann haben sie aus naheliegenden Gründen meist die politische Korruption im Blick (von Alemann 2005). Privatunternehmen tauchen hier in der Regel auf der Geberseite der Bestechung auf, Politiker und der Politik zuzurechnende Personen oder Institutionen meist auf der Nehmerseite. Politische Korruption ist zwar ein weites Feld, das sich kaum zufriedenstellend abgrenzen lässt; es schließt aber immerhin Korruption unter Privaten (etwa im Geschäftsverkehr) aus, auch wenn diese Abgrenzung durch die zunehmende Privatisierung öffentlicher Aufgaben (vgl. Niehaus in diesem Band) oder hybride Strukturen wie Public-Private-Partnerships immer poröser wird. Die facettenreichen und vielfältigen Delikte innerhalb des noch immer kaum überschaubaren Siemens-Korruptionskomplexes umfassen sowohl Bestechung im privaten Sektor als auch Amtsträgerkorruption, jeweils in ihrer transnationalen Form (vgl. Wolf in diesem Band). Mit der Bestechung ausländischer Regierungsmitglieder, hoher Beamter und politischer Parteien ist eindeutig auch der Bereich der politischen Korruption betroffen. Diese politische Korruption im engeren Sinne soll im Folgenden aber nur am Rande behandelt werden. Es wird auch nicht auf die gesonderte Siemens-AUB-Korruptionsaffäre (Leyendecker 2007: 86-89, 111-122) eingegangen. Im Mittelpunkt dieses Beitrags steht vielmehr das politische Umfeld, das die exorbitante Auslandskorruption des Siemens-Konzerns ermöglichte bzw. tolerierte, wenn nicht gar förderte. Da es keine allgemein akzeptierte Korruptionsdefinition gibt, sondern diverse Korruptionsbegriffe (von Arnim/Heiny/Ittner 2006), empfiehlt sich gleich zu Beginn eine Erläuterung des hier verwendeten Begriffsverständnisses. Unter „Korruption“ wird im Folgenden vorrangig Bestechung im internationalen Geschäftsverkehr zur Erlangung von Aufträgen verstanden, mit Privatunternehmen auf der Geberseite und öffentlichen Institutionen oder auch Privatunternehmen auf der Nehmerseite.

Ein wichtiger Beitrag der Politikwissenschaft zur Erklärung des Siemens-Korruptionsfalls dürfte in einer Beschreibung und Analyse der einschlägigen politischen Rahmenbedingungen liegen. Eine derartige Untersuchung der deutschen und punktuell auch der internationalen Politik wird hier zumindest kursorisch versucht, wenn auch nicht mit dem Anspruch einer systematischen Politikfeldanalyse (vgl. Schneider/Janning 2006). Aus einem solchen Blickwinkel erscheint das Korruptionsphänomen des Siemenskonzerns tendenziell als abhängige Variable, während das politische Umfeld primär als (eine) unabhängige Variable (unter mehreren) betrachtet wird. Eine strikte Unterscheidung zwischen abhängigen und unabhängigen Variablen ist angesichts der zahlreichen Interdependenzen zwischen Politik und Wirtschaft in diesem Fall allerdings wenig zielführend. Der Beitrag geht von der These aus, dass die deutsche Politik im Hinblick auf die Behandlung der Thematik Auslandskorruption trotz einiger Wandlungen eine hohe Kontinuität bzw. Pfadabhängigkeit (vgl. Pierson 2000) aufweist, nämlich eine interessengeleitete zurückhaltende Einstellung zur Bekämpfung von Auslandsbestechung. Diese These ist forschungsleitend für die folgenden, überwiegend chronologisch angeordneten Abschnitte: die deutsche Politik bis zum OECD-Bestechungsübereinkommen (Kapitel 2), die nachfolgende Politik bis zur Aufdeckung des Siemens-Korruptionsskandals (Kapitel 3) sowie die Politik nach Bekanntwerden der Siemensaffäre (Kapitel 4). Dem Fazit (Kapitel 5) schließt sich ein Ausblick (Kapitel 6) an, der auch einen Vorschlag zur künftigen Strategie von Transparency International Deutschland im Bereich Auslandskorruption enthält.

2. „Business as usual“[1] bis Mitte der 1990er Jahre

Im Zuge der Aufdeckung des Siemens-Korruptionsskandals wird immer mehr publik, dass die Bestechung ausländischer Amtsträger, Abgeordneter und Geschäftspartner im internationalen Geschäftsverkehr jahrzehntelang in Deutschland nicht verboten war. Deutschland stellt hier allerdings keinen Einzelfall da: Die meisten westlichen Staaten pönalisierten zwar Korruption insbesondere im inländischen öffentlichen Sektor, Bestechung im Ausland war jedoch legal (Androulakis 2000: 65-116). Aufwendungen für Auslandskorruption konnten in der Regel von der Steuer als „nützliche Ausgaben“ abgesetzt werden, transnationale Bestechung wurde also staatlich gefördert (Leyendecker 2007: 15; vgl. BT-Drs. 13/642: 5). Diese Praxis wurde laut Rügemer (2003) durch das NS-Regime im ersten Jahressteuergesetz 1934 eingeführt und nach dem Krieg von den wechselnden Regierungen der Bundesrepublik beibehalten. Auch die staatlichen Exportkreditgarantien („Hermes-Kredite“) können als eine jahrzehntelange indirekte Förderung korrupter Auftragsaquisition durch deutsche Unternehmen im Ausland angesehen werden (Rügemer 2003).

Ob deutsche Spitzenpolitiker jener Tage Korruption in Entwicklungs- und Schwellenländern als mehr oder weniger notwendiges Nebenprodukt der Modernisierung ansahen (vgl. Huntington 1968) oder schlicht zur Förderung des Exportstandorts Deutschland billigend in Kauf nahmen, dass deutsche Firmen zur Auftragsbeschaffung Schmiergelder im Ausland zahlten, kann und braucht hier nicht näher untersucht zu werden: Die diesbezügliche Untätigkeit der Bundespolitik spricht für

1 In Anlehnung an OECD (2000).

sich. Auch als das deutsche Antikorruptionsstrafrecht 1997 mit dem Gesetz zur Bekämpfung der Korruption umfassend novelliert und verschärft wurde (Korte 1997), ließ man die Auslandsbestechung außen vor, obwohl bereits auf OECD-Ebene einschlägige Empfehlungen zur Bekämpfung der transnationalen Korruption verabschiedet worden waren. Mehrere Initiativen der SPD- und Bündnis 90/Die Grünen-Bundestagsfraktionen aus dem Jahr 1995 zur Abschaffung der steuerlichen Absetzbarkeit von Bestechungsgeldern, zur Kriminalisierung der Auslandsbestechung und anderen Korruptionsbekämpfungsmaßnahmen (BT-Drs. 13/617, 13/742, 13/1717) wurden von der damaligen CDU/FDP-Bundestagsmehrheit abgelehnt.

Auf eine Kleine Anfrage der Bundestagsfraktion Bündnis 90/Die Grünen antwortete die Bundesregierung 1995, man sehe Bestechung im internationalen Geschäftsverkehr durch deutsche Unternehmen nicht als „Förderung deutscher Wirtschaftsinteressen im Ausland" (BT-Drs. 13/642: 1). Eine Ausdehnung der Bestechungsstraftatbestände müsse aber „auf jeden Fall multilateral abgestimmt" werden (BT-Drs. 13/642: 5). Damit wurde deutlich, dass Deutschland im Gegensatz zu den USA, die bereits 1977 mit dem Foreign Corrupt Practices Act (FCPA) die Bestechung ausländischer Amtsträger im internationalen Geschäftsverkehr weltweit erstmalig unter Strafe stellten (Androulakis 2007: 118-178; Nagel 2007: 71-109), nicht von sich aus tätig werden würde. Diese Untätigkeit wurde offiziell damit begründet, Maßnahmen zur Bekämpfung der transnationalen Korruption könnten „nachhaltig und erfolgversprechend nur im multilateralen Rahmen ergriffen werden" (BT-Drs. 13/642: 6). So sehr dieser Argumentation grundsätzlich zuzustimmen ist, spricht einiges dafür, die wahren Beweggründe für die politische Zurückhaltung in befürchteten Wettbewerbsnachteilen für die deutsche Wirtschaft zu sehen (Windsor/Getz 2000: 767).

Die seinerzeitige politische Mehrheitsmeinung in Deutschland kam nicht von ungefähr: In den USA wurde jahrelang heftig diskutiert, ob der FCPA für die US-amerikanische Wirtschaft signifikante Wettbewerbsnachteile im internationalen Geschäftsverkehr mit sich bringe (Androulakis 2007: 166-167). Die Vereinigten Staaten versuchten daher lange Zeit auf bilateraler und multilateraler Ebene ohne Erfolg, andere Industriestaaten ebenfalls zur Pönalisierung der Auslandsbestechung zu bewegen. Schließlich wurde der FCPA in einigen Punkten abgeschwächt bzw. modifiziert (Androulakis 2007: 207-214; Nagel 2007: 94-101). Zudem sind signifikante Unterschiede bei der Durchsetzung und Anwendung des Gesetzes unter den verschiedenen US-Regierungen zu beobachten. Die bisherige Empirie spricht für weniger FCPA-Ermittlungen unter republikanischen Präsidenten. Außerdem sind Unternehmen, die etwa mit der CIA oder der Drug Enforcement Agency zusammenarbeiten, einem geringeren Risiko strafrechtlicher Verfolgung ausgesetzt (Nagel 2007: 102-107). Dennoch weisen die Vereinigten Staaten immer noch die weltweit höchste Anzahl an Verurteilungen wegen Bestechung ausländischer Amtsträger auf.

3. Ein echter Paradigmenwechsel in der deutschen Politik Ende der 90er Jahre?

Aus eigener Kraft schaffte die bundesrepublikanische Politik die günstigen Rahmenbedingungen für Auslandsbestechung nicht ab. Erst das 1997 maßgeblich auf Druck der USA geschlossene OECD-Übereinkommen zur Bekämpfung der Bestechung ausländischer Amtsträger im internationalen Geschäftsverkehr (vgl. Wolf 2006: 28-30) führte zu einer begrenzten Kriminalisierung der Auslandskorruption im deutschen Strafrecht und zur vollständigen Abschaffung der steuerlichen Abzugsfähigkeit von Schmiergeldern. Die europäischen Regierungen, unter anderem die deutsche, hatten sich zuvor jahrelang derartigen Regelungen widersetzt. Sie beugten sich schließlich dem Druck der USA, der Zivilgesellschaft und der Öffentlichkeit (Abbott/Snidal 2002: 167-168). Windsor/Getz (2000: 762-763) unterscheiden zwischen moralischen Regimen, die auf intrinsischer Überzeugung beruhen, und normativen Regimen, die lediglich Zustimmung zu bestimmtem Verhalten voraussetzen; das OECD-Übereinkommen ordnen sie der zweitgenannten Kategorie zu.

Auch im Bereich der staatlichen Exportkreditgarantien führten erst OECD-Regelungen zu einer Trendwende in der deutschen Antikorruptionspolitik. Im Jahr 2003 nahm die OECD Working Party on Export Credits and Credit Guarantees einen Aufruf zum Verbot von Bestechung bei internationalen Geschäften an, die durch öffentliche Exportkredite unterstützt werden (Wolf 2006: 27). Doch erst nachdem der Ministerrat der OECD Ende 2006 eine entsprechende Empfehlung beschloss, entschied die Bundesregierung, dass Antragsteller für „Hermes-Kredite“ seit 2007 zumindest eine „Erklärung zur Korruptionsprävention im Rahmen der Exportkreditgarantien des Bundes“ abgeben müssen (Euler Hermes 2008: 27). Der aktuellste einschlägige Jahresbericht gibt keinerlei Auskunft darüber, ob bislang auch nur ein einziger Korruptionsfall im Zusammenhang mit „Hermes-Krediten“ aufgedeckt wurde (vgl. Euler Hermes 2008: 27).

Die deutsche Politik nutzte 1998 die Pflicht zur Umsetzung des OECD-Bestechungsübereinkommens nicht für eine umfassende Reform des Korruptionsstrafrechts, sondern setzte lediglich die völkerrechtlichen Minimalvorgaben um. So erstreckt sich der neugeschaffene Straftatbestand nur auf die zukunftsgerichtete, aktive Bestechung ausländischer und internationaler Amtsträger und Parlamentarier im internationalen Geschäftsverkehr. Bestechlichkeit wird ebensowenig erfasst wie Vorteilsgewährung- oder Vorteilsannahme, Schmiergeldzahlungen für zurückliegende Handlungen oder Bestechungsakte ohne Bezug zum internationalen Geschäftsverkehr. Die entsprechenden Vorschriften des Internationalen Bestechungsgesetzes wurden – wie auch die Regelungen zur Implementation der EU-Bestechungsübereinkommen (vgl. Wolf 2006: 5-6) – nicht gut sichtbar im Strafgesetzbuch verankert, wie man es wohl machen würde, damit der Rechtsanwender problemlos davon Kenntnis erlangen kann (vgl. BT-Drs. 16/6558: 9), sondern im Nebenstrafrecht „versteckt“ (Wolf 2007: 67). Die neue Gesetzgebung trat auch erst – als wolle man sie möglichst lange herauszögern – mit dem Inkrafttreten des OECD-Übereinkommens 1999 in Kraft. In der bloßen Umsetzung der völkerrechtlichen Minimalvorgaben zeigte sich der politische Wille, die alte Rechtslage so wenig wie möglich zu ändern. Diese pfadabhängige Politik führte zu einer unübersichtlichen und unsystematischen Zersplitterung des deutschen Antikorruptionsstrafrechts. So ist die Bestechung inländischer Amtsträger umfassender unter Strafe gestellt als die Bestechung ausländischer Amtsträger; andererseits sind die Straftatbestände für die Bestechung ausländischer und internationaler Parlamentarier schärfer als die entsprechenden Regelungen für deutsche Abgeordnete (Wolf 2007: 62). Zudem wurde zwischen Korruptionshandlungen bei EU-Ausländern und sonstigen Ausländern unterschieden: Nur in Bezug auf die erstgenannte Gruppe wurden auch Bestechung für zurückliegende Handlungen und Bestechlichkeit unter Strafe gestellt. Geht man von der Unteilbarkeit von Antikorruptionswerten aus (vgl. Abbott/Snidal 2002: 168), so erscheint eine derartige Diskriminierung recht bedenklich.

Da die Bundesregierung in der Folge anscheinend wenig Anstrengungen unternahm, die veränderte Rechtslage in der Wirtschaft bekannt zu machen, wundert es nicht, dass manche Siemens-Manager die neue Situation offenbar nicht gleich registrierten (Leyendecker 2007: 131). So empfahl die OECD Working Group on Bribery im Jahr 2003 unter anderem, die Bundesregierung müsse ihre Bemühungen zur Erhöhung der Bekanntheit des Straftatbestands der Auslandsbestechung intensivieren. Im Jahr 2005 versuchte die Regierung zu belegen, dass sie diesbezüglich diverse Maßnahmen durchgeführt bzw. eingeleitet habe. Das Monitoringgremium der OECD zeigte sich aber nur teilweise zufrieden (OECD Working Group 2005: 3-4). Während es in den ersten Jahren nach Inkrafttreten des Internationalen Bestechungsgesetzes nur wenige Ermittlungen und keine Urteile gab – was potenzielle Täter wohl tendenziell ermutigt haben könnte, alte Korruptionspraktiken weiterzuführen –, steht die Bundesrepublik mittlerweile hinsichtlich strafrechtlicher Untersuchungen und Gerichtsverfahren wegen Auslandsbestechung hinter den USA an zweiter Stelle (BT-Drs. 16/8463: 2), allerdings auf insgesamt niedrigem (ein- bis zweistelligen) Niveau. Nach Ansicht des Vorsitzenden der OECD Working Group on Bribery bewegt sich Deutschland bei der Umsetzung des Übereinkommens etwa „im Mittelfeld: Die Gesetze sind insgesamt tauglich, es gibt inzwischen auch einige Strafverfolgungen, andererseits sind auch Fälle mit erheblichem Anfangsverdacht zum Teil aus nicht sachgemäßen Gründen eingestellt worden“ (Pieth 2008: 6). Fünf Jahre nach Inkrafttreten des OECD-Bestechungsübereinkommens konstatierte Tarullo (2004: 683) angesichts ausbleibender Strafverfahren wegen Auslandsbestechung, „that OECD members lack either the will or the capacity to meet their obligations“, und argumentierte anhand spieltheoretischer Überlegungen, die Vertragsparteien hätten zu wenig Anreize, korruptive Handlungen ihrer Bürger und Unternehmen im internationalen Geschäftsverkehr entschieden zu unterbinden. Trotz einiger realer Verbesserungen in den letzten Jahren hat diese Argumentation auch in Bezug auf Deutschland wohl nicht ganz an Erklärungskraft eingebüßt. Nach den verschiedenen Korruptionswahrnehmungsindices von Transparency International schneidet

Deutschland im Hinblick auf die Auslandsbestechung schlechter ab (TI 2006) als bei der Inlandskorruption (TI 2007: 4).[2]

Bemerkenswert ist der Diskurs über Korruption im Zusammenhang mit dem OECD-Übereinkommen und seiner Umsetzung. Im Unterschied zu Policy-Diskursen (vgl. Schneider/Janning 2006: 180-182) über Inlandskorruption wurde hier nicht etwa die Lauterkeit des öffentlichen Dienstes oder die Sachlichkeit staatlicher Entscheidungen thematisiert, sondern die Fairness des internationalen Wettbewerbs (Nagel 2007: 198). Während die Präambel des OECD-Übereinkommens immerhin noch zuerst darauf hinweist, dass Bestechung im internationalen Geschäftsverkehr „gute Regierungsführung und wirtschaftliche Entwicklung untergräbt", bevor auf die Verzerrung der Wettbewerbsbedingungen Bezug genommen wird, ist die Zielsetzung des Internationalen Bestechungsgesetzes allein der „Schutz offener und wettbewerblich strukturierter Märkte vor den negativen Auswirkungen der Korruption" (BT-Drs. 13/10428: 1; vgl. Weigend 2007: 763). Hier findet sich kein Wort zu den fatalen Folgen von Korruption für die demokratischen und rechtsstaatlichen Institutionen in Entwicklungs- und Schwellenländern, obwohl die deutsche und internationale Entwicklungshilfepolitik jährlich Unsummen für den Aufbau entsprechender „good governance"-Strukturen aufwendet. Transnationale Korruption erscheint aus diesem Blickwinkel allein als ein Wettbewerbsproblem. Somit unterscheidet sich der Policy-Diskurs ab Ende der Neunziger Jahre nicht grundlegend von jenem Diskus in den Jahren zuvor; auch damals wurde grenzüberschreitende Korruption innerhalb und außerhalb Deutschlands überwiegend unter Wettbewerbsaspekten betrachtet. Diese Pfadabhängigkeit prägt auch die nun zu diskutierende dritte Phase.

4. „Wir sind Heuchler"[3] – Zur Politik seit dem Siemens-Korruptionsskandal

Die aktuelle Siemens-Korruptionsaffäre kam ins Rollen, als Mitte November 2006 Hunderte Fahnder von Polizei und Staatsanwaltschaft zentrale Verwaltungsgebäude des Konzerns durchsuchten (siehe Wolf in diesem Band). Angesichts der Dimensionen des Falls ist es schon auffällig, wie wenig der Skandal von der deutschen Politik bislang thematisiert wurde. Dies überrascht den Betrachter, der die lange Geschichte der transnationalen Korruption und ihrer zögerlichen Bekämpfung nicht kennt, umso mehr, als sich die Bundesregierung regelmäßig für eine entschiedene Antikorruptionspolitik gerade auch im internationalen Rahmen ausspricht, etwa auf dem G8-Gipfel 2007 in Heiligendamm (G8 2007: 43-45) und dem G8-Gipfel 2008 in Japan (G8 2008: Rn. 19).

2 Bribe Payers Index 2006 (Auslandsbestechung): Rang 7 von 30 Ländern; Corruption Perceptions Index 2007 (Inlandskorruption): Rang 16 von 179 Staaten.

3 Leyendecker (2007: 18).

In der Bundespolitik wurde lediglich mit Blick auf Heinrich von Pierer kurz und folgenlos diskutiert, den direkten Wechsel vom Vorstandsvorsitz in den Aufsichtsratsvorsitz eines Unternehmens zu verbieten (SZ 22.12.06: 19; 24.05.07: 27). Die Regierungskommission Deutscher Corporate Governance Kodex (2008) empfiehlt diesbezüglich bereits seit 2005 unverbindlich: „Der Wechsel des bisherigen Vorstandsvorsitzenden oder eines Vorstandsmitglieds in den Aufsichtsratsvorsitz oder den Vorsitz eines Aufsichtsratsausschusses soll nicht die Regel sein“. Die Bundeswehr erteilte ausgerechnet dem besonders belasteten Informations- und Kommunikationsbereich des Siemenskonzerns Ende 2006 trotz der laufenden Ermittlungen den größten Auftrag, den das Unternehmen jemals erhalten hat (SZ 29.12.06: 17). Nach von Pierers Rücktritt vom Aufsichtsratsvorsitz gab es vereinzelte Forderungen aus FDP und SPD, er solle auch seine Tätigkeit als führender Wirtschaftsberater der Bundeskanzlerin beenden. Die Bundesregierung hielt jedoch weiter an Heinrich von Pierer fest (SZ 23.04.07: 19, 05./06.04.08: 25). Erst als die Vorwürfe gegen den ehemaligen „Mr. Siemens“ immer lauter wurden, trennte sich die Regierung relativ elegant von ihm, indem sie den Innovationsrat, das von ihm geleitete Beratergremium, einfach auflöste und dessen Aufgaben einer anderen Institution übertrug (Die Welt 18.04.08). Von Pierer hatte in der Vergangenheit stets bestritten, dass Schmiergelder zur Geschäftspolitik von Siemens gehörten (Leyendecker 2007: 59-60). Andererseits lehnte er Auftragssperren für korrupte Unternehmen ab, da dies Arbeitsplätze gefährden würde (SPIEGEL 14.04.08: 88).

Im Oktober 2007 brachte die Bundesregierung einen Gesetzentwurf zur Umsetzung verschiedener Vorgaben der UN-Konvention gegen Korruption, des Strafrechtsübereinkommens über Korruption des Europarats und des EU-Rahmenbeschlusses zur Bekämpfung der Korruption im privaten Sektor in den Bundestag ein (BT-Drs. 16/6558). Dieser Entwurf ist insoweit bemerkenswert, als er im Unterschied zur früheren Implementationsgesetzgebung erstmals über die internationalen Mindestvorgaben hinausgeht. So wird unter anderem vorgeschlagen, auch Bestechlichkeit im Rahmen transnationaler Korruptionshandlungen unter Strafe zu stellen und die Beschränkung des Straftatbestands auf den internationalen Geschäftsverkehr abzuschaffen (vgl. Wolf 2007: 67, 107-108). Es wird außerdem endlich vorgeschlagen, das Auslandskorruption betreffende Nebenstrafrecht in das Strafgesetzbuch zu überführen und damit zugänglicher zu machen. Diese Gesetzesinitiative ist allerdings seit Jahren überfällig – das Europaratsübereinkommen wurde bereits 1999 unterzeichnet – und entstand nicht vor dem Hintergrund des Siemens-Korruptionsfalls.

Zwischenzeitlich kamen sogar Befürchtungen auf, die deutsche Politik ziehe nicht nur keine Konsequenzen aus der Siemens-Korruptionsaffäre („Aussitzen“), sondern nehme womöglich sogar Einfluss auf die staatsanwaltschaftlichen Ermittlungen, indem sie Schwachstellen in der Unabhängigkeit der deutschen Staatsanwaltschaft (vgl. Maier 2003) ausnutze. Es wurde bekannt, dass sich Heinrich von Pierer nach Beginn der Untersuchungen mit dem damaligen Innenminister Günter Beckstein in Verbindung gesetzt hatte (SZ 03.04.08: 22). In der Folge wurde in Pressekreisen spekuliert, die bayerische Regierung dränge auf einen baldigen Abschluss der Ermittlungen oder eine Schonung des Siemens-Zentralvorstands. Zwar stritten der zuständige Generalstaatsanwalt und die Staatsregierung jegliche Einflussnahme ab (SZ 03.04.08: 19), doch der Journalist Klaus Ott vertrat zeitweise die Auffassung, die Münchener Staatsanwaltschaft habe „davon abgesehen, den vielen und zuletzt immer deutlicheren Hinweisen auf eine Verstrickung des einstigen Managements konsequent nachzugehen. Entweder in vorauseilendem Gehorsam gegenüber der CSU-Regierung oder aufgrund politischer Einflussnahmen" (SZ 05./06.04.08: 25). Mittlerweile hat die Staatsanwaltschaft jedoch gegen etliche ehemalige Vorstandsmitglieder Verfahren eingeleitet, wenn auch wohl in der Mehrzahl nur Bußgeldverfahren (zum Ordnungswidrigkeitengesetz siehe Nell in diesem Band). Die Tatsache, dass Ende 2006 überhaupt so umfangreiche Ermittlungen gegen das bayerische Vorzeigeunternehmen Siemens aufgenommen wurden, führt Leyendecker (2007: 72) unter anderem auf den Umstand zurück, dass die Staatsregierung seinerzeit wegen der BenQ-Pleite schlecht auf Siemens zu sprechen war.

Ein beachtenswerter Antrag der Bundestagsfraktion Bündnis 90/Die Grünen zur Korruptionsbekämpfung (BT-Drs. 16/4459) war offenbar die einzige direkte und greifbare Reaktion in der Bundespolitik auf die Siemensaffäre. Dieser Vorstoß enthielt zahlreiche auch von Transparency International Deutschland geforderte Maßnahmen, etwa die Einführung eines bundesweiten Registers für korrupte Unternehmen, den arbeitsrechtlichen Schutz von Whistleblowern (Hinweisgebern) und die durchgängige Einrichtung von Schwerpunktstaatsanwaltschaften auf Länderebene. Wenig überraschend wurde der Antrag mit den Stimmen der Regierungsfraktionen Ende Mai 2008 im Parlament abgelehnt, sogar ohne Aussprache (Martiny 2008). Der Abgeordnete Georg Nüßlein (CDU) formulierte in diesem Zusammenhang die klassische Kritik an inländischen Regelungen zur Bekämpfung der transnationalen Bestechung: „Mit einer Verschärfung der nationalen gesetzlichen Vorschriften erreichen wir hier aber nichts als Entmündigung und Benachteiligung deutscher Unternehmen im globalen Wettbewerb" (BT-Plenarprotokoll 16/163: 17264). Diese althergebrachte Position (siehe oben 2. und 3.) nimmt korruptionsbedingte Missstände in Politik, Verwaltung und Wirtschaft von Empfängerländern billigend in Kauf, wenn Bestechungshandlungen nur dem Wirtschaftsstandort Deutschland dienen. Sie zeigt, dass das Wettbewerbsargument im Policy-Diskurs über Auslandsbestechung weiterhin von Bedeutung ist, obwohl beispielsweise die nach dem OECD-Abkommen geschlossenen Antikorruptionskonventionen, insbesondere das Strafrechtsübereinkommen über Korruption des Europarats (vgl. Wolf 2006: 19-21) und die UN-Konvention gegen Korruption (vgl. Wolf 2006: 33-37), recht eindeutig den Schwerpunkt auf die politischen und sozialen Folgen transnationaler Korruption legen.[4] Leyendecker spricht angesichts dieser politischen Mentalität in Deutschland

4 Dies erschließt sich bereits aus den Präambeln der einschlägigen Übereinkommen: „[…] dass die Korruption eine Bedrohung der Rechtsstaatlichkeit, der Demokratie und der Menschenrechte darstellt" (Strafrechtsübereinkommen des Europarats über Korruption); „die […] korruptionsbedingten Probleme und Gefahren […] untergraben die demokratischen Einrichtungen und Werte […] und die Rechtsstaatlichkeit" (UN-Konvention gegen Korruption). Im Un-

von Heuchelei: „Mal ehrlich: Müsste man dann nicht klarer und konsequenter sein und sich offen zur globalen Korruption bekennen? ‚Made in Germany – Wir schmieren sicher'" (SZ 02./03.12.06: 25).

5. Fazit

Eingangs wurde die These formuliert, dass die deutsche Politik hinsichtlich des Themas Auslandskorruption trotz einiger Wandlungen eine hohe Kontinuität aufweist. In den vorigen Abschnitten konnten etliche Belege für eine pfadabhängige politische Zurückhaltung bei der Bekämpfung der transnationalen Korruption angeführt werden. Viele Jahre gab es keinerlei strafrechtliche Maßnahmen, und durch die steuerliche Abzugsfähigkeit wurde Auslandsbestechung sogar staatlich gefördert (oben 2.). Externe Impulse wie das OECD-Bestechungsübereinkommen oder OECD-Empfehlungen zur Vermeidung von Korruption im Zusammenhang mit staatlichen Exportkreditgarantien wurden zunächst nur restriktiv implementiert, wohl um den als exportförderlich angesehenen Status quo so wenig wie möglich zu verändern (oben 3.). Die deutsche Politik hat bisher auf die Siemens-Korruptionsaffäre kaum reagiert und damit mehr oder weniger deutlich zu erkennen gegeben, dass Auslandsbestechung in Deutschland offenbar noch immer ein politisches „nonissue" ist (oben 4.).

Politik entsteht bekanntlich nicht im luftleeren Raum. Es spricht einiges dafür, dass die skizzierte kontinuierliche Politik der Zurückhaltung gegenüber transnationaler Korruption durch einen viele Gesellschaftsbereiche dominierenden Policy-Diskurs gestützt wird, der Auslandskorruption als etwas qualitativ anderes beschreibt als Inlandskorruption. Das „Framing" von Auslandsbestechung im bundesrepublikanischen Policy-Diskurs ist immer noch stark auf den Aspekt des Standortwettbewerbs im internationalen Geschäftsverkehr beschränkt. Es würde den Rahmen dieses Beitrags sprengen, aus den unterschiedlichsten Gesellschaftsbereichen jeweils zahlreiche Belege im Zeitverlauf zur Stützung dieser These zusammenzutragen. Stattdessen sollen im Folgenden lediglich einige jüngere Beispiele aus Bevölkerung, Wissenschaft und Kultur angeführt werden.

Nimmt man die etwa in der Süddeutschen Zeitung abgedruckten Leserbriefe (z. B. vom 15.01.07: 33) zur Siemens-Korruptionsaffäre als einen – freilich nicht repräsentativen – Indikator, so besteht in der Bevölkerung offenbar ein nicht unerhebliches Verständnis für Bestechung im Ausland, wenn sie nur der Akquirierung von Aufträgen und damit der Sicherung oder Schaffung von Arbeitsplätzen in Deutschland dient (Wolf 2007: 114). Bemerkenswert ist auch der anonyme Whist-

terschied zum OECD-Übereinkommen beschränkt etwa die Europarats-Konvention den Straftatbestand der Bestechung ausländischer Amtsträger nicht auf Handlungen im internationalen Geschäftsverkehr.

leblower-Brief von Siemensmitarbeitern, der die strafrechtlichen Ermittlungen mit auslöste. Er beklagt die hohen Vergütungen für mutmaßlich illegal handelnde Manager des Unternehmens selbst nach deren vorzeitigem Ausscheiden, während zahlreiche einfache Mitarbeiter perspektivlos entlassen würden (SZ 19./20.04.08: 34). Die Verwerflichkeit von Korruptionshandlungen an sich erscheint hier eher zweitrangig, vielmehr dienen die Vorwürfe offenbar primär dem Zweck, dem (beneideten) Führungszirkel des Unternehmens eins auszuwischen.

Auch in der Wissenschaft gibt es Stimmen, die eine zögerliche Politik gegen transnationale Korruption tendenziell fördern. So kritisiert etwa Schünemann (2003: 309) das OECD-Übereinkommen als „ein geradezu klassisches Abkommen zur Etablierung eines imperialistischen globalen Strafrechts" und übersieht dabei offenbar, dass die Konvention lediglich zur Kriminalisierung der aktiven Auslandsbestechung verpflichtet, die in der Regel von Unternehmen in den Vertragsstaaten (Industrieländern) ausgeht. An anderer Stelle wird international(isiert)e Korruptionsbekämpfung als „Lösung ohne Problem" bezeichnet, weil Korruption nur individuell vor Ort eingedämmt werden könne und internationale Vorgaben somit keinerlei Mehrwert brächten (Weigend 2007: 764). Hier wird unter anderem trotz der Weiterentwicklung des internationalen Antikorruptionsrechts (vgl. oben 4.) der in dieser Form nur für das OECD-Übereinkommen zutreffende Standpunkt vorgebracht, das Schutzgut der grenzüberschreitenden Korruptionsbekämpfung stelle allein der internationale Wirtschaftswettbewerb dar, daher sei die „Lauterkeit des öffentlichen Dienstes in anderen Staaten [...] als solche für die deutsche Justiz nicht von gesteigertem Interesse" (Weigend 2007: 762). Wenig Interesse an den durch transnationale Korruption in Empfängerländern verursachten Missständen zeigte kürzlich auch der Schriftsteller Martin Walser, als er die Zahlung von Bestechungsgeldern zur Erlangung von Aufträgen in vielen Staaten als notwendig rechtfertigte und die diesbezügliche Anprangerung von Managern hierzulande – erkennbar ohne jedes Wissen der ausländischen und internationalen Regelungen – als „deutsch, deutsch bis ins Mark" geißelte (kritisch SPIEGEL 28.07.08: 138; SZ 25.07.08: 13).

Diese punktuellen Beispiele aus Bevölkerung, Rechtswissenschaft und Kultur können zwar nicht ausreichend belegen, dass die oben skizzierte Politik der Zurückhaltung gegenüber transnationaler Korruption durch einen viele Gesellschaftsbereiche dominierenden Policy-Diskurs gestützt wird, der maßgeblich vom Leitbild des (Standort-) Wettbewerbs geprägt ist. Sie zeigen allerdings, dass die Politik in ihrer Haltung keineswegs isoliert dasteht. Die Forschung sollte künftig einerseits verstärkt die Einstellungen verschiedener Gesellschaftsbereiche zur Auslandskorruption untersuchen und andererseits die divergierenden Ansichten unterschiedlicher politischer Akteure auf Bundesebene analysieren. So gibt es etwa derzeit offenbar Meinungsunterschiede zwischen Bundesregierung und Bundestag in der Frage des Hinweisgeberschutzes (SZ 23./24.08.08: 19), der auch bei der Bekämpfung der Auslandsbestechung von besonderer Bedeutung ist.

6. Ausblick

Eine Nichtregierungsorganisation wie Transparency International Deutschland, die für die Bekämpfung sämtlicher Formen von Korruption eintritt, sollte sich verstärkt der Aufgabe widmen, auf ausgeblendete Aspekte in dem recht einseitigen Policy-Diskurs über Bestechung im internationalen Geschäftsverkehr hinzuweisen. So könnte etwa nachdrücklicher thematisiert werden, dass die – früher sogar steuerlich geförderte – Auslandskorruption demokratische und rechtsstaatliche Institutionen in Entwicklungs- und Schwellenländern aushöhlt und Märkte verzerrt. Sie steht damit im Widerspruch zur „good governance"-orientierten Entwicklungshilfepolitik, für die ihrerseits beträchtliche Steuermittel aufgewendet werden (oben 3.). Dem Vorteil durch Bestechung erlangter Aufträge für die heimische Wirtschaft sollte beispielsweise gegenübergestellt werden, dass in den Händen eines Militärdiktators wie des Nigerianers Abacha „aus Schmiergeld Blutgeld" wird (SPIEGEL 14.04.08: 82). Man könnte auch versuchen, verstärkt das normative Bild des „ehrbaren Händlers" zu bemühen, der Wettbewerbsfähigkeit durch hervorragende Produkte und nicht durch Bestechungsgelder erreicht. Um das Standardargument „Wenn wir nicht bestechen, tun es andere" zu entkräften, sollte noch häufiger hervorgehoben werden, dass Auslandsbestechung mittlerweile auch in allen anderen Industriestaaten verboten ist; von isolierten deutschen Handlungen kann daher keine Rede sein. Es existiert gerade im OECD-Rahmen ein „kollektiv-unilateraler" Ansatz zur Austrocknung der Geberseite bei Bestechung im internationalen Geschäftsverkehr (Aiolfi/Pieth 2002: 350; OECD 2000). Dennoch dürfte es Transparency International Deutschland beim Thema Auslandskorruption deutlich schwerer als sonst fallen, Koalitionen zu bilden, denn der Verein kann sich hier wohl nicht auf den allgemeinen Konsens stützen, dass „Korruption grundsätzlich verwerflich ist".

Trotzdem stehen die Zeichen für einen strukturellen Wandel in Deutschland derzeit vergleichsweise günstig. Die pfadabhängige Zurückhaltung hinsichtlich der Bekämpfung der transnationalen Korruption scheint allmählich zu bröckeln; sie ist offenbar nicht mit einer großen Reformmaßnahme, sondern – wenn überhaupt – nur inkrementell mit vielen kleinen Schritten über einen langen Zeitraum hinweg zu überwinden. So wurden nach der Änderung des internationalen Umfelds Ende der 90er Jahre zwar die gesetzlichen Grundlagen zur Bekämpfung der Auslandsbestechung geschaffen, doch in der Praxis änderte sich kaum etwas. Bis zu den ersten Verurteilungen vergingen etliche Jahre. Nun kommt es im Zuge der Siemens-Korruptionsaffäre rund 10 Jahre nach Inkrafttreten des OECD-Bestechungsübereinkommens zu einem wahren Boom an Compliance-Programmen in deutschen Unternehmen (vgl. Handelsblatt 26.02.08: 1-2). Irgendwann könnte diese Entwicklung auch zu einem echten Bewusstseinswandel (intrinsischer Antikorruptionsüberzeugung) in den global operierenden Konzernen führen, also zu einem schleichenden Wandel von einem normativen zu einem moralischen Regime, wenn man die Typologie von Windsor/Getz (2000: 762-763) auf Privatunternehmen überträgt.

Nachhaltige Verhaltensänderungen in der Privatwirtschaft im Hinblick auf Auslandsbestechung sind nach einschlägigen Erfahrungen in den USA frühestens mit einer neuen Managergeneration zu erwarten (Heidenheimer/Moroff 2002: 953). Solange ein kollektiver Bewusstseinswandel noch nicht stattgefunden hat, ist von solchen Verhaltensänderungen allerdings realistischerweise vor allem dann auszugehen, wenn die Konzerne entweder zu der Überzeugung gelangen, dass Auslandsbestechung der Reputation des Unternehmens oder seinem internen Betrieb erheblich schadet, oder dass die Gefahr der Entdeckung und Sanktionierung die kalkulierten Vorteile korruptiver Handlungen übersteigt (Tarullo 2004: 686). Was den Reputationsaspekt anbelangt, so kann und sollte eine zivilgesellschaftliche Organisation wie Transparency International auf eine entsprechende Sensibilisierung der Bevölkerung hinarbeiten (siehe oben). Um die Entdeckungswahrscheinlichkeit und die abschreckende Wirkung von Sanktionen zu erhöhen, bedarf es einschlägiger Maßnahmen der Politik und nachgelagerter Behörden. Die bisherige Zurückhaltung der politischen Entscheidungsträger beim Thema Auslandskorruption wird indes nur schwer zu überwinden sein. Ängste vor einer möglichen Benachteiligung der deutschen Wirtschaft im internationalen Geschäftsverkehr sind gerade auch in der Politik immer noch weit verbreitet, und um ein wahlkampfrelevantes Thema handelt es sich eher nicht. Es steht zu befürchten, dass sich daran auch mit einer neuen Politikergeneration kaum etwas ändern wird.

Literaturverzeichnis

Abbott, K. W./Snidal, D. (2002) Values and Interests: International Legalization in the Fight Against Corruption, *Journal of Legal Studies* 31, 141-178.

Aiolfi, G./Pieth, M. (2002) How to Make a Convention Work: the Organization for Economic Co-Operation and Development Recommendation and Convention on Bribery as an Example of a New Horizon in International Law, in: C. Fijnaut/L. Huberts (Hrsg.) *Corruption, Integrity and Law Enforcement*, Den Haag, 349-360.

von Alemann, U. (Hrsg.) (2005) *Dimensionen politischer Korruption. Beiträge zum Stand der internationalen Forschung*, Politische Vierteljahresschrift Sonderheft 35/2005, Wiesbaden.

Androulakis, I. N. (2007) *Die Globalisierung der Korruptionsbekämpfung. Eine Untersuchung zur Entstehung, zum Inhalt und zu den Auswirkungen des internationalen Korruptionsstrafrechts unter Berücksichtigung sozialökonomischer Hintergründe*, Baden-Baden.

von Arnim, H. H./Heiny, R./Ittner, S. (2006) *Korruption. Begriff, Bekämpfungs- und Forschungslücken*, FÖV-Discussion Papers 33, Speyer.

Euler Hermes Kreditversicherungs-AG (2008) *Jahresbericht 2007. Exportkreditgarantien der Bundesrepublik Deutschland*, Hamburg.

G8-Gipfel (2007) *Wachstum und Verantwortung in der Weltwirtschaft*, Gipfelerklärung vom 07.06.2007, abrufbar unter http://www.g-8.de/Content/DE/Artikel/G8Gipfel/Anlage/gipfeldokument-wirtschaft-de,templateId=raw,property=publicationFile.pdf/gipfeldokument-wirtschaft-de.

G8-Gipfel (2008) *Hokkaido Toyako Summit Leaders Declaration* vom 08.07.2008, abrufbar unter http://www.g8summit.go.jp/eng/doc/doc080714__en.html.

Heidenheimer, A. J./Moroff, H. (2002) Controlling Business Payoffs to Foreign Officials: The 1998 OECD Anti-Bribery Convention, in: A. J. Heidenheimer/M. Johnston (Hrsg.) *Political Corruption. Concepts & Contexts*, 3. Aufl., New Brunswick/London, 943-959.

Huntington, S. (1968) *Political order in changing societies*, 2. Aufl., London/New Haven.

Korte, M. (1997) Bekämpfung der Korruption und Schutz des freien Wettbewerbs mit den Mitteln des Strafrechts, *Neue Zeitschrift für Strafrecht* 17 (11), 513-518.

Leyendecker, H. (2007) *Die große Gier. Korruption, Kartelle, Lustreisen: Warum unsere Wirtschaft eine neue Moral braucht*, Berlin.

Maier, W. (2003) Wie unabhängig sind Staatsanwälte in Deutschland?, in: H. H. von Arnim (Hrsg.) *Korruption. Netzwerke in Politik, Ämtern und Wirtschaft*, München, 121-131.

Martiny, A. (2008) Korruptionsdebatte unter Ausschluss der Öffentlichkeit, *Transparency International Deutschland Scheinwerfer* 40 (3/2008), 17, abrufbar unter http://transparency.de.dd13710.kasserver.com/fileadmin/pdfs/Rundbriefe/Scheinwerfer_40_III_2008_Sponsoring.qxp.pdf.

Nagel, S. (2007) *Entwicklung und Effektivität internationaler Maßnahmen zur Korruptionsbekämpfung*, Baden-Baden.

OECD (Hrsg.) (2000) *No Longer Business as Usual. Fighting Bribery and Corruption*, Paris.

OECD Working Group on Bribery (2005) *Germany Phase 2. Follow-up Report on the Implementation of the Phase 2 Recommendations on the Application of the Convention and the 1997 Recommendation on Combating Bribery of Foreign Public Officials in International Business Transactions*, abrufbar unter http://www.oecd.org/dataoecd/8/44/35927070.pdf.

Pierson, P. (2000) Increasing Returns, Path Dependence, and the Study of Politics, *American Political Science Review* 94 (2), 251-267.

Pieth, M. (2008) Zu den Internationalen Konventionen: Ein Interview mit Mark Pieth, *Transparency International Deutschland Rundbrief* 38 (1/2008), 5-6, abrufbar unter http://www. transparency.de/fileadmin/pdfs/Rundbriefe/Rundbrief_038_I_2008.pdf.

Regierungskommission Deutscher Corporate Governance Kodex (2008) *Deutscher Corporate Governance Kodex* in der Fassung vom 06.06.2008, abrufbar unter http://www.corporate-governance-code.de/ger/download/D_Kodex%202008_final.pdf.

Rügemer, W. (2003) Global Corruption, *prokla* 33 (2) (Nr. 131), abrufbar unter http://www.werner-ruegemer.de/docu/GlobalCorruption2.pdf.

Schneider, V./Janning, F. (2006) *Politikfeldanalyse. Akteure, Diskurse und Netzwerke in der öffentlichen Politik*, Wiesbaden.

Schünemann, B. (2003) Das Strafrecht im Zeichen der Globalisierung, *Goltdammers Archiv für Strafrecht* 150, 299-313.

Tarullo, D. K. (2004) The Limits of Institutional Design: Implementing the OECD Anti-Bribery Convention, *Virginia Journal of International Law* 44 (3), 665-710.

Transparency International (2006) *Bribe Payers Index 2006*, abrufbar unter http://www.transparency.org/news_room/latest_news/press_releases/2006/en_2006_10_04_bpi_2006.

Transparency International (2007) *Corruption Perceptions Index 2007*, abrufbar unter http://www.transparency.org/policy_research/surveys_indices/cpi.

Weigend, T. (2007) Internationale Korruptionsbekämpfung – Lösung ohne Problem?, in: M. Pawlik/R. Zaczyk (Hrsg.) *Festschrift für Günther Jakobs*, Köln, 747-765.

Windsor, D./Getz, K. A. (2000) Multilateral Cooperation to Combat Corruption: Normative Regimes Despite Mixed Motives and Diverse Values, *Cornell International Law Journal* 33, 731-772.

Wolf, S. (2006) *Maßnahmen internationaler Organisationen zur Korruptionsbekämpfung auf nationaler Ebene. Ein Überblick*, FÖV-Discussion Papers 31, Speyer.

Wolf, S. (2007) *Der Beitrag internationaler und supranationaler Organisationen zur Korruptionsbekämpfung in den Mitgliedstaaten*, Speyerer Forschungsberichte 253, Speyer.

Transnationale Zivilgesellschaft gegen Korruption in multinationalen Unternehmen?

Diana Schmidt-Pfister

1. Korruption im Siemens-Konzern: Kein Grund zur Aufregung?

Die Aufdeckung der Korruptionsaffären unter dem Dach des multinationalen Siemens-Konzerns hat eine Welle empörter und investigativer Berichterstattung und in den internationalen Medien und den Medien der betroffenen Länder ausgelöst. Doch im Gegensatz zu vergangenen Protestkampagnen gegen gemeinschafts- oder umweltschädigendes Handeln führender Unternehmen, waren es nicht in erster Linie transnationale zivilgesellschaftliche Initiativen, die die öffentliche Aufmerksamkeit auf diesen Fall zu lenken vermochten. Während das Ausmaß der Korruptionsvorfälle im Zusammenhang mit der Siemens AG nach und nach offen gelegt wird, drängt sich die Frage auf, warum die mittlerweile global aktive zivilgesellschaftliche Bewegung gegen Korruption derart ansehnlichen Summen und weit reichenden Korruptionsnetzwerken bisher so wenig Beachtung schenkte.[1] Problematisch erscheint in dieser Hinsicht nicht der Siemensfall an sich. Vielmehr enthalten die Rahmenbedingungen, Rollen und Anliegen zivilgesellschaftlichen Handelns allgemeine Hinderungsgründe für groß angelegte Kampagnen gegen Korruption in multinationalen Konzernen.

Das Thema *Korruptionsbekämpfung* bietet der Wissenschaft einen neuen Untersuchungsgegenstand. Ausgehend von der Problematik weitgehend ausbleibender zivilgesellschaftlicher Mobilisierung im Fall der Siemens-Skandale beginnt dieser Beitrag mit einem kurzen Rückblick auf die bisherige Antikorruptions-Forschung (2.). Im Anschluss werden die Handlungsbedingungen, Rollen und Gegenstände zivilgesellschaftlichen Vorgehens gegen Korruption vor dem Hintergrund konventioneller Befunde zu den „neuen sozialen Bewegungen“ im Menschenrechts- und Umweltbereich näher betrachtet (3.) Mit diesem recht weit gespannten Bogen zielt das Kapitel auf ein besseres Verständnis der begrenzten Handlungspotentiale zivilgesellschaftlicher Akteure gegen Korruption in multinationalen Konzernen allgemein und im Fall Siemens im Besonderen (4.). Schließlich lassen sich hieraus einige zentrale Lektionen für die weitere Forschung zur Antikorruptionsbewegung ableiten (5.).

1 Zivilgesellschaft wird hier als organisierte Öffentlichkeit außerhalb der Sphären des Staates, der Wirtschaft und der privaten Haushalte verstanden.

2. *Korruptionsbekämpfung als Forschungsgegenstand*

Die wissenschaftliche Beschäftigung mit *Korruption* hat sich in den sozialwissenschaftlichen Disziplinen der Politik-, Wirtschafts- und Rechtswissenschaften spätestens seit den 1960er Jahren etabliert, insbesondere unter dem Einfluss der Entwicklungsforschung (Williams 2000: xi) sowie unter Einbeziehung von philosophischen, anthropologischen, soziologischen und geschichtswissenschaftlichen Ansätzen und Erkenntnissen. Während es ein fortwährendes Hauptanliegen dieser Arbeiten war und ist, Korruption in verschiedenen Formen, Kontexten und Fällen zu erklären, wurden Aspekte der *Korruptionsbekämpfung* zumeist nur in die abschließenden Überlegungen verschoben. Eine umfassendere und systematischere Beschäftigung vor allem mit transnationaler Korruptionsbekämpfung, die sich als solches ja erst mit dem Entstehen von Transparency International (TI) seit Mitte der 1990er Jahre entwickelt hat, als eigenständigem Forschungsgegenstand findet sich erst in jüngeren Arbeiten. Diese konzentrieren sich zum einen auf die erfolgreiche Etablierung globaler Antikorruptionsnormen (z.B. McCoy/Heckel 2001), die mitwirkenden internationalen Akteure und ihre Strategien[2] sowie die Formierung einer transnationalen zivilgesellschaftlichen Initiative gegen Korruption durch TI (Wang/Rosenau 2001).[3] Daneben wächst die Zahl der Länder- und Fallstudien zu diversen Bemühungen, auf internationaler Ebene etablierte Antikorruptionskonzepte auf nationaler bzw. lokaler Ebene umzusetzen. In vielen Fällen traten aber nicht nur die erwarteten Erfolgsgeschichten, sondern auch diverse Rückschläge oder Nebeneffekte zutage. So finden sich in der jüngsten Literatur auch zunehmend kritische Beiträge zum globalen Antikorruptions-Unterfangen (De Sousa et al. 2008; Krastev 2004; Tisne/Smilov 2004) und zu TI im Besonderen (Bajolle 2006; De Sousa 2008). Nachteilige Effekte der Korruptionsbekämpfung auf lokaler Ebene wurden aber auch bereits von Anechiarico und Jacobs (1996) thematisiert. Zudem stellt sich die Frage, warum nach den intensiven Antikorruptionsbemühungen der vergangenen 15 Jahre viele Bürger nach wie vor laxe und tolerante Einstellungen gegenüber Korruption pflegen (De Sousa 2008).

Insgesamt liegt der wesentliche Mehrwert der unzähligen Fallstudien zu Anti-Korruptionsstrategien und deren Umsetzung zunächst darin, die verschiedenen zu berücksichtigenden Ebenen und eine in der Zusammenschau beeindruckende Palette Aspekte der Korruptionsbekämpfung aufzuzeigen (siehe Abb. 1).

2 Um nur einige vergleichende und Einzelfallstudien zu internationalen bzw. transnational agierenden Akteuren und ihrer Antikorruptionsstrategien zu nennen: Moroff (2005) zu Weltbank, UN, OECD, CoE, SEC, TI, ICC; Wolf (2006; 2007) zu EU, Europarat, OECD, UN; Hamm (2006) zu USAID, DFID, DANIDA sowie Marquette (2001; 2004) zur Weltbank; Frisch (1999: 2.8.3) zur EU; Neuhann (2005) zu OLAF (als Teil der EU-Strategie).

3 Zusätzlich gibt es Publikationen aus der Eigenperspektive von Autoren, die persönlich in die Entwicklung von TI involviert waren oder sind (z.B. Eigen 2003; Galtung 2000; Pope 2000; Vogl 2003).

Abb. 1: Ebenen und Aspekte der Korruptionsbekämpfung

Internationale Ebene:
z.B.
Internationale Organisationen
Rechtlicher Rahmen, Konventionen
Zivilgesellschaft

Nationale und lokale Ebenen:
z.B.
Policy-Ansätze
Rechtlicher Rahmen, Strafverfolgung
Antikorruptions-Agenturen
Verwaltungs- und Justizreform
Trainingsmaßnahmen
Unabhängige Medien
Zivilgesellschaft
Politische Kultur

Organisationsebene
z.B.
Richtlinien, Verhaltenskodizes
Whistleblowing Monitoring
Selbstverpflichtung /-evaluation
Organisationskultur
Training, Schulungen
Zivilgesellschaft

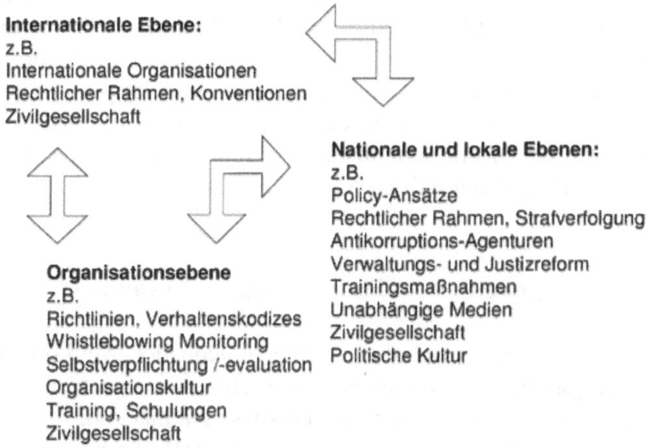

Zudem verdeutlicht die Zusammenschau die Präsenz von Zivilgesellschaft als Baustein von Antikorruptionskonzepten auf allen Handlungs- bzw. Untersuchungsebenen. Zivilgesellschaft werden in Dokumenten sowie wissenschaftlichen Texten multiple Rollen in der Korruptionsbekämpfung zugeschrieben: Agenda-Setter, Whistleblower, Watchdogs, Koalitionspartner, Opposition, Vermittler von Expertenwissen, Vermittler zwischen Staat, Wirtschaft und Bevölkerung usw. Dabei wird im Gegensatz zum „politischen Willen“, dessen Abwesenheit als mögliches Hemmnis erfolgreicher Korruptionsbekämpfung verstanden wird, ein „zivilgesellschaftlicher Wille“ zumeist stillschweigend als gegeben vorausgesetzt. Aus dieser Perspektive lässt sich jedoch nicht erklären, warum zivilgesellschaftliches Engagement bei der Aufdeckung der Siemens-Affären eine sehr untergeordnete Rolle gespielt hat. Des Weiteren erweist sich dieser Bereich wissenschaftlicher Analyse, ungeachtet der Flut an Publikationen zum Thema Korruptionsbekämpfung, bis auf weiteres als arm an eigenen empirisch fundierten Theorien.[4] Weitere vorhandene theoretische Ansätze, die auf empirischen Einsichten über die globalen Vorgängerbewegungen im

4 Es sei angemerkt, dass neben akademischen mindestens ebenso viele praxisbezogene Analysen und Kommentare veröffentlicht wurden. Zudem lassen sich akademische und „nicht-akademische“ Beiträge nicht immer klar trennen, wie dies oft in Bereichen zu beobachten ist, in denen involvierte Forscher ein großes Interesse an der Umsetzung ihrer Ideen haben bzw. die beteiligten Organisationen Forschungsarbeiten in Auftrag geben.

Menschenrechts- und Umweltbereich fußen, erklären ebenfalls in erster Linie die Erfolgsbedingungen zivilgesellschaftlicher Mobilisierung und sind daher in diesem und zahlreichen anderen Fällen nicht direkt anwendbar. Im Folgenden kann es also nicht darum gehen, das Ausbleiben zivilgesellschaftlicher Mobilisierung im Fall Siemens mit Hilfe gegebener theoretischer Ansätze zu erklären. Stattdessen soll aus einer weiter gefassten Perspektive die Antikorruptionsbewegung im Spiegel transnationaler zivilgesellschaftlicher Mobilisierung im Menschenrechts- und Umweltbereich betrachtet werden (3.), um sodann die speziellen Handlungspotentiale und -grenzen ersterer im vorliegenden Fall zu reflektieren (4.).

3. Anti-Korruptionsbewegung – eine „Gegen-Bewegung" neuerer Generation

Zunächst ist es wichtig, sich wesentliche Unterschiede der Antikorruptionsbewegung zu klassischen globalen Bewegungen gegen „unethisches" Verhalten bzw. für eine Durchsetzung internationaler Normen bewusst zu machen. Die Forschungslandschaft zu transnationalen sozialen Bewegungen, Protestkampagnen, Advocacy-Koalitionen oder -netzwerken, zu globaler Zivilgesellschaft und zu internationalen Nichtregierungsorganisationen (INGOs) ist nunmehr unüberschaubar geworden. Ein Überblick über die diversen interdisziplinären, teils ineinander greifenden, teils sehr ausdifferenzierten Forschungsfelder kann daher nicht Ziel der folgenden Ausführungen sein. Vielmehr sollen die Handlungsbedingungen, Rollen und Anliegen zivilgesellschaftlicher Mobilisierung gegen Korruption im Vergleich zu den mittlerweile gut erforschten „neuen sozialen Bewegungen" betrachtet werden. Insbesondere die Erfolge der Menschenrechtsbewegung werden von Forschern immer wieder als Vorbild für zahlreiche andere Bewegungen in der Praxis (Keck/Sikkink 1998: ix) und die theoretische Modellierung dieser Erfolge auch für andere Themenfelder als gültig (z.B. zum spiral model Risse/Ropp 1999: 273) angesehen. Doch die folgende Gegenüberstellung schärft den Blick dafür, inwiefern und warum konventionelle Annahmen in Bezug auf die Antikorruptionsbewegung allgemein, und gegen multinationale Unternehmen insbesondere in vielerlei Hinsicht nicht greifen.

3.1. Handlungsbedingungen

Den großen „neuen sozialen Bewegungen" des ausgehenden 20. Jahrhunderts konnte es über Jahrzehnte hinweg schließlich gelingen, Prinzipien mit universalem Geltungsanspruch auf die internationale politische Tagesordnung zu bringen und allmählich in immer komplexere institutionelle und rechtliche Rahmen für deren Durchsetzung zu stellen. Dabei hat Zivilgesellschaft selbst eine Transnationalisierung erfahren, d. h. eine zunehmende Verflechtung einzelner lokaler oder nationaler Initiativen untereinander und mit anderen internationalen Akteuren. Des Weiteren konnten neu hinzugekommene Bewegungen zumeist von ihren Vorgängerbewegungen profitieren. Die Umweltbewegung der 1970er/1980er Jahre illustriert sehr gut, wie Überlagerungen und Anknüpfungsmöglichkeiten mit früheren Initiativen, v. a. im Menschenrechtsbereich, zu einer neuartigen Vielfalt an Akteuren, Mandaten und normativen Instrumenten in diesem Feld beigetragen haben. Doch damit gingen nicht nur zahlreiche Synergien, sondern auch neue Konfliktpotentiale zwischen den verschiedenen Akteuren und Zielsetzungen einher. Letztere bleiben in den wissenschaftlichen Literaturen allerdings relativ unterbelichtet, während man sich überwiegend auf die Analyse und Konzeptionalisierung der Erfolgsbedingungen konzentriert hat.

Die Antikorruptionsbewegung gehört nun gewissermaßen einer dritten Generation neuer globaler Bewegungen an. Transnationale zivilgesellschaftliche Initiativen, die sich diesem Bereich maßgeblich erst mit der Gründung und dem Wirken von TI im Laufe der letzten 15 Jahre etabliert haben, können auf eine inzwischen reichhaltige Grundlage an historisch gewachsenen Strukturen, Ressourcen und Diskursen aufbauen und diese für sich nutzbar machen. Beispielsweise stützen sich die verschiedenen Bemühungen routinemäßig auf neueste Informations- und Kommunikationstechnologien sowie auf eine gut eingespielte Praxis internationaler politischer Kommunikation zwischen staatlichen, nichtstaatlichen und internationalen Akteuren. Besonders markant ist aber, dass wesentliche im Rahmen der großen Vorgängerbewegungen etablierte internationale Regime Antikorruptionsprinzipien mit an Bord genommen haben. So haben die Mehrzahl der führenden internationalen Organisationen (UNODC, OECD, Europarat, EU) und internationalen Finanzinstitutionen (Weltbank, Internationaler Währungsfonds) seit Mitte der 1990er Jahre die zwischenstaatliche Zusammenarbeit auf das Anliegen der Korruptionsbekämpfung ausgeweitet. Selbiges gilt für die mittlerweile fest institutionalisierten Finanzierungsmechanismen der maßgeblichen staatlichen und privaten Stiftungen, die enger mit zivilgesellschaftlichen Akteuren und privatwirtschaftlichen Unternehmen zusammenarbeiten (CIDA, DFID, GTZ, SIDA, USAID, Open Society Institute, Eurasia Foundation). Im Unternehmenssektor sind die OECD Guidelines for Multinational Enterprises[5] sowie die Ausweitung des zuvor im Rahmen des *UN Global Compact* formulierten universalen Prinzipienkataloges (ursprünglich die Bereiche Menschenrechte, Arbeit und Umwelt betreffend) um „Antikorruption“ als zehntes Prinzip von besonderer Relevanz.[6] Auf dieser Basis konnte die Antikorruptionsbewegung eine unerwartet rasante und umfassende Normen- und Institutionengenese (McCoy/Heckel 2001)[7] sowie Mobilisierung zivilgesellschaftlicher Akteure und

5 Siehe die OECD „Guidelines for Multinational Enterprises“, abrufbar unter http://www.oecd.org/department/0,3355,en_2649_34889_1_1_1_1_1,00.html.

6 Siehe „United Nations Global Compact“, abrufbar unter http://www.unglobalcompact.org.

7 Z. B. brachte es die *United Nations Convention Against Corruption* (UNCAC) nur fünf Jahre nachdem der Bedarf eines solchen universalen Instrumentes geäußert wurde (Resolution 55/61, 4. Dezember 2000) und ein halbes Jahr nach ihrer Annahme (Resolution 58/4, 31. Oktober 2003) auf 140 Unterzeichnerstaaten und 58 Ratifikationen. Hingegen folgten der An-

Kräfte[8] verzeichnen. Weniger klar ist allerdings, inwiefern letztere zu ersterer beigetragen hat oder umgekehrt. Ein entscheidender Faktor ist zudem die Umkehrung der Vernetzungsrichtung im Bereich zivilgesellschaftlicher Initiativen: Eine von vornherein transnational konzipierte Antikorruptionsbewegung setzte sich für eine stetige Lokalisierung nichtstaatlicher Antikorruptionsinitiativen ein (De Sousa 2008: 347; Sampson 2005). Damit sind zahlreiche neue Vor- aber auch Nachteile verbunden. Schließlich ist die Antikorruptionsbewegung als Kind ihrer Zeit in einem neoliberalen Klima gewachsen (Krastev 2004; Theobald 2003), womit dem Staat eine ambivalentere Rolle zukommt. Letzterer bleibt einerseits, wie bei den klassischen Bewegungen, Hauptadressat für zivilgesellschaftliche Reformbemühungen. Gleichzeitig geht man grundsätzlich von einer notwendigen Ergänzung staatlichen Handelns durch nichtstaatliche (privatwirtschaftliche und zivilgesellschaftliche) Kräfte aus. Zwar müssen dementsprechend zivilgesellschaftliche Akteure ihre Position nicht erst mühsam behaupten, sondern agieren von vornherein als legitime Mitspieler auf dem „diplomatischen Parkett“ (Take 2002). Im Fall der Korruptionsbekämpfung zeigt sich aber auch, dass dieser Kontext eine insgesamt weniger klare Rollenverteilung zwischen den verschiedenen Protagonisten und Gegnern bedingt.

3.2. Zivilgesellschaft: Charakter, Rollen und Zielobjekte

Bei allen neueren Bewegungen, die sich der Durchsetzung internationaler Normen widmen, wird die maßgebliche Rolle transnationaler Zivilgesellschaft herausgestellt. Aus den sozialen *grassroot*-Bewegungen der 1960er/1970er Jahre und in Reaktion auf die behäbigen Prozesse der Normdurchsetzung über internationale zwischenstaatliche Konferenzen und Organisationen hervorgehend, sicherte sich in den 1980er Jahren eine zunehmend transnationale Zivilgesellschaft ihren Platz in der internationalen Politik. Einzelorganisationen begannen sich über professionellere Strukturen und in einem zunehmend komplexen Konglomerat an Dachverbänden, internationalen NGOs (INGOs) und losen Koalitionen zu organisieren. In ihrer Herangehens-

nahme der *Universal Declaration of Human Rights* im Jahr 1948 erst im Jahr 1966 die ersten Abkommen und die Deklaration trat erst 1976 in Kraft (s. Risse/Sikkink 1999).

8 Ein exemplarischer Vergleich: Die Umweltorganisation *Greenpeace* konnte seit ihrer Gründung im Jahr 1971 in Vancouver, Kanada, auf Büros in 17 Ländern und ca. 1,2 Millionen Mitglieder im Jahr 1986 und schließlich 43 Büros in 30 Ländern und mehr als 5 Millionen Anhänger in 158 Ländern im Jahr 1993 anwachsen (Keck/Sikkink 1998: 129). Die Entwicklung von TI als transnationale Organisation vollzog sich vergleichsweise rasanter: Von 10 Gründungsmitgliedern und zunächst 5 nationalen Gründungs-*Chapters* (in Deutschland, Dänemark, Equador, Großbritannien, USA) im Jahr 1993 hin zu 40 nationale *Chapters* bereits im Jahr 1996 und schließlich über 90 seit 2006. Doch die Möglichkeit der individuellen Mitgliedschaft ist eingeschränkt, mit nur 29, zumeist höherrangigen Personen im Jahr 2008 (siehe „List of individual members“, abrufbar unter http://chapterzone.transparency.org/about_us/organisation/individual).

weise gingen sie von traditionellen Straßenprotesten zu weiterreichenden Kampagnen, von konzertierten fallspezifischen Aktionen zu längerfristigen Strategien und von spontaner Mobilisierung von Sympathisanten zur Rekrutierung einer permanenten (und zahlenden) Mitgliederbasis über. Wenngleich Mobilisierung und Lobbyarbeit nach wie vor auf konfrontative bzw. intervenierende Strategien zurückgriffen, spielten indirekte und langfristigere Überzeugungsarbeit eine immer größere Rolle. Zu den wichtigsten Mitteln zählten *information politics* (die Sammlung und Weiterleitung von Information an einflussreichere Akteure bzw. an eine große Öffentlichkeit über medienwirksame Aktionen und Aufklärungsarbeit) und *leverage politics* (strategische Allianzen mit jeweils mächtigeren Akteuren) (z.B. Florini 2002; Keck/Sikkink 1998; Risse/Sikkink 1999) – immer in Verbindung mit einer moralischen Botschaft. Damit ging eine grundlegende Neubestimmung des Verhältnisses zwischen Staat und Zivilgesellschaft, in der innerstaatlichen wie internationalen Politik einher. Dabei fallen in der Praxis wie in der Forschungsliteratur bis in die späten 1990er Jahre hinein ein dominanter normativer *bias* (Zivilgesellschaft als treibende, das Gute suchende Kraft) und ein damit verbundener empirischer *bias* (Zivilgesellschaft als Opposition gegen den Staat) auf. Lange Zeit weniger beachtet wurde die Tatsache, dass die Institutionalisierung transnationaler zivilgesellschaftlicher Aktivitäten insgesamt eine neue Rollenverteilung implizierte, die auch internationale Organisationen, Staaten oder Unternehmen proaktiv als Impulsgeber und umgekehrt zivilgesellschaftliche Organisationen reaktiv und kollaborativ als Partner und Vermittler auftreten lässt. Aus zivilgesellschaftlicher Sicht befinden sich somit Staaten wie auch privatwirtschaftliche, gewinnorientierte Akteure längst nicht mehr nur in der Gegner-Rolle. Angesichts zunehmender Professionalisierung, Politiknähe, Kommerzialisierung und auch Drittmittelabhängigkeit zivilgesellschaftlicher Organisationen mehren sich in jüngeren Debatten auch kritische Stimmen: derartige Organisationen seien nicht mehr repräsentativ für die Gesellschaft und untergraben die traditionelle Idee einer unabhängigen, gemeinnützigen, nicht gewinnorientierten und ehrenamtlichen Zivilgesellschaft.[9]

Zielobjekt der globalen Menschenrechts- und Umweltbewegungen waren, und bleiben, vor allem Staaten, entsprechend dem Bedürfnis nach einem „guten Staat" und nach angemessenen rechtlichen Grundlagen für alle gesellschaftlichen Bereiche. An internationale Organisationen und Finanzinstitutionen gerichtete Lobbyarbeit geschah gleichfalls in dem Kernanliegen, nationale Politik zu beeinflussen.[10] Demgemäß suchen theoretische Modelle vornehmlich den Wandel staatlichen Verhaltens

9 Diese längerfristigen Trends werden erst allmählich wahrgenommen. Sie traten markanter in Transformationsländern zutage (s. Henderson 2002, 2003; Mendelson and Glenn 2002), wo sich Zivilgesellschaften im westlichen Sinne erst im Laufe der 1990er Jahre, also vornherein unter den gegebenen Handlungsbedingungen, herausgebildet haben und in dieser Entwicklung stärker im Fokus zahlreicher Forschungsarbeiten standen.

10 Siehe z. B. Keck/Sikkink (1998) zu den Bemühungen der Umweltbewegung, eine Koppelung von Entwicklungs- und Umweltanliegen in der Politik der Weltbank durchzusetzen, um auf diesem Weg auf die nationale Politik in Entwicklungsländern einwirken zu können.

als Ergebnis zivilgesellschaftlicher Mobilisierung zu erklären (Keck/Sikkink 1998; Risse et al. 1999). Wirtschaftsakteure werden seltener als Objekt der Normsozialisation untersucht – was zum Teil auch die Tatsache spiegelt, dass sie kaum Hauptzielobjekte derartiger Aktivitäten darstellen. Denn auch im Wirtschaftssektor geht es in diesen Themenfeldern vordergründig um die Schaffung und Erhaltung rechtlicher Rahmenregelungen, also letztlich auch Lobbyarbeit vis-á-vis Staaten bzw. einflussreichen internationalen Organisationen. Wo öffentlicher Druck direkt auf umwelt- und gemeinschaftsschädigendes Verhalten von multinationalen Unternehmen mobilisiert wurde, ging es im Wesentlichen um die Produkte (z. B. Kampagnen gegen den Export von Säuglingsnahrung oder speziellen Pharmazeutika in Entwicklungsländer, gegen den Einsatz von Pestiziden im Nahrungsmittelanbau etc.) bzw. um die Produktionsprozesse (Arbeitsbedingungen und Umweltverschmutzung). Eine nahe liegende und gleichermaßen erfolgreiche Strategie war es daher, die Masse der Verbraucher in den westlichen Ländern zu mobilisieren. Hier handelt es sich also um klassische *advocacy*-Initiativen, d. h. die Mobilisierung einflussreicher Akteure oder Kräfte zugunsten schwächerer, machtloser Opfer wirtschaftlichen Handelns (Keck/Sikkink 1998).

Multinationale Unternehmen unterscheiden sich zudem in einigen wesentlichen Aspekten von Staaten als Zielobjekte zivilgesellschaftlicher Mobilisierung, die es auch im Fall der Antikorruptionsbewegung zu beachten gilt: Präsenz in mehreren Ländern; explizites Gewinnstreben; Bestehen im Wettbewerb; keine existentielle Bindung an gesellschaftliche Legitimation. Des Weiteren handeln multinationale Konzerne unter ihresgleichen nicht, wie etwa Staaten, in einem umfassenden System multilateraler und supraorganisationeller Beziehungen und Vereinbarungen. Auch erfordern die höchst komplexen Strukturen und Mechanismen des transnationalen Unternehmensmanagements ein entsprechendes Expertenwissen (im Gegensatz werden die Grundlagen politischer Organisation als Teil der Allgemeinbildung des mündigen Wählers oft vorausgesetzt). Nicht zuletzt konnte im Unternehmenssektor neben Aufklärungsarbeit und dem Druck einer kritischen Öffentlichkeit aber auch das Argument der Gewinnträchtigkeit zur Durchsetzung bestimmter Reformmaßnahmen verhelfen. Somit konnte in diesem Sektor in den letzten Jahren ein allgemeiner Trend zur Selbstverpflichtung auf ethische Grundprinzipien und der Einrichtung entsprechender Instrumente, von Ethikkodizes bis hin zu umfassenden Ethikmanagementsystemen, durchlaufen werden (z. B. Sarasin 1998). All diese Faktoren tragen dazu bei, dass einzelne Bürger oder zivilgesellschaftliche Organisationen (in den zahlreichen Ländern, in denen die Unternehmen operieren) weniger Einsichten in und/oder Interesse an dem Unternehmenshandeln insgesamt haben.

Die globale zivilgesellschaftliche Bewegung gegen Korruption konnte im Kontext der 1990er Jahre von Beginn an verstärkt Möglichkeiten nicht-oppositioneller, kooperativer und sektorenübergreifender Wege der Einflussnahme nutzen und, aus einer mit der internationalen Politik vernetzten Position heraus, auf klassische Straßenaktionen und spontane Kampagnen weitgehend verzichten. Trotz ihrer globalen Präsenz ist sie nicht zu einer klassischen Massenbewegung angewachsen. Zwar werden altbewährte zivilgesellschaftliche Aufgaben wie Agenda-Setting, Informationsgenerierung, Sensibilisierung und Meinungsbildung auch hier aktiv wahrgenommen. Auch wird in erster Linie Druck auf Staaten ausgeübt, um die Schaffung von Kontrollinstrumenten und rechtlichen Grundlagen sowie nationale Verwaltungsreformen und internationale Zusammenarbeit in diesem Themenfeld voranzutreiben. Doch sehr viel stärker als bei den Vorgängerbewegungen ist bei der Korruptionsbekämpfung auch ein wechselseitiger Leistungsaustausch zwischen zivilgesellschaftlichen, staatlichen, privatwirtschaftlichen und internationalen Akteuren zu beobachten. So wird Zivilgesellschaft oft als Anbieter von Trainingsprogrammen und Beratungsleistungen in staatliche Ansätze integriert. Privatwirtschaftliche Akteure und Strukturen werden, auch bei der Durchführung zivilgesellschaftlicher Projekte, als Vertragspartner, Dienstleister oder Sponsoren aktiver in die Suche nach Problemlösungen eingebunden bzw. als intermediäre Akteure zwischengeschaltet. So erhalten auch explizit gewinnorientierte Firmen routinemäßig öffentlich ausgeschriebene Aufträge im Antikorruptionsbereich und übernehmen teilweise auch längerfristig traditionell zivilgesellschaftliche Aufgaben (*outsourcing* z. B. von Meinungsumfragen, Trainings- oder Evaluationsleistungen). Nicht selten werden aber auch genuin zivilgesellschaftliche Projekte *neben* staatlichen oder unternehmerischen Antikorruptionsmaßnahmen initiiert oder stellen Politik und Wirtschaft Angriffsziele zivilgesellschaftlicher Lobbytätigkeit dar. All diese Trends werden durch die verschiedenen Ansätze und Wirkungsweisen der in diesem Bereich zentralen Drittmittelförderung (an NGOs und Staaten) forciert. Für Außenstehende, und teilweise auch für die Beteiligten selbst, ist es daher oft schwer zu erfassen, wer in welchem Fall die Protagonisten, Partner bzw. die Zielobjekte von Antikorruptionsinitiativen sind.

Die Notwendigkeit der Einbindung zivilgesellschaftlicher Akteure in globale Antikorruptionsbemühungen wird grundsätzlich nicht angezweifelt und wurde von Beginn an durch die führenden internationalen Organisationen unterstützt. Doch nach der zunächst außergewöhnlich raschen Formierung eines globalen Antikorruptionsregimes in den 1990er Jahren traten um die Jahrtausendwende vermehrt Probleme, Grenzen und Nebeneffekte dieser Bemühungen zutage. In diesem Kontext hat man begonnen, die Potentiale zivilgesellschaftlicher Akteure neu zu überdenken. So hieß es beispielsweise in einem Erfahrungsbericht der OECD (2003: 22): „The fight against corruption is a relatively new area compared to other issues traditionally addressed by non-governmental organisations. Therefore, civic actors do not always have the information, experience or technical capacities required for efficient action“. Die vorzugsweise kooperativen Herangehensweisen zivilgesellschaftlicher, auf politische Reform abzielender Antikorruptionsprojekte wurden mit zunehmender Skepsis als zu regierungsnah (folglich zu öffentlichkeitsfern) betrachtet (z.B. Tisne/Smilov 2004) und den Komplexitäten der Drittmittelförderung von Antikorruptionsbemühungen mehr Aufmerksamkeit geschenkt (z.B. DCD/DAC 2003). Die enge Zusammenarbeit mit der Weltbank wurde spätestens seit der Korruptionsaffäre um den Präsidenten der Bank, Paul Wolfowitz, im Jahr 2007 kritischer gesehen. Probleme zeigten sich auch in der Form, dass internationale oder durch ausländische Programme angeregte Antikorruptionskampagnen von Regierungen nichtdemokratischer Staaten gegen die landesinterne (zivilgesellschaftliche) Opposition instrumentalisiert wurden (Coulloudon 2002; Krastev 2004: xiv; Savintseva/Stykow 2005: 200). Hinzu kam die Einsicht, dass auch Zivilgesellschaft nicht per se gegen Korruption und Nepotismus gefeit ist. Nicht zuletzt stellen Auftragsvergaben als Teil des alltäglichen Leistungsaustausches mit anderen Sektoren oder der Drittmittelförderung besonders korruptionsanfällige Bereiche dar.[11]

Schließlich ist auch TI in das Kreuzfeuer der Kritik geraten. Diese richtete sich zunächst auf den jährlich von TI publizierten und in der Presse weltweit replizierten *Corruption Perception Index* (CPI) (z.B. Abramo 2005; Galtung 2006), in jüngerer Zeit aber auch zunehmend auf die organisationseigenen Arbeitsweisen. Vor dem Hintergrund des Selbstverständnisses als zivilgesellschaftliche Formierung werden beispielsweise die Elitennähe, die Finanzierungsmechanismen (wesentliche Finanzierungsquellen in der Geschäftswelt, u. a. durch Korruptions- und Betrugsfälle belastete Unternehmen), eine Blindheit für die Nachteile von Antikorruptionsinitiativen sowie interne Konflikte und hierarchische Beziehungen zwischen dem *Headquarter* und den *Chapters* (obgleich als „autonome Partner" deklariert) bemängelt (De Sousa 2008). Tatsächlich versteht sich TI selbst auch explizit nicht als klassische Protest- oder Aktivistenbewegung, die normabweichendem Verhalten in Einzelfällen nachgeht, sondern vielmehr als „globale Koalition gegen Korruption".[12] Als solche konnte die von Beginn an professionelle und in internationalen politischen und wirtschaftlichen Kreisen vernetzte Runde der Gründerväter die Organisation auch erfolgreich positionieren. Öffentliche Beteiligung ist im Wesentlichen an Mitgliedschaften oder Mitarbeit in den nationalen *Chapters* gebunden (siehe auch Fußnote 8), welche wiederum über ein zunehmend formalisiertes Akkreditierungs- und Franchising-System unter dem Dach des zentralen Sekretariats in Berlin organisiert sind.[13] Auch über seine Informationspolitik spricht TI vor allem eine interessierte Teilöffentlichkeit an. Das Instrument des CPI ist zwar höchst medienwirksam, aber als ein regulär durchgeführtes und publiziertes Länder-Ranking nicht mit klassischen Informationskampagnen vergleichbar. Daneben konzentriert sich die Öffentlichkeitsarbeit auf (internationale) Fachtagungen, online-Aktivitäten, elektronische Newsletter und Presseschau auf der Basis von email-Abonnements. Doch gleichzeitig sieht sich TI auch als „Bewegung" bzw. „the global civil society organisation leading the fight against corruption".[14] So steht die Organisation vor dem Dilemma, einerseits dem historischen Bild einer der Politik und Wirtschaft gegenüber distanzierten, bürgernahen, gemeinnützigen und auf Öffentlichkeitsarbeit fixierten zivilge-

11 Diese Kritik traf vor allem NGOs in Entwicklungs- und Transformationsländern, welche ihre Existenz fast ausschließlich auf (ausländische) Drittmittel gründen und wo solche Mittel nicht selten auch an *Mangos* (Mafia-NGOs) oder *Quangos* (halbstaatliche Quasi-NGOs) flossen (z.B. Sandor 2003).

12 „Transparency International", http://www.transparency.org.

13 So De Sousa (2008: 365): „[TI's] constituency looks more like the UN General Assembly than a movement of peoples".

14 „About Transparency International", http://www.transparency.org/about_us), siehe auch Galtung (2000) und Elshorst (2003).

sellschaftlichen Bewegung nicht gerecht werden zu können, sich andererseits aber auch selbst an eben diesem Idealbild zu messen.

Zum Thema zivilgesellschaftlicher Mobilisierung gegen Korruption in Unternehmen gibt es bisher kaum Forschungsarbeiten. Das mag auch an der diesbezüglich zurückhaltenden Praxis liegen. Sowohl neoliberal inspirierte als auch auf die Schaffung rechtlicher Rahmenbedingungen hinwirkende Antikorruptionsinitiativen lenken die öffentliche Aufmerksamkeit bisher sehr stark auf Staaten als Zielobjekte. Der CPI als eines der prominentesten und einflussreichsten Instrumente konzentriert sich auf eine Bewertung von Ländern – bzw. wird von den jeweiligen Regierungen sowie in den Medien auch als Ranking von „Staaten" wahrgenommen. Auch im *Bribe Payers Index* (BPI) und *Global Corruption Barometer* werden zunächst Länder bewertet. Zwar erfasst der BPI zumindest Herkunftsländer transnationaler Unternehmen und Wirtschaftssektoren. Doch insgesamt lässt sich transnationale Korruption mit diesen Instrumenten kaum abbilden.[15] Im Unternehmenssektor wiederum gibt es seit den 1990er Jahren unter dem Stichwort *corporate social responsibility* (CSR) einen massiven Trend zur freiwilligen Selbstverpflichtung von Unternehmen auf verantwortungsvolles, im weiteren Sinne gutes und gerechtes Handeln. Dazu zählt auch der Verzicht auf Vorteilsnahmen durch Bestechung, Korruption oder (politikrelevante) Lobbyarbeit. Dabei hat sich der Gedanke durchgesetzt, dass Ethik und Unternehmenserfolg nicht im Widerspruch stehen müssen, sondern eine eigene Unternehmensethik dem langfristigen Überleben eines Unternehmens vielmehr unabdinglich ist. In diesem Zusammenhang wurden nicht nur umfangreiche firmeninterne Maßnahmenpakete entwickelt (Ethikmanagementsysteme, Entwicklung einer verantwortungsvollen Unternehmenskultur), es hat sich auch eine eigene Szene an CSR-Akteuren und Diskursen etabliert. Seitens der Unternehmen wird damit eine Handlungsbereitschaft signalisiert, die nicht-konfrontative, kooperative zivilgesellschaftliche Herangehensweisen in diesem Sektor nahe legt. Zur Bekämpfung von Korruption bieten sich beispielsweise die, öffentlich gewiss kaum wahrgenommenen, Initiativen von TI und Enablon zur Einführung von *anti-bribery*-Software in Unternehmen an. Derartige Ansätze verdienen größere Aufmerksamkeit, um die Vor- und Nachteile enger Koalitionen zwischen zivilgesellschaftlichen und privatwirtschaftlichen Akteuren besser beurteilen zu können.[16]

3.3. Gegenstände zivilgesellschaftlicher Aktivität

Die klassischen globalen Bewegungen für Menschenrechte und Umweltschutz konnten sehr erfolgreich die Sympathien breiter Öffentlichkeiten und die Unterstützung

15 Siehe Transparency International, „Corruption measurement" unter: http://www.transparency.org/tools/measurement.

16 Siehe De Sousa (2008: 363) zu einer Kritik zu enger Beziehungen zwischen Wirtschaftsunternehmen und TI.

einflussreicher internationaler (bzw. fallspezifisch ausländischer) Akteure gewinnen. Diese Erfolge sind auch durch ihre zentralen Anliegen bedingt, vor allem wenn es um den Schutz der *körperlichen Unversehrtheit* bzw. um das *Recht auf Chancengleichheit* anderer, besonders verletzlicher oder unschuldiger Personen geht und sich Verantwortlichkeiten über kurze und klare Kausalketten zuweisen lassen (Keck/ Sikkink 1998: 27). Die Umweltbewegung fand zudem zahlreiche Anknüpfungsmöglichkeiten bei der zuvor etablierten Menschenrechtsbewegung sowie in einigen anderen Bereichen (Entwicklungshilfe, Tierschutz, zukünftige Generationen, Klimaschutz, Naturgefahren etc.), weshalb sie schnellere Erfolge verzeichnen konnte, insgesamt aber ein weniger universales Themenbündel und somit sehr unterschiedliche, teils auch widersprüchliche Für- und Wider-Positionen bedient. Auch stehen im Umweltbereich nicht immer identifizierbare Opfer bzw. Verantwortliche für die aufgezeigten Bedrohungen im Mittelpunkt.

Diese Aspekte – zahlreiche Anknüpfungsmöglichkeiten (auch Widersprüchlichkeiten), rasante Mobilisierung, weniger klare Kausalketten – zeichnen sich auch als Parallelen im Bereich der Korruptionsbekämpfung ab. Sie äußern sich hier sogar auf markantere, oft aber auch problematischere Weise. Korruption umfasst ein breites Spektrum an unethischen Verhaltensweisen und Straftaten, die von Individuen, Gruppen oder Netzwerken in allen gesellschaftlichen Bereichen mehr oder weniger organisiert begangen werden können. Thematisch scheint sich ein entsprechend großes Mobilisierungspotential zu eröffnen. Tatsächlich konnte die Antikorruptionsbewegung im Laufe der letzten Dekade an viele Themenfelder und damit auch an Anliegen bestehender Bewegungen bzw. an weitere kontroverse Diskurse (Menschenrechte, Entwicklung, Umwelt, Ungleichheit, Gesundheit, Bildung, Rechtsstaatlichkeit, Demokratisierung, Krisenmanagement etc.), gleichzeitig aber auch an Anliegen der Wirtschaft (Investitionsklima, Standortsicherung, unlauterer Wettbewerb, Geldwäsche etc.) und der Politik (Sicherheit, Terrorismus, organisierte Kriminalität etc.) anknüpfen. Wie bei anderen sozialen Bewegungen geschah dies teils bewusst durch *reframing-* oder *venue-shopping*-Strategien (s. Keck and Sikkink 1998), teils haben sich Querverbindungen situativ angeboten. Allein die Tätigkeit von TI hat zahlreiche Akzentverschiebungen erfahren bzw. ist neben den Schwerpunktsetzungen des Sekretariats auf die lokalspezifischen Korruptionsanliegen und Prioritäten der *Chapters* ausgerichtet. „Korruption im privaten Sektor", obgleich eine der fünf globalen Prioritäten,[17] stellt somit nur ein Thema unter vielen dar. Insgesamt gab es somit in diesem Bereich allein in den ersten Jahren sehr viel häufigere Fokuswechsel als im Umweltbereich, wo sich einige große Debatten immerhin über Dekaden hinweg auf der internationalen Agenda halten konnten (z.B. „Umwelt und Entwicklung" als Thema der 1970er oder Tschernobyl, Ozonloch, alternative Energien als Themen der

17 TI hat folgende fünf globale Prioritäten der Korruptionsbekämpfung definiert: corruption in politics, corruption in public contracting, corruption in the private sector, international anti-corruption conventions, poverty and development („Transparency International Global Priorities", abrufbar unter http://www.transparency.org/global_priorities).

1980er/1990er Jahre).[18] Die Themenvielfalt verstärkt die Unklarheiten über die jeweiligen Zielobjekte und Partner von Antikorruptionsbemühungen (2.2.) durch zusätzliche Unschärfen in der Formulierung kausaler Zusammenhänge. Korruption ist im heutigen globalen Kontext nicht nur komplexer geworden (s. De Sousa 2008: 9-11), sondern wurde auch komplexer gemacht, indem sie als Ursache, Symptom, Katalysator, Hindernis oder Folge zahlloser anderer Phänomene thematisiert wurde. So ist es wenig verwunderlich, dass nach der ersten Dekade massiver globaler Antikorruptionsanstrengungen ein Résumé seitens der UN die Mängel an zuverlässiger Information über den vielgestaltigen Charakter und das Ausmaß lokaler und transnationaler Korruption wie auch an Konsens über mögliche Definitionen beklagt.[19]

Relativ einmalig im Fall der Antikorruptionsbewegung ist die Aufnahme des Korruptionsthemas sozusagen im „Huckepack" durch bereits institutionalisierte Akteure und Strukturen (siehe auch Schmidt-Pfister 2008). Damit ergeben sich neue transnationale und themenübergreifende Möglichkeiten der Bündelung von Ressourcen, Beziehungen oder Fundraising-Kapazitäten, des Austausches von Expertenwissen und Personal oder der Arbeitsteilung hinsichtlich spezieller Zuständigkeiten. Doch es gibt auch Nachteile. Gerade zivilgesellschaftliche Initiativen sind sehr stark an Drittmittel und damit an die bestehenden Finanzierungsstrukturen gebunden. So ist es nicht verwunderlich, dass es im zivilgesellschaftlichen Bereich (abgesehen von TI) kaum spezifische Antikorruptions-Organisationen gibt. Viele Organisationen, die bislang in anderen Bereichen tätig waren, haben „Antikorruption" als zusätzliches Thema in ihr Portfolio eingebaut, oft aber ohne über die nötige Expertise in diesem Bereich zu verfügen bzw. zu Lasten ihrer bisherigen Arbeit. Damit gehen (neben unvermeidlichen Machtkämpfen) auch zusätzliche Prioritätenkonflikte nicht nur zwischen, sondern auch *innerhalb* von Organisationen bzw. Netzwerken einher. Im Gegensatz dazu wurden in den staatlichen und privatwirtschaftlichen Sektoren neue Antikorruptions-Stellen eigens eingerichtet und mit entsprechenden Trainingsmaßnahmen und Mandaten versehen. Zudem stützt sich das von vornherein weitgehend institutionalisierte Fundament der Antikorruptionsbewegung auf entsprechend bürokratische Mechanismen und erlaubt weniger Flexibilität. Anstelle der pro-aktiven Aktivisten früherer Gegen-Bewegungen rücken in diesem Feld professionelle Fundraiser, Projektmanager und Berater stärker in den Vordergrund. Kritiker sprechen von einer *„projectisation"* (Sampson 2005) der Antikorruptionsbewegung bzw. dem Aufkommen einer *„anti-corruption industry"* (Michael 2004). In diesem Kontext kämpfen die verschiedenen Akteure nicht nur gegen Korruption, sondern unvermeidlich auch untereinander um Mittel, Nischen und Zuständigkeiten.

18 Siehe auch Keck/ Sikkink (1998).

19 Wörtlich:„Serious efforts to combat corruption are still believed to be in their infancy in most countries, and reliable information about the nature and extent of domestic and transnational corruption is difficult to obtain. The problems are compounded by the very broad nature of the phenomenon and a lack of consensus about legal or criminological definitions that could form the basis of international and comparative research." (United Nations 2004, Vorwort).

Eine weitere Schwierigkeit liegt in der Antikorruptions-Thematik selbst. Auch bei anderen globalen Bewegungen ist es zunehmend schwer einzuschätzen, wofür oder wogegen sich die jeweilige Mobilisierung richtet. Doch es werden Themen bedient, bei denen man sich klarer für bestimmte Prinzipien (Menschenrechte, Frieden, intakte Umwelt, humane Arbeitsbedingungen, Gleichberechtigung) und folgerichtig gegen davon abweichende Praktiken (Repression, Krieg, Umweltvernichtung, Ausbeutung, Exklusion) einsetzt. Bei der Korruptionsbekämpfung ist es umgekehrt klar, wogegen sich die Mobilisierung richtet (Korruption). Doch ist die entsprechende konstruktive Perspektive oft sehr vage. Prinzipien wie Integrität, Transparenz, *good governance* oder *accountability* bleiben für Unbeteiligte zumeist abstrakte, dem Alltagsleben ferne Konzepte.

4. Keine zivilgesellschaftliche Mobilisierung gegen Korruption in multinationalen Unternehmen? Der Fall Siemens

Im Fall Siemens konnten die Bestechungstaten zunächst durch *whistleblowing* aus dem Unternehmen heraus aufgedeckt werden. Im Weiteren wurden die Details der Ermittlungen, die jeweils neuen Anschuldigungen und die Firmenreaktionen ausgiebig und kritisch in der internationalen Presse und der Presse der verschiedenen involvierten Länder verfolgt. Doch im Gegensatz zu vergangenen Kampagnen haben zivilgesellschaftliche Netzwerke nur begrenzt dazu beigetragen, die entsprechenden Meldungen an die Öffentlichkeit zu bringen oder die fragmentierten Meldungen in online-Informationspools zentral abrufbar zu machen.[20] Grundelemente zivilgesellschaftlicher Mobilisierung wurden also nur marginal genutzt. Warum gab es so gut wie keine zivilgesellschaftliche Mobilisierung gegen Korruption im Unternehmen Siemens? Vor dem Hintergrund der bisherigen Diskussion kann im Folgenden drei Punkten nachgegangen werden: Obgleich es theoretisch diverse Möglichkeiten zivilgesellschaftlicher Mobilisierung gegeben hätte (4.1.), bestanden und bestehen gleichzeitig zu viele strukturelle und kognitive Hinderungsgründe für diese potentiellen Maßnahmen (4.2.). Dennoch lassen sich einige zukünftige Handlungsmöglichkeiten ausmachen (4.3.).

4.1. Ansatzpunkte für zivilgesellschaftliche Mobilisierung

Zum einen hätte es im Vorfeld der Skandale präventive Ansatzmöglichkeiten gegeben. Die Siemens AG verpflichtet sich auf universale Prinzipien ethischer Unternehmensführung im Rahmen von internationalen Übereinkommen und der üblichen

20 So z.B. Unicorn, „Siemens Corruption Information - Public Sources“, abrufbar unter http://www.againstcorruption.org/corruptionnewssub.asp?Organisationid=324.

firmeninternen Selbstverpflichtung. Siemens ist seit 2003 Teilnehmer am *Global Compact* der UN. Die Unternehmensführung hat sich für die Durchsetzung der OECD-Konvention[21] sowie deren Unterzeichnung durch Deutschland stark gemacht. Daraufhin wurde Siemens auch Mitglied von TI. Firmenintern wurden seit 2001 wesentliche Grundelemente für eine entsprechende Neuausrichtung der Unternehmenskultur eingeführt. Dazu gehören die explizit formulierte Vision des Unternehmens, in seinem Handeln einem „höchsten ethischen Anspruch" gerecht zu werden[22] und die Verabschiedung diverser ethischer Richtlinien: 2001 wurden die für alle Mitarbeiter und die Mitglieder des Vorstands verbindlichen „Business Conduct Guidelines" vom Vorstand in Kraft gesetzt, welche Vorgaben zur Beachtung des Antikorruptionsrechts, zur Handhabung von Spenden, zur Vermeidung von Interessenskonflikten enthalten. 2003 wurde von Vorstand und Aufsichtsrat ein Ethikkodex für Finanzangelegenheiten verabschiedet. Diese werden durch die „Anweisungen zur Eröffnung von Konten und Abwicklung von Zahlungsaufträgen" sowie „Business Consultant Guidelines" ergänzt. Hier hätten zivilgesellschaftliche Initiativen z.B. mit Monitoring- und Trainingsmaßnahmen oder öffentlicher Aufklärungsarbeit ansetzen können, um einerseits die praktische Umsetzung der Richtlinien zu überwachen,[23] andererseits auch den Ausbau der gegebenen Minimallösungen hin zu einem umfassenden Ethikmanagementsystem voranzutreiben.[24] Ein wirklich umfängliches System wurde in der Firma Siemens erst mit der Neuorganisation des Compliance-Programms in Reaktion auf die seit 2006 bekannt gewordenen Korruptionsvorwürfe und Ermittlungen geschaffen. So wurden im Laufe der Jahre 2007 und 2008 die Compliance-Organisation neu strukturiert und personell neu aufgestellt sowie eine ganze Reihe neuer Antikorruptions-Regelungen,[25] Schulungen, Sensibili-

21 „Übereinkommen über die Bekämpfung der Bestechung ausländischer Amtsträger im internationalen Geschäftsverkehr".

22 Siehe Siemens, „Werte und Visionen" unter: http://www.siemens.de/index.jsp? sdc_p =c61fi146422910mo1467127ps7uz3&sdc_bcpath=1463708.s_7%2C%3A1464229.s_7%2C& sdc_sid=9965657221&sdc_m4r=.

23 Es existiert eine eigene Debatte zur Problematik der mangelhaften Umsetzung geschaffener ethischer Richtlinien und Kodizes in Unternehmen. Siehe exemplarisch Cleek/Leonhard (1998), Kaptein/Wempe (1998) und Schwartz (2004).

24 Ein Ethikmanagementsystem umfasst im Allgemeinen: ein übergreifendes *mission statement,* die Verlautbarung von Visionen und Werten, die Abfassung entsprechender ethischer Richtlinien und eines *Code of Conduct*, Ethikbeauftragte bzw. ein Ethiknetzwerk, Sensibilisierungsmaßnahmen, Schulungen, die Selektion und Entwicklung von Führungskräften, unabhängige Kontrollstellen etc., vgl. Sarasin (1998).

25 Z. B. eine neue Richtlinie bezüglich der Einhaltung des Verbots der Korruption im öffentlichen Sektor; neue Vorgaben zur „Einschaltung externer Beauftragter für den Öffentlichen Sektor", zur „Compliance bei M&A-Transaktionen, Joint Ventures und Minderheitsbeteiligungen" und zu „Geschenken und Einladungen"; auch eine Zentralisierung der Zahlungsverkehrs- und Barzahlungssysteme (Siemens 2007).

sierungsmaßnahmen[26] und Kontrollmechanismen,[27] wie sie eigentlich zu präventiven Maßnahmen gehören sollten, eingeführt. Auch mit einer bewussten Selektion von Führungskräften wurde erst im Fahrwasser der Skandale begonnen. Das Unternehmen selbst sorgt auch für die entsprechende mediale Begleitung der Reformen. Firmenintern werden die verschiedenen Maßnahmen im „Compliance-Bericht" (als Teil des jährlichen Geschäftsberichts) resümiert (siehe Siemens 2007) und plakative „Compliance-Fortschrittsberichte" für jedes Quartal eines Finanzjahres präsentieren grafisch auf einen Blick beeindruckende Erfolge (Aufstockungen des Compliance-Personals, Zunahmen der insgesamt bei den Ombudsstellen eingegangenen Meldungen, Rückgänge bei neuen internen Untersuchungen, die Implementierung von Compliance und Amnestie-Programmen).[28] Über das online-Pressezentrum richtet sich die Selbstauskunft zudem an die interessierte Öffentlichkeit. Hier wird versucht, die skandalisierende Presse durch positive Gegengewichte zu entschärfen.[29] Korruption hingegen wird als Problem „an der Schnittstelle zum externen Markt" geradezu externalisiert, dem man durch entsprechende neue Maßnahmenpakete für Siemens-Lieferanten begegnet.[30] Des Weiteren wurde im September 2007 ein telefonischer

26 Allein zwischen Februar und Oktober 2007 nahmen etwa 1.400 leitende Mitarbeiter an Trainingsmaßnahmen zu Korruptionsbekämpfung und Kartellrecht teil und haben 36.000 Mitarbeiter an einem unternehmensweiten online-Training mit vergleichbaren Inhalten teilgenommen (Siemens 2007). Im ersten Quartal 2008 soll es Anti-Korruptionsschulungen für 80.000 Mitarbeiter gegeben haben (Welt Online, 26.5.2008).

27 So ein „Corporate Disciplinary Committe" zur Verfolgung von Fällen, in denen das Recht oder die Unternehmensrichtlinien verletzt wurden, sowie ein weltweites Netzwerk aus 885 Compliance-Beauftragten in den verschiedenen Abteilungen und regionalen Einheiten (lt. Heinrich von Pierer, ehem. Aufsichtsratsvorsitzender, Spiegel Online International, December 18, 2006) - hier gehen die Meldungen auseinander: lt. „Compliance-Fortschrittsbericht (Q2 FY 2008)" (http://w1.siemens.com/responsibility/pool/compliance/q2-08-compliance-progress-report-d.pdf) wurde das Compliance-Personal weltweit von 86 (2006) auf 450 (2008) aufgestockt. In Reaktion auf die Korruptionsermittlungen wurden außerdem unabhängige externe Anwaltskanzleien und Compliance-Berater engagiert.

28 Z .B. „Compliance-Fortschrittsbericht (Q2 FY 2008)", abrufbar unter http://w1.siemens.com/responsibility/pool/compliance/q2-08-compliance-progress-report-d.pdf

29 Im englischsprachigen online-Pressezentrum der Firma Siemens ergibt eine Suche unter dem Stichwort „corruption" 1113 Ergebnisse. Bezeichnend ist jedoch, dass die Meldungen fast ausschließlich auf Antikorruptionsbekenntnisse und die Siemens-eigenen Ermittlungen eingehen. Auf der deutschen Seite des Pressezentrums erscheinen nur 87 Ergebnisse für den Suchbegriff „Korruption"; auch hier dominiert Korruptionsbekämpfung („Siemens Press Center": http://w1.siemens.com/press/en/index.php; Suche am 14.07.2008).

30 Im Mai 2007 wurde konzernweit der neue „Code of Conduct für Siemens Lieferanten" eingeführt, der ein Verbot von Korruption und Bestechung enthält. Auch zu dessen Implementierung gab es seit Juli 2007 Informationsveranstaltungen, Schulungen und regelmäßige Web-Konferenzen für die Mitarbeiter der Einkaufs- und Qualitätsabteilungen sowie für das Senior Management der Bereiche Einkauf, Qualitätsmanagement und Compliance verpflichtende „Procurement Compliance Conferences" (die erste mit 200 Managern aus China Ende Juli 2007 in Peking und die zweite mit 150 Procurement-, Compliance- und Qualitätsmanagern

und online „Compliance-Helpdesk“ eingerichtet, dem Mitarbeiter, Lieferanten, Geschäftspartner oder Kunden weltweit und rund um die Uhr Mitteilungen über etwaige Verstöße zukommen lassen können. Daneben initiierte Siemens im Herbst 2007 anlässlich des 160-jährigen Firmenjubiläums eine eigene Image-Kampagne über die Erfolgsgeschichte des Unternehmens, in der es seiner „Innovationskraft, einer langfristig orientierten Portfolio- und Finanzpolitik und dem klaren Ziel, weltweit auf dem Gebiet Corporate Governance eine Spitzenposition einzunehmen“ gerühmt wird.[31]

4.2. Strukturelle und kognitive Hindernisse

Das System zivilgesellschaftlichen Engagements für die Durchsetzung universaler Normen wird in der vorhandenen Literatur allgemein als sehr erfolgreich dargestellt (Florini 2002; Keck/Sikkink 1998; Risse et al. 1999). Doch im Siemensfall blieben zivilgesellschaftliche Initiativen gegen Korruption weitgehend aus. Auf der Suche nach Schwachstellen könnte man nun zunächst bei der Zivilgesellschaft selbst ansetzen und würde in diesem Fall auch fündig werden. Schließlich wurden auch Schmiergeldzahlungen an politische Parteien und Gewerkschaften gerichtet.[32] Doch letztere spielen bei erfolgreichen Normdurchsetzungskampagnen neuer sozialer Bewegungen nur eine untergeordnete Rolle, so dass damit das Nichtzustandekommen solcher Kampagnen im Siemensfall nicht erklärt werden kann. Vor dem Hintergrund der bisherigen Diskussion erscheint auch nicht der Fall Siemens an sich als besonders problematisch. Vielmehr enthalten die unter 2. aufgezeigten Rahmenbedingungen, Rollen und Anliegen zivilgesellschaftlichen Handelns allgemeine Hinderungsgründe für groß angelegte Kampagnen gegen Korruption in multinationalen Konzernen.

Handlungsbedingungen und Rollen der Zivilgesellschaft: Zivilgesellschaftliche Lobbyarbeit hat in den vergangenen 15 Jahren maßgeblich zur Einrichtung zentraler Instrumente und Strukturen der Korruptionsbekämpfung geführt. Die Notwendigkeit einer weiteren Einbeziehung zivilgesellschaftlicher Akteure bei der Umsetzung der jeweiligen Instrumente wird allgemein betont. Doch mit den geschaffenen internationalen Konventionen und gesetzlichen Grundlagen bietet sich ein Handlungsraum

aus ganz Europa im Dezember 2007 in Prag). Siehe „Lieferanten“ (http://w1.sie-mens.com/responsibility/report/07/de/management/lieferanten.htm#toc-1).

31 „160 Jahre Siemens. 12. Oktober 2007“ (http://w1.siemens.com/press/de/events/index/160_jahre.php). Die Seite der Image-Kampagne ist auch auf Englisch verfügbar.

32 Im Frühjahr 2007 wurde Anklage gegen das ehemalige Siemens-Vorstandsmitglied Johannes Feldmayer wegen Millionenzahlungen über einen Beratervertrag an den Vorsitzenden der (siemensfreundlichen) Arbeitsgemeinschaft Unabhängiger Betriebsangehöriger (AUB), Wilhelm Schelsky, erhoben. Auch die griechische Presse durchzog eine Diskussion um die Zahlung von mehr als 12 Millionen Euro durch Siemens-Mitarbeiter an Griechenlands wichtigste politische Parteien zwischen 1998 and 2005.

für Politik, Wirtschaft und Recht, in welchem einer auf Drittmittelprojekte angewiesenen, gemeinnützig tätigen Zivilgesellschaft keine direkte Rolle zukommt. Insbesondere wenn es um langwierige Aufklärungsarbeiten in konkreten Betrugsfällen geht, kommen die rechtlichen Eingriffsmöglichkeiten zum Tragen. Entscheidend ist auch, dass TI als führender zivilgesellschaftlicher Akteur stets von Aufdeckungs- oder Ermittlungsarbeiten in einzelnen Korruptionsfällen absah.[33]

Anhand der Siemens-Skandale zeichnet sich nun exemplarisch ein Spektrum an Antikorruptionsmaßnahmen ab, wie sie im Fall derartig umfassender Korruptionsfälle tatsächlich zum Einsatz kommen. Im Grunde ist es wenig verwunderlich, dass damit zivilgesellschaftlichen Initiativen, wären sie noch so großmaßstäblich angelegt, der Wind aus den Segeln genommen wird. Es existieren heute die nötigen Strukturen für offizielle und gründliche Ermittlungen sowie die entsprechende rechtliche Verfolgung und Sanktionierung, sowohl auf internationaler Ebene als auch den meisten der betroffenen Staaten. So kann die amerikanische Börsenaufsicht auf der Grundlage des Foreign Corrupt Practices Act (FCPA) ermitteln, nachdem der Siemenskonzern seit 2001 an der amerikanischen Börse gelistet ist. Dazu kommen konzerninterne Ermittlungen durch eine unabhängige Anwaltskanzlei und ein Wirtschaftsprüfungssunternehmen, ergänzt durch einen neu eingesetzten internen Compliance-Ausschuss. Zwar ist zivilgesellschaftlichen Organisationen heute, auch im Bereich der Korruptionsbekämpfung, der Umgang mit juristischen Angelegenheiten längst nicht mehr fremd. Doch können sie unmöglich die auf diesem Niveau erforderliche Sachkenntnis, die beträchtlichen personellen Ressourcen und schließlich auch die nötige Reputation aufbringen. Zudem werden für die internen Ermittlungen ansehnliche Honorare (ebenfalls im Millionenbereich) gezahlt, wie sie für ureigentlich gemeinnützige Organisationen außer Frage stehen. Zivilgesellschaftliche Initiativen müssten also in Ergänzung des bestehenden Maßnahmenkataloges erfolgen.

Im Zuge der Aufklärung der Skandale bleibt jedoch kaum Platz für ergänzende zivilgesellschaftliche Handlungsmöglichkeiten. An zusätzlichem investigativen Journalismus und öffentlicher Aufklärungsarbeit besteht in diesem Fall kaum mehr Bedarf. Ein weiterhin möglicher Konsumentenboykott in klassischer Form würde wohl, sofern überhaupt durchsetzbar, relativ wenig Sanktionskraft beweisen. Neben privaten Haushalten sind die Großabnehmer von Siemens-Produkten (Technologien und Finanzdienstleistungen) in erster Linie andere Industrien und Unternehmen sowie öffentliche Einrichtungen. Schwerer wiegt so die realistischere Gefahr für Siemens, offiziell von öffentlichen Aufträgen in den USA, dem größten Markt des Konzerns, ausgeschlossen zu werden. Wie steht es hingegen um die Rolle der Zivilgesellschaft im Vorfeld der Skandale? Hier wurde wichtige Arbeit bereits geleistet, indem internationale Rahmen für die Korruptionsprävention und -bekämpfung sowie firmeninterne Systeme der Selbstverpflichtung und -kontrolle auf entsprechende ethische Verhaltensweisen durchgesetzt wurden. Einmal geschaffen, lassen sie we-

33 TI erklärt sich allerdings bereit, derartige Bemühungen anderer Organisationen zu unterstützen („About Transparency International", http://www.transparency.org/about_us).

nig Raum für weiteren zivilgesellschaftlichen Aktionismus und wirken beschwichtigend auf die breite Öffentlichkeit.

Gegenstand der Korruption in multinationalen Konzernen: Im Hinblick auf die Mobilisierung einer breiten Öffentlichkeit ergibt sich das Problem, dass die Thematik weniger bewegend ist als die klassischen Menschenrechts- und Umweltanliegen. Bei dem Tatbestand geht es um die Zahlung, Veruntreuung, Hinterziehung oder Wäsche von Millionen- und Milliardenbeträgen. Es geht um (monetäre) Beziehungen zwischen Mitarbeitern verschiedener Unternehmen und/oder mit ausländischen Amtsträgern. Im Gegensatz stellen Menschenrechts- und Umweltvergehen im Unternehmenssektor an den Produkten oder Produktionsprozessen ablesbare und damit „bürgernähere", auch die Verbraucher selbst in die Verantwortung nehmende Anliegen dar. Bei der Korruptionsproblematik gibt es keine über kurze Kausalketten identifizierbare „Opfer". Stattdessen handelt es sich zunächst um Vermögensschäden, die von der Gesellschaft ebenso wie das, zweifellos risikoreiche, Gewinnstreben multinationaler Konzerne allgemein toleriert zu werden scheinen. Weitere indirekte Schäden bzw. Opfer der Korruptionsvergehen (z.B. in den Bereichen Sicherheit oder Energieversorgung) können nicht eindeutig benannt werden. Zudem bringt das um sein Vermögen sowie seine Reputation betrogene Unternehmen selbst auch Aufklärungskosten und Antikorruptions-Investitionen im Milliardenbereich auf.[34] Nicht zuletzt muss man auch damit rechnen, dass die Möglichkeit eines Freispruches bei Bestechungshandlungen im vermeintlichen Unternehmensinteresse (siehe Niehaus in diesem Band) desillusionierend auf einige Idealisten wirkt.

4.3. Weiterer Handlungsbedarf

Die Betrachtung der eher restriktiven Handlungsbedingungen zivilgesellschaftlicher Akteure für die Bekämpfung von Korruption im Siemensfall und in multinationalen Konzernen allgemein lässt schließlich einige Schlüsse über weitere Handlungsdesiderata und -möglichkeiten zu.

Ein besonders vernachlässigtes Feld, wenn es um Korruptionsbekämpfung in multinationalen Konzernen geht, sind die nationalen Rahmenbedingungen. Mit der Verankerung internationaler Vorgaben im nationalen Recht ist es nicht getan. Die Siemens AG beispielsweise hat nach wie vor ihren Sitz in Deutschland, obgleich sie international operiert und sich als *global player* versteht. Damit findet sich insbesondere die Unternehmensführung in einem politischen Kontext, in dem die Verhinderung von Auslandsbestechung (s. Wolf in diesem Band) und die Realisierung unternehmerischer Verantwortlichkeit im weiteren Sinne bisher eher zögerlich angegangen wurden. Diesbezüglich beschränkt sich das jüngste Engagement des Bun-

34 Im Fall Siemens wurde die Summe der Strafgelder, Steuernachzahlungen und Beraterhonorare Anfang 2008 auf 1,9 Milliarden Euro geschätzt (Welt Online, 26.5.2008).

desministeriums für wirtschaftliche Zusammenarbeit und Entwicklung (BMZ) auf die Initiierung eines „Runden Tisches Verhaltenskodizes"[35] und die Herausgabe eines Handbuches (BMZ 2004), beides jedoch lediglich unternehmerisches Engagement in Entwicklungs- und Transformationsländern betreffend. Siemens ist wie zahlreiche andere in Deutschland basierte multinationale Unternehmen bisher kein Mitglied des besagten Runden Tisches. Der stetige Ausbau geschaffener Strukturen und Initiativen ist eine klassisch zivilgesellschaftliche Aufgabe.

Die Betrachtung des Siemensfalles vor dem Hintergrund vergangener zivilgesellschaftlicher Mobilisierung führt zu einem weiteren Schluss: Der gegenwärtig zu beobachtende Aktionismus im Siemenskonzern, in den Gerichten sowie in Politik und Öffentlichkeit bestätigt – entgegen der v. a. von TI bisher vertretenen Strategie der Distanzierung von Einzelfällen – eine deutliche Agendasetting- und Reformwirksamkeit fallspezifischer Skandalisierung. So wird die Siemens AG in einem jüngst publizierten, und auch über das online-Portal des o. g. Runden Tisches multiplizierten, Antikorruptions-Bericht als Präzedenzfall und Hoffnungsfunke für die Reform nationaler Gesetzgebung und Strafverfolgung in diesem Bereich präsentiert (Stancich 2008). Doch eine entsprechende Bereitschaft zivilgesellschaftlicher Akteure, möglichst breit angelegte Überzeugungs- und *mainstreaming*-Strategien mit fallspezifischem Aktionismus zu verbinden, lässt im Bereich der Antikorruptionsbewegung noch auf sich warten. Der vergleichende Blick auf die Umweltbewegung deutet auch dahingehend auf einen längeren Lernprozess, obgleich man sich hier umgekehrt von einer skandalisierenden Aktionsebene ausgehend erst allmählich auch in eine „seriösere" Partizipation auf politischer Ebene hineinwagen musste.

In diesem Zusammenhang zeigen sich auch die grundlegenden Herausforderungen, die Rolle von Zivilgesellschaft im Bereich Korruptionsbekämpfung zu stärken bzw. präziser zu definieren. Im Unternehmenssektor ist dies mittlerweile eine hinreichend verrechtlichte Angelegenheit. Es müssen also konkretere zivilgesellschaftliche Aufgabenfelder abgesteckt werden, wo bislang lediglich auf *Global Compact* bzw. „bestehende Dialoge" deutscher Mitgliedsunternehmen mit Vertretern aus Zivilgesellschaft, Wissenschaft und staatlichen Institutionen (BMZ 2004: 98) oder auf die Einbindung zivilgesellschaftlicher Akteure in die OECD-Monitoring-Delegationen und im Rahmen der EITI „International Advisory Group" (Russel 2008: 13-14) verwiesen wird. Gleichzeitig entsteht mit bereits geschaffenen Strukturen neuer Handlungsspielraum für eine beständige Pflege der Substanz. Der Siemens-Fall illustriert beispielsweise die strukturelle Problematik des im Antikorruptionsbereich vorherrschenden Themen-Huckepack: Die Siemens AG ist seit 2003 Mitglied im *Global Compact*, während *anti-corruption* als zehntes Prinzip in diesem Forum erst im Jahr 2004 angenommen wurde. Zusätzliche Verpflichtungen scheinen bestehende Mitgliedschaften nicht in Frage zu stellen und werden von eingesessenen Clubmitgliedern möglicherweise weniger ernst genommen. Hier wäre es eine klassi-

35 „Runder Tisch Verhaltenskodizes" (http://www.coc-runder-tisch.de).

sche zivilgesellschaftliche Aufgabe, auf derartige Diskrepanzen aufmerksam zu machen.

Eine angemessene Rolle in Interaktion mit dem Unternehmenssektor zu finden, ist keine leichte Aufgabe für zivilgesellschaftliche Akteure. Nachdem grundlegende rechtliche Rahmen gesteckt sind, würden sich weitere Handlungsmöglichkeiten vor allem von „von innen", also aus dem Unternehmenssektor heraus, anbieten (z. B. Bewusstseinsbildung und Training in Unternehmen). Eine ähnliche Neupositionierung zivilgesellschaftlichen Wirkens vis-a-vis Politik und Staat in den vergangenen Jahren hat bereits gezeigt, dass zu enge und kooperative Beziehungen der traditionellen Idee einer Zivilgesellschaft als öffentliche Sphäre und unabhängiger bzw. tendenziell oppositioneller dritter Sektor schwerlich gerecht werden können.

Schließlich stellt „Korruptionsbekämpfung" insbesondere im Unternehmenssektor ein Anliegen dar, mit dem sich weniger leicht an das moralische Bewusstsein der Öffentlichkeit appellieren lässt, wie etwa im Fall der Umwelt- und Menschenrechtsbewegung. Zivilgesellschaftliche Mobilisierung steht vor der Aufgabe, diffuse Tatbestände in gesellschaftliche, politische und wirtschaftliche Anliegen umzusetzen. Der vorliegende Band veranschaulicht exemplarisch am Siemensfall die Komplexität des Phänomens transnationaler Korruption in multinationalen Konzernen. Nachdem politische Diskurse und Rechtsreformen initiiert werden konnten, stellt sich für zivilgesellschaftliche Akteure vor allem die Frage, wie diese Korruption auch für die Öffentlichkeit und die Unternehmen selbst sichtbarer gemacht und die Kausalitäten zeitgemäß vor Augen geführt werden können. Damit impliziert die Rollenfindung im Umgang mit Unternehmen weiterhin eine Neupositionierung innerhalb der Gesellschaft. Es sind auch Überlegungen erforderlich, welche Teil-Öffentlichkeiten sich wie gegen Korruption mobilisieren lassen bzw. inwiefern die heutige Gesellschaft realistischerweise bereit ist, sich für diffuse Probleme wie Auslandsbestechung einnehmen zu lassen.

Neben der beträchtlichen Herausforderung, die nötigen, oft unzugänglichen Informationen zunächst präventiv, im Vorfeld von Ermittlungen in konkreten Skandalfällen, zusammen zu tragen, ergibt sich auch die Notwendigkeit, diese prägnant und anschaulich aufzubereiten. Ob dahin gehend beispielsweise ein Korruptionswahrnehmungsindex für führende multinationale Konzerne hilfreich ist, bleibt allerdings fraglich. Hier bestünde das Risiko, die Aufmerksamkeit v. a. der Presse vornehmlich auf die Reputation von *global players* und große Summen zu lenken – und somit weg von den oft indirekten Ursachen und Folgen von Auslandsbestechung und Wirtschaftskriminalität im weiteren Sinne. Zumindest müssten bisherige Reflektionen über die normgebende Rolle des CPI (z.B. Abramo 2005; Galtung 2006) beziehungsweise, im Kontext einer allgemein zunehmenden Ranking-Skepsis, von quantitativen Rankings allgemein berücksichtigt werden. Auch ist die oben erwähnte Katalysatorwirkung der Konzentration auf konkrete Fälle nicht zu verachten. Es gilt also, eine angemessene Balance zwischen spontanen fallspezifischen (eher öffentlichkeitswirksamen) und langfristigen, strukturbezogenen (eher politisch wirksamen) Herangehensweisen zu finden. Gleichzeitig wäre die Beobachtung von Korruption durch eine stetig zu aktualisierende und vergleichende Bestandsaufnahme der Ethikmanagementsysteme verschiedener Großunternehmen zu ergänzen, um einzelne Bemühungen an branchenspezifischen und zeitgemäßen Maßstäben messen sowie Verbesserungsmöglichkeiten aufzeigen zu können.

5. Lektionen für die weitere Forschung

Die wissenschaftliche Betrachtung der globalen Antikorruptionsbewegung konnte bisher nur wenig zum Verständnis zivilgesellschaftlicher Initiativen gegen Korruption in multinationalen Konzernen beitragen. Welche konkreten Ansatzpunkte bieten sich für die weitere Forschung?

Allgemein haben Forschungsarbeiten zur globalen Antikorruptionsbewegung die Potentiale komparativer Perspektiven weitgehend ungenutzt gelassen. Wie der vorliegende Beitrag lediglich illustrieren konnte, versprechen systematische Vergleiche zwischen dieser und früheren neuen sozialen Bewegungen wesentliche Erkenntnisgewinne über die spezifischen Handlungsmöglichkeiten und -grenzen zivilgesellschaftlicher Akteure in den jeweiligen Bereichen. Nicht nur hinsichtlich der transnationalen Durchsetzung von Antikorruptionsnormen im Wirtschaftssektor besteht Bedarf an detaillierteren empirischen Einsichten und schließlich entsprechenden theoretischen Perspektiven, die die komplexe Verflechtung struktureller, diskursiver und kognitiver Handlungsbedingungen der verschiedenen Bereiche berücksichtigen. Des Weiteren sind, in allen Bereichen zivilgesellschaftlichen Engagements, laufende aktuelle Forschungsarbeiten, die kumulativ auf bestehenden Arbeiten aufbauen vonnöten, um auch longitudinal Veränderungen dieser Möglichkeiten und Grenzen im globalen Kontext erfassen zu können. Denn auch die historisch gewachsenen Bewegungen greifen heute auf neue Strategien zurück und allgemein intensivieren sich sektorenübergreifende Allianzen. Zukünftige Forschung zu globalen Bewegungen sieht sich daher allgemein vor der Aufgabe, nicht nur „klassische" Fälle zu untersuchen, bei denen das Beziehungssystem Staat-Zivilgesellschaft sowie die transnationale Mobilisierung breiter Öffentlichkeiten im Vordergrund stehen. Zudem kann die Betrachtung weniger erfolgreicher Fälle der Normdurchsetzung durch zivilgesellschaftliche Mobilisierung, insbesondere vor dem Hintergrund der bislang dominierenden Aufarbeitung von Erfolgsgeschichten, die Einbeziehung neuer analytischer Perspektiven anregen. Vorhandene Modelle, die von einer Initiierung transnationaler Mobilisierungsprozesse durch *nationale* nichtstaatliche Akteure ausgehen, können nicht erfassen, wie von transnationalen Netzwerken ausgehende Aktivitäten auch auf nationaler Ebene öffentlichkeitswirksam werden können. Auch sind andere Prozesse involviert, wenn multinationale Konzerne anstelle von Staaten auf die Einhaltung internationaler Standards festzulegen sind. Dauerhaftere zivilgesellschaftliche Formationen wie das über TI aufgebaute transnationale Netzwerk, die Ressourcen (Informationen, Diskurse, Expertise, Kontakte) großmaßstäblich und langzeitlich aufbauen und verfügbar machen statt diese spontan und in Einzelfällen zu mobilisieren, bringen neue Prämissen in die Bewegungsforschung ein.

Schließlich gilt es, bestehende Ansätze verschiedener Disziplinen und Forschungsrichtungen zu integrieren. Dieser generelle Bedarf wurde bereits in Abb. 1 in diesem Beitrag veranschaulicht. Der vorliegende Band verdeutlicht nun exemplarisch anhand des Siemens-Falles diese Notwendigkeit einer interdisziplinären Herangehensweise an den komplexen Teilaspekt der Bekämpfung transnationaler Korruption im Unternehmenssektor.

Literatur

Abramo, C. W. (2005) *How Far Go Perceptions*, Transparência Brasil Working Paper, abrufbar unter http://www.transparencia.org.br/docs/HowFar.pdf.

Anechiarico, F./Jacobs, J. B. (1996) *The Pursuit of Absolute Integrity. How Corruption Control Makes Government Ineffective*, Chicago/London.

Bajolle, J. (2006) *The Origins and Motivations of the Current Emphasis on Corruption. The Case of Transparency International*, Paper presented at the European Consortium for Poltical Research Joint Sessions of Workshops, Nicosia, Cyprus, 25-30 April 2006.

Bundesministerium für wirtschaftliche Zusammenarbeit und Entwicklung (BMZ) (2004) *Global Chancen nutzen. Handbuch für unternehmerisches Engagement in Entwicklungs- und Transformationsländern*, Bonn, abrufbar unter: http://www.bmz.de/de/service/infothek/fach/handbuecher/BMZ_Unternehmerhandbuch.pdf.

Cleek, M. A./Leonard, S. L. (1998) Can corporate codes of ethics influence behavior?, *Journal of Business Ethics* 17 (6), 619-630.

Coulloudon, V. (2002) Russia's Distorted Anticorruption Campaigns, in: S. Kotkin/A. Sajó (Hrsg.) *Political Corruption in Transition. A Sceptic's Handbook*, Budapest/New York, 187-206.

DCD/DAC (2003) *Synthesis of Lessons Learned of Donor Practices in Fighting Corruption*, DCD/DAC/GOVNET(2003)1, abrufbar unter http://www.u4.no/document/showdoc.cfm?id=61.

De Sousa, L. (2008) TI in search of a constituency: the institutionalisation and franchising of the global anti-corruption doctrine, in: L. de Sousa/B. Hindess/P. Larmour (Hrsg.) *Governments, NGOs and Anti-Corruption: The New Integrity Warriors*, London/New York.

De Sousa, L./Hindess, B./Larmour, P. (Hrsg.) (2008) *Governments, NGOs and Anti-Corruption: The New Integrity Warriors*, London/New York.

Eigen, P. (2003) *Das Netz der Korruption. Wie eine weltweite Bewegung gegen Bestechung kämpft*, Frankfurt/New York.

Elshorst, H. (2003) NGOs als Hoffnungsträger bei Versagen von Staat und Markt im globalisierten Umfeld - am Beispiel der Bekämpfung der internationalen Korruption, in: M. Birgit (Hrsg.) *Globale öffentliche Güter - für menschliche Sicherheit und Frieden*, Berlin, 185-202.

Florini, A. M. (2002) *The Third Force: The Rise of Transnational Civil Society*, Washington, DC.

Frisch, D. and TI-Brussels (1999) *Fighting Corruption: What Remains to be Done at EU Level*, Working Paper submitted to the EU Institutions by TI-Brussels, November 1999, abrufbar unter http://www.transparency.org/working_papers/country/brussels_memorandum.html.

Galtung, F. (2000) A Global Network to Curb Corruption: The Experience of Transparency International, in: A. M. Florini (Hrsg.) *The Third Force. The Rise of Transnational Civil Society*, Washington, D.C, 17-47.

Galtung, F. (2006) Measuring the Immeasurable: Boundaries and Functions of (Macro) Corruption Indices, in: C. Sampford/A. Shacklock/C. Connors/F. Galtung (Hrsg.) *Measuring Corruption*, Aldershot/Burlington, 101-130.

Hamm, B. (2006) *Anti-Corruption Policy Concepts of Three Bilateral Donors - Commonalities and Differences*, Paper presented at ECPR Joint Sessions of Workshops, Nicosia, Cyprus, 25-30 April 2006.

Henderson, S. L. (2002) Selling Civil Society. Western Aid and the Nongovernmental Organization Sector in Russia, *Comparative Political Studies* 35 (2), 139-167.

Henderson, S. L. (2003) *Building Democracy in Contemporary Russia. Western Support for Grass-roots Organisations*, Ithaca/London.

Kaptein, M./Wempe, J. (1998) Twelve Gordian knots when developing an organizational code of ethics, *Journal of Business Ethics* 17 (8), 853-869.

Keck, M. E./Sikkink, K. (1998) *Activists Beyond Borders. Advocacy Networks in International Politics*, Ithaca/London.

Krastev, I. (2004) *Shifting Obsessions. Three Essays on the Politics of Anticorruption*, Budapest/New York.

Marquette, H. (2001) Corruption, Democracy, and the World Bank, *Crime, Law, and Social Change* 36 (4), 395-407.

Marquette, H. (2004) The Creeping Politicisation of the World Bank: The Case of Corruption, *Political Studies* 52 (3), 413-430.

McCoy, J./Heckel, H. (2001) The Emergence of a Global Anti-Corruption Norm, *International Politics* 38 (1), 65-90.

Mendelson, S. E./Glenn, J. K. (Hrsg.) (2002) *The Power and Limits of NGOs. A Critical Look at Building Democracy in Eastern Europe and Eurasia*, New York.

Michael, B. (2004) The rapid rise of the anticorruption industry, *Local Governance Brief* (Spring), 17-25.

Moroff, H. (2005) Internationalisierung von Anti-Korruptionsregimen, in U. v. Alemann (Hrsg.) *Dimensionen politischer Korruption. Beiträge zum Stand der internationalen Forschung,* Politische Vierteljahresschrift Sonderheft 35/2005, Wiesbaden, 444-476.

Neuhann, F. (2005) *Im Schatten der Integration. OLAF und die Bekämpfung von Korruption in der Europäischen Union*, Baden-Baden.

OECD (2003) *Fighting Corruption. What Role for Civil Society? The Experience of the OECD*, Paris.

Pope, J. (2000) Civil Society, in J. Pope (Hrsg.) *TI Source Book 2000. Confronting Corruption: The Elements of a National Integrity System*, Berlin/London, 129-136.

Risse, T./Ropp, S. C. (1999) International human rights norms and domestic change: conclusions, in: T. Risse/S. C. Ropp/K. Sikkink (Hrsg.) *The Power of Human Rights. International Norms and Domestic Change*, Cambridge, 234-278.

Risse, T./Ropp, S. C./Sikkink, K. (Hrsg.) (1999) *The Power of Human Rights. International Norms and Domestic Change*, Cambridge.

Risse, T./Sikkink, K. (1999) The socialization of international human rights norms into domestic practices: introduction, in: T. Risse/S. C. Ropp/K. Sikkink (Hrsg.) *The Power of Human Rights. International Norms and Domestic Change*, Cambridge, 1-38.

Russel, J. (2008) *Anti-Corruption. Get your business on track*, Ethical Corporation Anti Corruption Report, London, abrufbar unter:
http://www.haikuabo.de/_private/2008/mai/EC_Anti_Corruption_Report_ 2008.pdf.

Sampson, S. (2005) Integrity Warriors: Global Morality and the Anti-Corruption Movement in the Balkans, in D. Haller/C. Shore (Hrsg.) *Corruption. Anthropological Perspectives*, London/Ann Arbor, 103-130.

Sandor, S. D. (2003) Great Expectations - Can Civil Society Tackle Corruption in Central and Eastern Europe? in: EU Monitoring and Advocacy Program (Hrsg.) *Is civil society a cause or cure for corruption in Central and Eastern Europe?*, Feature (2003/07/29), abrufbar unter http://www.eumap.org/journal/features/2003/july

Sarasin, C. (1998) Unternehmensethische Herausforderungen im globalen Umfeld, in: T. Maak/Y. Lunau (Hrsg.) *Weltwirtschaftsethik. Globalisierung auf dem Prüfstand der Lebensdienlichkeit*, Bern/Stuttgart/Wien, 369-384.

Savintseva, M./Stykow, P. (2005) Country report. Russia, in: TI (Hrsg.) *Global Corruption Report 2005*, London/Ann Arbor, 199-202.

Schmidt-Pfister, D. (2008) Transnational anti-corruption advocacy: A multi-level analysis of civic action in Russia, in: L. de Sousa/B. Hindess/P. Larmour (Hrsg.) *Governments, NGOs and Anti-Corruption: The New Integrity Warriors*, London/New York.

Schwartz, M. (2004) Effective corporate codes of ethics: Perceptions of code users, *Journal of Business Ethics* 55, 323-343.

Siemens (2007) *Geschäftsbericht 2007. Antworten auf wichtige Fragen unserer Zeit zu Industrie, Umwelt und Energie sowie Gesundheit*, München, abrufbar unter: http://www.siemens.com/geschaeftsbericht.

Stancich, R. (2008) Anti-corruption redefined by Siemens, in: J. Russel (Hrsg.) *Anti-Corruption. Get your business on track*, Ethical Corporation Anti Corruption Report, London, 9-10.

Take, I. (2002) *NGOs im Wandel. Von der Graswurzel auf das diplomatische Parkett*, Wiesbaden.

Theobald, R. (2003) Conclusion: Prospects for Reform in a Globalised Economy, in: A. Doig/R. Theobald (Hrsg.) *Corruption and Democratisation*, London, 149-159.

Tisne, M./Smilov, D. (2004) *From the Ground Up. Assessing the Record of Anticorruption Assistance in Southeastern Europe*, Budapest.

United Nations (2004) *UN Anti-Corruption Toolkit. The Global Programme against Corruption*, 3. Aufl, Vienna.

Vogl, F. (2003) The TI story: breaking the silence. Special Report, *Transparency International's Quarterly Newsletter* June 2003, 10-14.

Wang, H./Rosenau, J. (2001) Transparency International and Corruption as an Issue of Global Governance, *Global Governance* 7 (1), 25-50.

Williams, R. (2000) Introduction, in: R. Williams/A. Doig (Hrsg.) *Controlling Corruption*, vol. 4, Cheltenham/Northampton, xi-xiii.

Wolf, S. (2006) *Maßnahmen internationaler Organisationen zur Korruptionsbekämpfung auf nationaler Ebene. Ein Überblick*, FÖV Discussion Papers 31, Speyer.

Wolf, S. (2007) *Der Beitrag internationaler und supranationaler Organisationen zur Korruptionsbekämpfung in den Mitgliedstaaten*, Speyerer Forschungsberichte 253, Speyer.

Korruption und Kultur bei der Siemens AG – Eine Handlungs-Struktur-Analyse

Jürgen Grieger

> "No employee may directly or indirectly offer or grant unjustified advantages to others in connection with business dealings, neither in monetary form nor as some other advantage" (Siemens, Business Conduct Guidelines, Section B.2:3).

> "Violation of the anti-bribary laws can lead to costly enforcement actions against the Company and the individuals involved, reputational damage to the Company and its employees, and criminal penalties against both the Company and the individuals involved. Persons found guilty of bribery face possible imprisonment as well as fines" (Siemens, Anti-Public-Corruption Compliance:1, Annex of the CF CCO letter of May 2, 2007 that explains more fully the prohibitions in the Business Conduct Guidelines, Section B.2).

1. Einleitung: Siemens, Korruption und Unternehmenskultur

Eine alltägliche Erfahrung besagt, dass Anspruch und Wirklichkeit bisweilen auseinander fallen. Ein nicht alltägliches Beispiel für diese Erfahrung stammt aus dem für Outsider nur schwer zugänglichen Praxisfeld der Wirtschaftskriminalität. Die Korruptionsaffäre der Siemens AG ist nicht nur auf Grund ihres Umfangs ein bemerkenswerter Fall, sondern auch deshalb, weil die Enthüllungen in der Presse einen großen Skandal darstellten und Empörung hervorriefen, in Politik und Wirtschaft aber nur ein verhaltenes Echo fanden. Der Fall ist darüber hinaus interessant, weil der global agierende Konzern bis zum Beginn der medialen Berichterstattung als mustergültiges Unternehmen auf den Feldern Corporate Governance, Business Practices und Corporate Citizenship galt. In die Schlagzeilen gerät Siemens bereits Mitte des Jahres 2004 mit Meldungen, denen zufolge Manager der Kraftwerksparte bei einem Geschäft mit dem italienischen Energieversorger Enel Bestechungsgelder in Höhe von 6 Mio. Euro gezahlt haben sollen. Im November 2006 durchsucht die Münchener Staatsanwaltschaft die Konzernzentrale, weil der Verdacht bestand, dass vor allem in der Telekommunikationssparte regelmäßig und in großem Umfang Bestechungsgelder zur Erlangung von Aufträgen im Ausland gezahlt worden sind. Von diesem Zeitpunkt an werden immer neue Details des inzwischen größten deutschen

Korruptionsskandals bekannt.[1] Im April 2007, der Höhepunkt des Skandals ist noch nicht erreicht, treten der Aufsichtsratsvorsitzende Heinrich von Pierer und der Vorstandsvorsitzende Klaus Kleinfeld zurück. Dem Unternehmen werden inzwischen neben systematischer Bestechung auch Unterschlagung, illegale Preisabsprachen, Geldwäsche und Steuerhinterziehung vorgeworfen. Im September 2007 beziffert eine mit der Aufarbeitung der Unregelmäßigkeiten betraute New Yorker Anwaltskanzlei die Summe verdächtiger Zahlungen auf 1,3 Mrd. Euro. Innerhalb eines Jahres, in dem immer neue und umfangreichere Korruptionsfälle aufgedeckt werden, verliert Siemens den in 160 Jahren Firmengeschichte aufgebauten Ruf als rechtschaffendes und vertrauenswürdiges Unternehmen und wird fortan in einem Atemzug mit Unternehmen wie Enron oder Worldcom genannt. Ermittlungsverfahren in vielen Ländern führen dazu, dass Siemens im Dezember 2006 den symbolträchtigen Verlust der Mitgliedschaft bei Transparency International hinnehmen muss.

Im Juli 2007 übernimmt ein neuer Mann den Posten des Vorstandsvorsitzenden bei der Siemens AG. Mit Peter Löscher steht zum ersten Mal ein Outsider an der Spitze des Konzerns. Dieser – ebenfalls symbolische – Wechsel erfolgt zu einem Zeitpunkt, als in den Medien bereits viel darüber zu lesen ist, dass bei Siemens Korruption offensichtlich als *alltägliche Praktik* zur Erlangung von Aufträgen zur Anwendung gelangte und dass diese Praktik 'von oben' gedeckt war. Zugleich verdichtet sich in der Öffentlichkeit der Eindruck, dass den umfangreichen und differenzierten (und auch nach außen kommunizierten) Regeln der Geschäftstätigkeit in der Praxis häufig nicht zur Durchsetzung verholfen wird. Im Gegenteil: Vieles spricht dafür, dass Korruption im Siemens Konzern von nicht wenigen Entscheidungsträgern – wenn auch hinter vorgehaltener Hand – als legitimes Mittel zur Erlangung von Aufträgen angesehen wird. Als eine in bestimmten Fällen 'übliche' Geschäftspraktik, so wäre zu vermuten, besitzt dieses Mittel *systemischen* Charakter. Folglich spräche wenig dafür, dass es lediglich die autonomen und isolierten Handlungen (Verfehlungen) einzelner Bereichsmanager gewesen sind, die den Konzern in diese schwere Krise geführt haben. Schließlich glauben auch diejenigen, die sich informiert und überlegt zu diesem Fall äußern, nicht daran, dass mit dem Austausch der Handelnden auch automatisch das Korruptionsproblem im Unternehmen gelöst werden kann.

Im November-Editorial von 'Strategic Finance' bezeichnet Verschoor (2007) die Siemens AG als 'latest fallen ethics idol' und erklärt vor dem Hintergrund einer knappen Analyse der Ereignisse, dass man aus dem Siemensfall lernen könne, dass vor allem eine starke gelebte Ethik ('ethical culture') entscheidend für die Wirksamkeit der Corporate Governance ist. Seine abschließende Frage zielt auf den noch ungeklärten, in der Aufarbeitung der Affäre aber bedeutsamen Aspekt der *Unternehmenskultur*, die als wichtiger Ansatzpunkt zur Überwindung des Skandals gilt. Mindestens implizit wird einem kulturellen Einfluss auf Managementpraktiken – etwa

1 Vgl. zur Fallgeschichte den Überblick von Wolf in diesem Band; Leyendecker (2007); sowie das Onlinearchiv der Süddeutschen Zeitung (http.//suche.sueddeutsche.de/query/siemens).

im Sinne von "collective mental programming of the mind" (Hofstede 1980) – auch einige Bedeutung bei der Erklärung von Korruption beigemessen. Versteht man die Kultur von Organisationen als ein Realphänomen, bei dem – vereinfacht gesprochen – das Handeln der Mitglieder von überindividuellen, kollektiven bis gemeinschaftlichen, aber nicht zwingend bewusst gemachten Regeln, auch informeller Art, beeinflusst wird, dann zielt die Frage von Verschoor in letzter Konsequenz auf die Möglichkeit einer Veränderung des 'kollektiven Bewusstseins der Siemens-Familie'. Sie lautet: „Can an outsider like the new CEO Loscher really change an entrenched corporate culture?" (Verschoor 2007: 61).

Diese Frage bildet den Ausgangspunkt der nachfolgenden Überlegungen. Im Anschluss an eine begrifflich-konzeptionelle Skizze zu 'Korruption in Organisationen' wird gezeigt, unter welchen Bedingungen sich korruptes Handeln in der Unternehmenskultur 'verwurzelt' und auf diesem Weg, etwa als organisatorische Routine, zum Bestandteil der Struktur eines sozialen Systems wird. Aufmerksamkeit ist vor diesem Hintergrund auf die *Pfadabhängigkeit* der Entwicklung von Organisationen zu richten. Hierdurch wird die Historizität von Organisationen betont und ihre idiosynkratische Entwicklung kann bei Erklärungen berücksichtigt werden. Diese Vorgehensweise verspricht die Entwicklung theoretischer Grundlagen für die Rekonstruktion von *Korruptionskultur* und liefert vermutlich auch Hinweise auf ihre Änderung. Der Beitrag reflektiert abschließend das Konzept der Korruptionskultur als Ansatz der Erklärung von Korruption bei der Siemens AG.

2. Korruption in Organisationen: Gegenstand und theoretischer Zugang

Sucht man in der deutschen betriebswirtschaftlichen oder Managementliteratur Beiträge zu Korruption in Organisationen, so wird man enttäuscht. Von wenigen Ausnahmen abgesehen (Müller 2002), u. a. auf Feldern wie Unternehmensethik (Homann 1997; Wieland 2002) oder Corporate Citizenship (Muche 2008), ist diese Thematik nicht bearbeitet. Im internationalen Schrifttum zeigt sich hingegen, dass Korruption in Organisationen zwar nicht Gegenstand umfassender Diskussionen ist, dass aber in den Bereichen 'management science' und 'organizational behavior' seit Jahren ein Literatur- und Diskursfeld entsteht, das wichtige Ansätze und Modelle enthält, mit denen Korruption in Organisationen beschrieben und analysiert werden kann. Die in diesem Segment versammelten Beiträge behandeln verschiedene Formen und Facetten unerwünschten bzw. abweichenden Verhaltens in Organisationen und konzipieren den Erkenntnisgegenstand auf unterschiedliche Weise. Um diese unerwünschte oder inoffizielle Seite von Organisationen zu erhellen, nutzen Ackroyd/Thompson (1999: 3) den Begriff 'organizational misbehavior' und verstehen darunter „anything you do at work you are not supposed to do". Begriffe wie 'deviant behavior', 'antisocial behavior', 'counterproductive behavior' und 'dysfunctional behavior' erweitern diese noch vergleichsweise unfokussierte Sicht um unterschiedliche Ansätze, Systematiken und Perspektiven (Kidwell/Martin 2005b: 6 und zitierte Literatur). Dadurch fällt ein wenig wissenschaftliches Licht auf diese ansonsten im Dunklen liegende Seite von Organisationen. Aufhellungen dieser 'dark side of organizational behavior' (Griffin/O'Leary-Kelly 2004) beziehen sich häufig auf abweichendes Verhalten wie Aggression, Absentismus, Widerstand gegen Änderungen, Regelverletzungen, Leistungszurückhaltung, Diskriminierung sowie Alkohol- und Drogenmissbrauch. Solches Verhalten wird häufig als individuelles Fehlverhalten verstanden und mit Bezug auf persönliche Unzulänglichkeiten erklärt, während strukturelle Determinanten eher selten in den Blick geraten. Auch für die internationale Management- und Organisationsliteratur gilt, dass sie bei der Bearbeitung systematisch abweichenden Verhaltens Zurückhaltung übt und nur selten *kriminelles Verhalten* von Führungskräften thematisiert, wie bspw. Betrug, Unterschlagung oder Korruption (Robinson/Bennett 1995; Kidwell/Martin 2005a; Sagie/Stashevsky/Koslowsky 2003; Vardi/Weitz 2003; Warren 2003). Sofern dies der Fall ist, wird dieses Verhalten meist isoliert und als singuläres Ereignis betrachtet und strukturelle Faktoren werden ausgeblendet. Trotz dieser insgesamt unbefriedigenden Situation finden sich in der Diskussion auch einige Beiträge, die geeignet sind, ein kritisch-analytisches Verständnis von Korruption in Organisationen zu entwickeln (Ashforth/Anand 2003; Anand/Ashforth/Joshi 2004; Brief/Buttram/Dukerich 2001; Wellen 2004; Ashforth/Gioia/Robinson/Treviño 2008; Pinto/Leana/Pil 2008).

Ashforth/Anand (2003: 2) bezeichnen Korruption als korruptes Handeln (acting corruptly) und verstehen hierunter mit Bezug auf Organisation „the misuse of authority for personal, subunit and/or organizational gain". Diese Definition ist sehr allgemein und weicht von enger gefassten Begriffen ab, die korruptes Handeln auf Mandatsträger beschränken und in der Folge von politischer Korruption sprechen. In diesem Sinne nimmt Jain (2001: 73) Handlungen in den Blick, „in which public officials, bureaucrats, legislators, and politicians use powers delegated to them by the public to further their own economic interests at the expense of the common goal." Insofern Definitionen die Bezugnahme auf das politische System implizieren, schließen sie solche illegalen Akte wie Bestechung, Betrug, Erpressung, Unterschlagung, Geldwäsche oder Machtmissbrauch aus, in die keine öffentlichen Stellen oder Ämter involviert sind (Kaufmann 1998: 135 ff.; Rose-Ackerman 1997: 34 ff.). Obwohl dieses Verständnis von Korruption in Politikwissenschaft (bspw. Colazingari/Rose-Ackerman 1998; Lee-Chai/Bargh 2001; Heidenheimer/Johnston 2002; Alemann 2005) und Ökonomie (bspw. Olsen/Torsvik 1998; Shleifer/Vishny 1998; Lambsdorff/Taube/Schramm 2005) verbreitet ist, wird dieser Fokussierung hier nicht gefolgt. Die beabsichtigte Beleuchtung des Siemens-Falls aus einer Organisationskultur- und -entwicklungsperspektive erfordert eine Begriffsextension und legt es nahe, auch im Fall von Betrug und Bestechung durch und von privaten Organisationen von Korruption zu sprechen.

Darley (1996: 13) versteht unter Korruption eine Art abweichendes Verhalten von Individuen oder Gruppen im Sinne von Verderbtheit ('evil doing'), das innerhalb eines organisatorischen Kontextes erfolgt. Die explizite Kontextbezogenheit des Verhaltens steht in dieser Lesart gegen ein Verständnis, das sich auf vereinzelte oder singuläre Ereignisse bezieht. Insofern der organisatorische Kontext den Rahmen der Analyse bildet, gelangen *organisierte soziale Systeme* als Bezugsebene von Verhalten in den Blick und mit ihnen sowohl formale und informelle soziale Beziehungen zwischen Organisationsmitgliedern als auch die Bestimmungsgründe ihres Verhaltens auf der überindividuellen Ebene. Folgt man diesem Ansatz, so kann *Korruption als organisatorisches Phänomen* wie folgt differenziert bzw. systematisiert werden:

- Korruption in Organisationen kann zum einen danach unterschieden werden, ob Handlungen (intentional) im Sinne der bzw. für die Organisation ausgeführt werden (bspw. Bestechung, illegale Preisabsprachen, Insiderhandel) oder ob sich Handlungen (intentional) gegen die Organisation richten (bspw. Diebstahl, Unterschlagung, Veruntreuung, persönliche Bereicherung) (Coleman 1987: 407 f., dort mit Bezug auf 'white collar crime').
- Korruption in Organisationen kann zum anderen unterschieden werden in Korruption durch einzelne Personen (Einzeltäter) sowie in Korruption durch mehrere Personen (Kollektivtäter). Der zweite Fall impliziert die Kooperation von Akteuren als Täter, die ihre korrupten Aktivitäten durch soziale Beziehungen auf Gegenseitigkeit abstützen müssen (Brief/Buttram/Dukerich 2001; Höffling 2002). Dies erfordert ein Mindestmaß an Vertrauen und Verschwiegenheit der Kooperationspartner untereinander.

Kombiniert man diese Dimensionen von Korruption – die Organisationsperspektive und die Akteursperspektive – miteinander, so erhält man vier idealtypische Formen von Korruption in Organisationen, die unterschiedliche Ausschnitte des Gesamtphänomens beleuchten (Grieger 2008):

Organisationsperspektive *Akteursperspektive*	Korruption zu Lasten der Organisation	Korruption zu Gunsten der Organisation
Einzelne Personen, die innerhalb eines organisierten Kontextes korrupt handeln	Individuelle Korruption (Bereicherung)	Singuläre Korruption
Formen kollektiv-korrupten Handelns (Kooperation, gegenseitige Beziehungen)	Gemeinschaftliche Korruption (Bereicherung)	Organisationale Korruption

Tab. 1: Formen von Korruption in Organisationen

Es ist evident, dass insbesondere *Formen kollektiv-korrupten Handelns* besondere Probleme darstellen, da durch die Verwobenheit und Bezogenheit des Handelns Korruption zu einem kollektiven Phänomen wird, das Mechanismen bi- und multilateraler (Ver-)Sicherung bedingt, wie bspw. Protektion, gegenseitige Abhängigkeit, Geheimhaltung und Verschwiegenheit, aber unter bestimmten Bedingungen auch Zwang, Erpressung und andere Formen indirekter oder direkter Drohung mit und Anwendung von Gewalt. Formen kollektiver Korruption lassen sich somit als Charakteristika von *Handlungssystemen* verstehen. Erforderliche kollektive Anstrengungen sind der Grund dafür, dass davon auszugehen ist, dass entsprechende Praktiken von der Führungsspitze gebilligt, toleriert oder mindestens – durch ‚Wegsehen' – geduldet werden. Dieser Umstand verdeutlicht die Besonderheit kollektiver Korruption: Im Gegensatz zu einzelnen korrupten Handlungen beinhaltet kollektive Korruption die Entwicklung korrupter Beziehungen und/oder Netzwerke und besitzt das Potenzial, die gesamte Organisation zu durchdringen. Auf diesem Wege kann Korruption zum Bestandteil von Routinen und – auf lange Sicht – zum Element der Struktur von Organisationen werden (Grieger 2005: 3 f.).

Korruption in Organisationen wird nachfolgend als ein kollektives kriminelles Verhalten oder Handeln verstanden, wobei für die Beleuchtung des Siemens-Falls auf *organisationale Korruption* fokussiert wird. Hierunter lässt sich ein breites Spektrum abweichenden Verhaltens 'zu Gunsten der Organisation' subsumieren, das seinerseits auf zahlreiche strukturelle, prozedurale und personale Aspekte von und in Organisationen bezogen ist. Diese Begriffsweitung macht Sinn, denn es herrscht in der einschlägigen Literatur keine Einigkeit darüber, ob der Erkenntnisgegenstand Korruption auf ein inhaltlich bestimmtes Verhalten zu beziehen ist, oder als ein übergeordnetes Konzept zur Erklärung von Norm- und Regelverstößen verstanden werden soll. Die Diskussion unterschiedlicher Bestimmungsansätze bei Johnston (2001: 17 ff.) macht darauf aufmerksam, dass Korruption entweder als spezifisches Verhalten oder als Bezeichnung für ein bestimmtes Ergebnis normverletzenden Verhaltens diskutiert wird:

- *Verhaltensorientierte Konzepte* verstehen unter Korruption bestimmte Verhaltensweisen. Der Definitionsakt besteht in einem Prozess der Klassifikation (von Verhalten oder Handlungen), und zwar häufig in der Weise, dass auf Missbrauch von Macht oder Ressourcen für private Zwecke oder partikulare Interessen abgestellt wird oder dass geltendes Recht den Ausgangspunkt von Überlegungen bildet. Ist das Verständnis von Missbrauch aber nur unzureichend ausgeprägt und besteht hierüber keine Einigkeit oder unterliegt Recht beständiger Änderung und ist es zudem in verschiedenen Jurisdiktionen unterschiedlich ausgeprägt, dann erweisen sich verhaltensorientierte Definitionen als problematisch für Analysen und Aussagen in verallgemeinernder Absicht. Eine Analyse konkreter Sachverhalte wie bspw. den Siemens-Fall können sie aber durchaus anleiten.
- *Ergebnisorientierte Konzeptionen* kennzeichnen bestimmte gesellschaftliche Werte (bspw. Demokratie, Recht, Vertrauen) als positiv. Verhalten und Handlungen werden dann als korrupt verstanden, wenn sie einen destruktiven Effekt in Bezug auf diese Werte erzeugen (bspw. die Untergrabung des demokratischen und wirtschaftlichen Prozesses, die Verletzung zentraler Normen oder der Verlust von Vertrauen in Institutionen). Auf diese Weise gelangen Werte und Normen der Gesellschaft in das Zentrum einer – explizit normativen – Definition von Korruption. Die Offenlegung eines ethisch-moralischen Standpunkts als verallgemeinerbare Vorstellung von richtigem oder tugendhaftem Handeln ist somit konstitutiv für das Verständnis von Korruption. Ein solches konzeptionel-

les Verständnis von Korruption erfordert die Antwort auf mindestens drei Fragen: (1) Wem gegenüber sind Entscheidungsträger verantwortlich? (2) Welche ethisch-moralischen Prinzipien sollen (können) allgemeine Gültigkeit besitzen? (3) Welche Folgen besitzt ein Verhalten oder Handeln für geltende Werte und Normen der Gesellschaft und für ihre Institutionen und Organisationen? Ein dieser Perspektive entsprechender, auf die Folgen korrupten Handelns bezogener Begriff von Korruption in Organisationen kann demnach definiert werden als ein (kollektives) Verhalten oder Handeln, das die Normen und Werte des wirtschaftlichen Prozesses, der Organisation sowie die Prinzipien fairer und auf Gegenseitigkeit beruhender Austauschbeziehungen verletzt und unterminiert und das Vertrauen in die Organisation, in ihre Aktivitäten und Mitglieder sowie in ihre Produkte und Dienstleistungen zerstört.

Eine abschließende Bemerkung zum Korruptionsbegriff zielt auf das normative Moment der Korruptionsdiskussion. Umgangssprachlich bezeichnet Korruption Aktivitäten in sozialen Kontexten, die auf Verderben, Schwächen, Entkräften, Entstellen, Erodieren, Untergraben, Ruinieren und Zerstören hinauslaufen. Als Missbrauch einer Vertrauens- und Verantwortungsposition gelten entsprechende Handlungen als verwerflich und unehrenhaft. Dies ist vermutlich ein wichtiger Grund dafür, dass moralische Erwägungen und normative Forderungen Bedeutung erlangen im Zusammenhang der Definition und Analyse kriminellen Verhaltens in Organisationen (Fritzche/Becker 1984; Treviño/Youngblood 1990). Korruption in Organisationen ist regelmäßig negativ konnotiert als unmoralisch und schädlich für Personen, Organisationen und die Gesellschaft. Hier zeigt sich eine symbiotische Verkoppelung von Benennung des Sachverhalts und seiner Verurteilung (Fleck/Kuzmics 1985: 7 f.). Insofern zählt Korruption zur selben inhaltlich bestimmten Kategorie unmoralischer und negativ sanktionierter Verhaltensweisen wie bspw. Diebstahl, Betrug, unautorisierte Gewalt oder Mord, die in zivilisierten Gesellschaften geächtet sind. Eine wissenschaftliche Analyse von Korruption in Organisationen sollte stets sensibel für mögliche Folgen dieser normativen Implikation sein und sich bei der Durchdringung des Sachverhalts nicht vorschnell von wünschenswerten Optionen zur Vermeidung von Korruption leiten lassen.

3. Erklärungskonzepte organisationaler Korruption: Koordination, Kultur und Institutionalisierung

Erklärungen wirtschaftskriminellen Handelns in Organisationen gehen regelmäßig davon aus, dass die Motivation von Handelnden und das Vorhandensein einer konkreten Gelegenheit ursächlich sind und auf das Zusammenspiel von drei Faktoren zurück geführt werden können, deren Stärke, Ausprägung und Effekt situativ variieren (bspw. Brass/Butterfield/Skaggs 1998; Coleman 1998): In der *Umwelt* sind es vor allem ein starker Konkurrenzdruck, geringe Regulierung und eine schwache Durchsetzung von Rechtsnormen, die wirtschaftskriminelle Handlungen besonders begünstigen. In der *Organisation* gelten strukturelle Komplexität bzw. Unübersichtlichkeit, geringer wirtschaftlicher Erfolg sowie starker Leistungsdruck als Faktoren, die das Entstehen eines Klimas ermöglichen oder unterstützen, in dem sich Personen ermutigt oder bestätigt fühlen, kriminell zu handeln. Blickt man auf die *Akteure*, so sind ein geringes moralisches Bewusstsein ('moral disengagement'; Moore 2007) in Verbindung mit Befürchtungen, Zielvorgaben nicht zu erreichen, Faktoren, die kriminelles Handeln unterstützen. Ein diese Zusammenhänge verdeutlichendes Beispiel liefert Windolf (2003), der den Enron-Fall untersucht und die Synergie der drei Faktoren illustriert. Seine instruktive Analyse bestätigt die Annahme, dass Korruption vor allem die Folge von starken, überwältigenden Situationen ist, die Unterschiede in der Person oder Charakteristika von Gruppen überlagern. In der Literatur findet sich eine Reihe von Hinweisen darauf, dass es ganz 'normale' Personen sind, die als angesehene und unbescholtene Bürger mit hoher beruflicher Reputation in Korruption verwickelt sind. Und Coleman (1998: 178) berichtet, dass alle von ihm konsultierten Studien zu einem übereinstimmenden Ergebnis kommen: "White collar offenders are psychological 'normal'." Man kann diese Aussage so verstehen, dass die 'normalen' und ansonsten gesetzestreuen Personen in erster Linie als Mitglieder oder Repräsentanten von Organisationen korrupt handeln, wohingegen entsprechende Handlungen im Privatleben vermutlich kategorisch ausgeschlossen werden. Daher ist zu fragen, worin der organisatorische Einfluss auf individuelles, insbesondere aber kollektives Handeln besteht. Eine in diesem Zusammenhang untersuchungsleitende Hypothese besagt, dass unter bestimmten (und zu bestimmenden) Bedingungen Personen oder Gruppen in Organisationen unter starken Druck (der 'constraints') geraten, korrupte Handlungen zu begehen. Dies bedeutet nicht, diese Personen oder Gruppen nur als Opfer widriger 'Umstände' zu verstehen. Es liegt aber nahe anzunehmen, dass – unter anderem – starke organisatorische Kräfte existieren, die Personen beeinflussen, so dass sie schließlich Dinge tun bzw. glauben, sie tun zu müssen, die sie unter anderen Bedingungen vermutlich nicht zu tun in der Lage wären. In diese Richtung weisende Erklärungskonzepte werden nachfolgend konsultiert.

Richtet man bei der Suche nach Erklärungsansätzen den Blick auf die Organisation, so zeigt sich, dass von verschiedenen Instrumenten der *Handlungskoordination* starke Kräfte ausgehen, die das Verhalten und Handeln der Organisationsmitglieder beeinflussen. In Organisationen sind diese Instrumente entweder struktureller oder nicht-struktureller Art.

Strukturelle Koordination beruht auf organisatorischen Regelungen als Teil der formalen Struktur einer hierarchischen Organisation. Sie bestimmen, wie Prozesse ablaufen und wie Handlungen aufeinander abgestimmt werden sollen. Kieser/Kubicek (1992) unterscheiden vier Instrumente der strukturellen Koordination: Persönliche Weisungen dienen primär der vertikalen Kommunikation, während Prozesse der Selbstabstimmung vorwiegend horizontale oder laterale Kooperation zum Gegenstand haben. In beiden Fällen handelt es sich um personenbezogene Instrumente, d. h. Koordinationsentscheidungen werden von den Betroffenen als sichtbares Ergebnis von Handlungen identifizierbarer Personen erfahren und sind eingelagert in „einen sozialen Prozess, in dem Macht, Konflikte und ähnliche Kategorien eine Rolle spielen" (Kieser/Kubicek 1992: 103 f.). Dem gegenüber bezwecken Programme und Pläne eine unpersönliche Koordination. Programme bezeichnen festgelegte Verfahrens- bzw. Handlungsrichtlinien und führen zu einer Standardisierung der Aufgabenerfüllung. In Form von Routinen geben sie an, wie bestimmte Dinge zu tun sind und basieren bspw. auf Beschreibungen, Formularen oder Checklisten. Pläne legen den Ablauf von Handlungen auf Dauer fest und enthalten zusätzlich Vorgaben in Form von Zielen, verstanden als normativ ausgezeichnete, anzustrebende Zustände. Programme und Pläne dienen der Lenkung von Handlungen, die zukünftig stattfinden sollen (Vorauskoordination). Damit dieser Zweck auch bei Abweichungen vom Gewünschten erreicht wird, ist eine systematische Rückmeldung erforderlich. Das die Planung ergänzende klassische Instrument der Feedback-Koordination ist die Kontrolle (Staehle 1999: 544 ff.). Sie erfolgt entweder personenbezogen oder unpersönlich und ergänzt die Koordination durch Modifikation von Handlungsinformation.

Es ist unmittelbar ersichtlich, dass strukturelle Koordination eine wichtige Basis für das Zustandekommen zeitlich überdauernder Korruption bildet. Von Regelungen geht eine starke handlungskoordinierende Kraft aus und Kombinationen personenbezogener und unpersönlicher Beeinflussung können Personen zu Handlungen veranlassen, die sie von sich aus oder unter anderen Umständen nicht vornehmen würden. Erklärungen von Korruption müssten dann Anweisungen, Selbstabstimmungsprozesse, Programme und Pläne sowie schließlich Instrumente der Kontrolle heranziehen, von denen unmittelbar oder mittelbar auf korruptes Verhalten von Personen geschlossen werden kann. Dabei sind auch Wirkungen von *Hierarchie* als der dominanten Strukturform von Organisation auf die Wahrnehmung und das Verhalten von Organisationsmitgliedern zu berücksichtigen (Grieger 1997: 64 ff. und angegebene Literatur). Erklärungen wären dann sowohl struktur- als auch handlungsbezogen, und sie erforderten in einem konkreten Fall das Vorhandensein auswertbarer Dokumente. Für die Erklärung organisationaler Korruption greifen Mechanismen struktureller Koordination aber vermutlich zu kurz. Fragt man bspw. danach, warum es Organisationsmitglieder als 'normal' erachten, für die Erlangung von Aufträgen regelmäßig Bestechungsgelder zu zahlen, so ist der Hinweis auf Anweisungen oder Programme unzureichend. Mit ihnen kann zwar der Anschein von Normalität beschrieben, nicht aber erklärt werden.

Instrumente oder Mechanismen *nicht-struktureller Koordination* sind (organisationsinterne) Märkte und die Koordination durch Clans (Ouchi 1980). Marktliche Koordination erfolgt durch Abstimmung von Angebot und Nachfrage auf der Basis von Preisen. Koordination durch organisationsinterne Märkte bedeutet, dass klassische Marktmechanismen in die Organisation hereingetragen werden und sich Entscheidungen stärker an Gewinn-Preis-Verhältnissen orientieren. Dies erfordert die Gewinnverantwortung organisatorischer Einheiten, eine gewisse Entscheidungsautonomie und das Vorhandensein interner Verrechnungspreise für Leistungen (Kieser/Kubicek 1992: 118). Diese Form der Koordination von Handlungen betont den innerorganisatorischen Wettbewerb, bei dem bspw. Stellen um Ressourcen konkurrieren und ihre Existenz durch Erfolg und/oder die Nachfrage nach erstellten Leistungen rechtfertigen. Für die Erklärung organisationaler Korruption liefert dieser Ansatz ergänzende Hinweise, denn er erweitert das Spektrum der Koordinationsmechanismen, die Akteure dazu bewegen können, illegale Handlungen vorzunehmen. Akzeptanz, Rechtfertigung und Normalisierung von Korruption in Organisationen kann mit Verweis auf Märkte und Preise allerdings nicht erklärt werden.

Als weitere Möglichkeit nicht-struktureller Koordination von Handlungen nennt Ouchi (1980) den Clan, dessen Wirkungsweise nicht auf den Prinzipien der Bürokratie oder des Marktes basiert. Die Einbindung der Mitglieder und Steuerung ihrer Handlungen erfolgt über das Bewusstsein gegenseitiger Abhängigkeit und über gemeinsame Werte und Normen. Clans erfordern ein relativ hohes Maß an Homogenität, das durch Selektion, Enkulturation und (moralische) Sozialisation der Mitglieder erreicht wird.

> "A clan is a culturally homogeneous organization, one in which most members share a common set of values or objectives plus beliefs about how to coordinate effort in order to reach common objectives. The clan functions by socializing each member completely so that each merges individual goals with the organization ones; thus providing them with the motivation to serve the organization" (Ouchi/Price 1978: 36).

Koordination durch Clans beinhaltet die Wirkung von Organisationskultur und fokussiert darauf, dass geteilte Werte und Normen als Orientierungs- und Koordinationsinstrumente wirken, und zwar dadurch, dass sie mögliche Wege und akzeptierte Lösungen be- und auszeichnen, denen gefolgt werden kann, soll und muss. Diese Form der Koordination ist unter bestimmten Bedingungen effizient und effektiv, denn sie impliziert die Übertragung von Steuerungsimperativen auf die Akteure und wirkt dabei partiell unbewusst und emotional. Handlungskoordination durch Organisationskultur bezeichnet daher ein Konzept, das hinreichend sein könnte, um die scheinbare Normalität organisationaler Korruption zu erklären.

Konzepte der Organisationskultur grenzen sich in der Mehrzahl von positivistisch-funktionaler Organisationsforschung ab und fokussieren auf die sogenannten 'weichen' Aspekte von Organisation. Schein (1985) versteht unter Organisationskultur ein Grundmuster von Basisannahmen, mit denen eine Gruppe oder Organisation gelernt hat, die mit der Anpassung an die Umwelt und der Integration im Inneren verbundenen Probleme erfolgreich zu bewältigen. Dieses Grundmuster wird als richtiger Weg, bestimmte Sachverhalte zu sehen und hierauf bezogen zu handeln, neu eintretenden Mitgliedern 'beigebracht'. Erfolgreich sozialisierten – enkulturierten – Organisationsmitgliedern erscheinen Basisannahmen und aus ihnen abgeleitete Handlungsmuster und -orientierungen als selbstverständlich, so dass sie nicht mehr hinterfragt werden. Als kollektiv geteilte Überzeugungen koordinieren und steuern sie das Handeln der Organisationsmitglieder. Organisationskulturkonzepte betonen, dass neben sichtbaren Oberflächenphänomenen (Artefakte: Verhaltensweisen, Symbole, Technologie) vor allem mehr oder weniger bewusste Werte sowie tief verwurzelte, unbewusste Annahmen (über die Realität, die Umwelt, die menschliche Natur und Aktivität sowie über soziale Beziehungen) bedeutsam sind, um Organisationen in ihrem Handeln und ihrer Erscheinung zu verstehen. Außenstehenden gelingt dies aber oft nicht oder nur unzureichend, weil ihnen das für eine Entschlüsselung von Erscheinungen erforderliche Wissen fehlt (Schein 1984: 4 ff.).

Nach Mayrhofer/Meyer (2004: 1026 f.) ist Organisationskultur gegenüber Strategie durch geringe Sichtbarkeit und fehlende Zielorientierung und gegenüber Organisationsklima durch unter der Oberfläche liegende Aspekte abzugrenzen. Die Autoren benennen fünf Leitdifferenzen, mit denen sich das *Konstrukt Organisationskultur* näher kennzeichnen lässt (zum nachfolgenden Mayrhofer/Meyer 2004: 1027 f. und angegebene Literatur):

- Oberflächenelemente und Tiefenstruktur: Organisationskultur wird konzipiert auf der Basis von Ebenenmodellen. Zu den empirisch beobachtbaren Artefakten 'an der Oberfläche' gehören Verhaltensergebnisse (Kleidung, Architektur, Statussymbole) und Ausprägungen der sozialen Kultur (Bräuche, Sitten, Rituale, Tabus). Zu den Elementen der Tiefenstruktur zählen Normen als Verhaltenserwartungen, Kognitionen als kollektiv verankerte Grundannahmen sowie Werte als (meist nur vage) Vorstellungen über das Wünschenswerte. Regelmäßig wird die Erklärung der Oberflächenstruktur (deskriptives Kulturkonzept) aus der Tiefenstruktur (explikatives Kulturkonzept) abgeleitet (Kluckholm/Kelly 1972), wenngleich auch eine wechselseitige Beeinflussung der Ebenen oder eine rein epistemologische Differenz plausibel erscheinen.
- Variable und Metapher: In funktionalistischer Perspektive wird Organisationskultur als eine von mehreren Variablen konstruiert, mit denen Organisation beschrieben werden kann. In diesem Sinne *hat* eine Organisation, neben Struktur und Strategie, auch eine Kultur (Dill/Hügler 1997). Einer symbolisch-interpretativen Perspektive geht es dem gegenüber darum, Organisation als Sinnsystem zu untersuchen. Organisationen *sind* demzufolge Kulturen, in denen Personen ihr Handeln an erfahrener Wirklichkeit und gelernten Bedeutungszuschreibungen ausrichten.
- Gestaltbarkeit und Selbstorganisation: Als Variable gilt Organisationskultur als zugänglich für intentionale Gestaltung. Interventionen unterschiedlicher Reichweite richten sich auf die Implementierung von Artefakten oder nutzen symbolische Ressourcen zur Verhaltensbeeinflussung. Hingegen wird Skepsis gegenüber instrumentellen Ansätzen geäußert und Bezug auf die Eigendynamik kultureller Änderungsprozesse genommen, die als Selbstorganisation entstehen und als Parameter von Entscheidungen nicht zugänglich sind (Schreyögg 1991).
- Erfolgsfaktor und Pathologie: Funktionalistisch betrachtet erfüllen Organisationskulturen bestimmte Funktionen wie Identifikation, Integration, Koordination, Motivation und Entwicklung (Schreyögg 1992). Entsprechend ihrer Stärke oder Schwäche (bezogen auf die Kriterien Prägnanz, Verbreitung und Verankerung) werden Kulturen als verantwortlich erachtet sowohl für positive Effekte (bspw. Flexibilität und Dynamik) als auch für dysfunktionale Tendenzen (bspw. Abschottung, Formalisierung, Erstarrung) und pathologische Erscheinungen (bspw.

übermäßige Kontrolle, Leistungsdruck, Sanktion), die als krankhaft und krankmachend beschrieben werden (Kets de Vries 1991).

- Autonomie und Kontextabhängigkeit: Die Selbständigkeit von Organisationskulturen wird in Abhängigkeit unterschiedlicher Faktoren diskutiert. Zum einen beeinflussen organisationale Subkulturen die Organisationskultur auf unterschiedlichen hierarchischen Ebenen, stehen ihr unvermittelt gegenüber oder treten als Gegenkultur auf. Zum anderen wird in der kulturvergleichenden Managementforschung ein starker Einfluss von Landeskulturen auf die Organisationskultur angenommen (Hofstede 1985). Schließlich können unterschiedliche Kulturebenen (etwa Gruppen-, Organisations-, Branchen- und Gesellschaftskultur) zueinander in Beziehung gesetzt und auf Wirkungszusammenhänge untersucht werden.

Konzepte der Organisationskultur können in Abhängigkeit von Grundannahmen entweder einen Beitrag zum Verständnis oder zur Erklärung organisationaler Korruption leisten. Auch ohne eine dezidierte Entscheidung im Grundsatz – also für ein spezifisches Konzept – lässt sich mit hoher Plausibilität argumentieren, dass geteilte Normen und Grundüberzeugungen sowie die Einübung von Ritualen und die Wirkung von Sprache und Symbolen von großer Bedeutung für die Wahrnehmung und Sinnattribution von Handelnden sind. Aus diesem Grund ist erfahrene Organisationskultur, auf die sich die Akteure in ihrem alltäglichen Handeln beziehen, konstitutiv für ihre 'erlebte' Wirklichkeit (Berger/Luckmann 1980). In dieser 'sozialen Konstruktion' kann deviantes Handeln verständlich gemacht und – je nach Konzeption und Methode – auf unterschiedliche Art rekonstruiert werden. Dies ist der Hintergrund dafür, im Zusammenhang organisationaler Korruption die handelnden Organisationsmitglieder sowohl als verantwortliche Täter und zugleich als Opfer von 'Organisationsverhältnissen' zu betrachten. An dieses Verständnis sind Überlegungen anschlussfähig, die die 'Normalität' von Korruption in Organisationen erklären und im Ergebnis die Institutionalisierung einer *Korruptionskultur* postulieren.

Prozesse der Institutionalisierung in und von Organisationen sind Gegenstand des soziologischen Neoinstitutionalismus in der Organisationsforschung (Meyer/Rowan 1977; Di Maggio/Powell 1983). Mikroinstitutionalistische Ansätze (Zucker 1977) untersuchen, wie in Organisationen bestimmte Handlungsmuster, Sichtweisen und Bedeutungskonstrukte eine 'taken for granted'-Qualität im Sinne von Selbstverständlichkeit oder Normalität erlangen. Es wird davon ausgegangen, dass Institutionen aus reziproken Symbolen habitualisierter Verhaltensweisen bestehen, wobei die Bedeutungszuschreibung personenunabhängig erfolgt.

> „Institutions consist of cognitive, normative, and regulative structures and activities that provide stability and meaning to social behavior. Institutions are transported by various carries – cultures, structures, and routines – and they operate at multiple levels of jurisdiction. In this conceptualization, institutions are multifaceted systems incorporating symbolic systems – cognitive constructions and normative rules – and regulative processes carried out through and shaping social behavior. Meaning systems, monitoring processes, and actions are interwoven.

Although constructed and maintained by individual actors, institutions assume the guise of an impersonal and objective reality" (Scott 1995: 33 f.).

Mit diesem Ansatz können korrupte Praktiken als Institutionen verstanden werden, die Orientierung bei der Lösung schwieriger Probleme verschaffen. Ihre Entstehung kann idealtypisch in drei Schritten beschrieben werden als (1) Gewöhnung an bestimmte Praktiken, (2) deren Objektivierung im Sinne eines verbreiteten und geteilten Verständnisses ihrer Bedeutung für Problemlösungen und (3) deren Sedimentation, wodurch diese Praktiken zu einer zwingenden Tatsache mit Strukturqualität werden (Tolbert/Zucker 1996: 181 ff.). Eine vollständige Institutionalisierung erfordert die dauerhafte Reproduktion dieser Praktiken durch Handeln sowie das Fehlen nennenswerten Widerstands. Eine Umkehr des Prozesses – Deinstitutionalisierung – ist von nun an schwierig und erfordert erhebliche Umwälzungen in der Organisation und in ihrer Umwelt. Bezogen auf die Struktur der Argumentation lassen sich mit diesem theoretischen Konstrukt organisationale Korruption und Korruptionskultur erklären. Entsprechende Anwendungen dieses Erklärungsansatzes finden sich in zwei Beiträgen, die rekonstruieren, wie kollektiv-korruptes Handeln in Organisationen *Strukturqualität* erlangt (zum nachfolgenden Grieger 2005: 20 ff.).

Brief/Buttram/Dukerich (2001) beschreiben den Prozess, in dessen Verlauf ethisch fragwürdige Praktiken zum Bestandteil der Struktur von Organisationen werden. Zu diesem Zweck entwickeln sie ein Modell der Institutionalisierung von Korruption, das aus drei überlappenden Prozessen besteht (Brief/Buttram/Dukerich 2001: 475 ff. und angegebene Literatur):

- Explizite oder implizite Billigung: Vorgesetzte ermutigen Mitarbeiter zu korruptem Handeln, um bestimmte Ziele zu erreichen. Hintergrund ist die Dominanz wirtschaftlicher Vorgaben bei Indifferenz gegenüber den Mitteln ihrer Erreichung sowie das Fehlen moralischer Bedenken und von Wertkonflikten.
- Willfährigkeit: Mitarbeiter folgen der Ermächtigung zu korruptem Handeln, und sie tun dies aus Gründen der Anerkennung der legitimen Autorität von Vorgesetzten, aus Abhängigkeit und/oder aus Furcht vor Bestrafung. Dabei ist Gehorsam ein Gruppenphänomen und kann aus dem spezifischen Organisationskontext heraus verstanden werden. Das Zeigen von Gehorsam ist in diesem Modell konzipiert als unabhängig von möglichen moralischen Bedenken, ist moralisch gleich-gültig gegenüber Mitteln und bezieht sich auf ein System von Über- und Unterordnung.
- Institutionalisierung: Um zu zeigen, wie korruptes Handeln zur Routine wird, beschreiben die Autoren unterschiedliche Mechanismen, die zu einer Institutionalisierung von Korruption führen. Entscheidend ist hierbei der Anschein, dass die entsprechenden Handlungen nicht verwerflich sind. Ein solcher Anschein bedingt eine isolierte, fragmentierte, auf Details von Sachverhalten gerichtete Sicht der Akteure, die in ihrem Handeln einer funktionalen Rationalität verpflichtet sind. Dies ist der Fall, wenn Handlungen für sich genommen harmlos wirken und es Handelnden ermöglichen, den Zusammenhang, in dem sie stehen und dessen Bedeutung zu übersehen. So können sie glauben, alltägliche Routi-

nen zu vollziehen. Ist dies – aus welchen Gründen auch immer – nicht möglich, so kann es zur Re-Interpretation ethisch fragwürdigen, kriminellen Handelns kommen, bspw. durch den kollektiven Gebrauch euphemistischer Sprache (die Verwendung technischer, emotional steriler oder positiv besetzter Terminologie) oder durch die sprachliche Entmenschlichung möglicher Opfer als gesichts- und wertlose Figuren. In dieser Situation kann kein Schuldgefühl entstehen und die Institutionalisierung organisationaler Korruption kann fortschreiten. Als zeitlich überdauerndes Phänomen erfordert Korruption schließlich die Reproduktion korrupter Akteure durch Sozialisation. Sozialisation meint Enkulturation, d. h. das 'sanfte' Bekanntmachen mit korrupten Praktiken, etwa durch die Aufforderung, kleinere Unterstützungshandlungen vorzunehmen. Parallel hierzu werden Verdrängungs- und Rechtfertigungskonstrukte vermittelt, die es neuen Mitgliedern ermöglichen, die korrupte Realität zunehmend als normal zu reinterpretieren. Ist dieser Prozess abgeschlossen, besitzt das Organisationsmitglied die Fähigkeit zu selbständigem korrupten Handeln und kann diese Kultur fortan mittragen.

Mit diesem Modell erklären die Autoren das Entstehen und die Festigung organisationaler Korruption. Sie zeigen, dass Routinen und die Gewöhnung an fragmentiertes, als harmlos darstellbares Handeln die Schlüsselmechanismen sind, auf denen eine Korruptionskultur aufbaut. Im Kern handelt es sich bei den beschriebenen Prozessen um die kollektive Konstruktion von 'Normalität'. Diese kollektive Konstruktion wirkt als eine Art Schutzschild gegenüber Infragestellungen und dient zugleich als Mittel der Verschleierung gegenüber Außenseitern. Ashforth/Anand (2003) bezeichnen den Vorgang, durch den Korruption in Organisationen von den Mitgliedern als erwünschtes Verhalten internalisiert, an nachfolgende Generationen weitergegeben und durch wiederholte Handlungen in Strukturen und Prozessen verankert wird, als Normalisierung. Die Autoren identifizieren drei zentrale, interdependente, sich gegenseitig verstärkende und ineinander verschränkte Mechanismen, die diesen Vorgang befördern (Ashforth/Anand 2003: 4 ff. und angegebene Literatur):

- Institutionalisierung: Wenn korruptes Handeln zur Routine wird, dann verwurzelt es sich in organisatorischen Prozessen und Strukturen und kann nachfolgend von den Akteuren mechanisch und unbewusst wiederholt werden. Organisationsmitglieder erhalten dadurch normative Vorgaben und Korruption erscheint als selbstverständliche Praktik der Problemlösung, die sich Wandel und Überprüfung entzieht. „The mindlessness induced by institutionalization may cause individuals to not even notice what might arouse outrage under other circumstances. In a real sense, an organization is corrupt today because it was corrupt yesterday" (Ashforth/Anand 2003: 14).
- Rationalisierung: Um ihr Handeln zu rechtfertigen, müssen korrupte Akteure sich davon überzeugen (lassen), dass etwaige Zweifel unbegründet sind. Dies erfolgt durch psychische Distanzierung von problematischen Handlungen mit Hilfe verschiedener Rationalisierungstechniken (Glauben an eine Zulässigkeit, Leugnung von Verantwortung, sowie von Schaden und Opfern, Vergleiche mit illegalen Handlungen anderer, Verweis auf höhere Instanzen) und sprachlicher

Verschleierung (Euphemismen, Labels, Jargon), mit der die Implikationen korrupten Handelns verdrängt werden können. "[R]ationalization ideologies are highly seductive. They offer not only to excuse actors from their misdeeds but to encourage them to forget the misdeeds or reframe them as something necessary and even desirable" (Ashforth/Anand 2003: 24).

- Sozialisation: Dauerhafte organisationale Korruption erfordert, dass neu eintretende Organisationsmitglieder mit korrupten Praktiken vertraut gemacht und auf subtile Weise dazu gebracht werden, sie als selbstverständlich zu betrachten und zu übernehmen. Dies erfolgt mit sanftem Druck und umschließt sowohl die Forderung nach Loyalität und Verbindlichkeit als auch die Furcht vor Repression der Gruppe. Dadurch entsteht für Betroffene eine sie überfordernde Situation, die mit Hilfe des Konzepts des sozialen Kokons beschrieben wird. Hierbei handelt es sich um eine Art abgeschotteten Mikrokosmos, der die Selbstbezogenheit der Mitglieder fördert, ihre Identifikation mit der Gruppe fordert und die Wahrnehmung, das Verhalten und die Einstellungen von Personen nachhaltig verändert. Solche stark kohäsiven korrupten Gruppen

> "often create a psychologically (if not physically) encapsulated social cocoon where: (1) veterans model the corrupt behavior and easy acceptance of it; (2) newcomers are encouraged to affiliate and bond with veterans ... (3) ... are subjected to strong and consistent information and ideological statements such that the gray ambiguity of action and meaning is resolved in clear black and white terms ... (4) ... are encouraged to attribute any misgivings they may have to their own shortcomings ... rather than to what is being asked of them ... (5) ... receive frequent reinforcement for displaying the corrupt behaviors and their acceptance of them ... (6) ... are discouraged and possibly punished for displaying doubt, hesitancy, or a tendency to backslide into non-corrupt behavior" (Ashforth/Anand 2003: 26).

Das Modell von Ashforth/Anand (2003) zeigt die Bedingungen der Entstehung und der Fortdauer organisationaler Korruption und ist inhaltlich an die Analyse von Brief/Buttram/Dukerich (2001) anschließbar. Beide Beiträge ergänzen und konkretisieren vorstehende Überlegungen zur Organisationskultur und verfügen über ein reichhaltiges Inventar zur Entwicklung von Forschungsfragen und Analysemöglichkeiten. Sie verdeutlichen das Potenzial einer institutionalistischen Analyse organisationaler Korruption und vermitteln auch erste Hinweise darauf, wie solchen überindividuellen Prozessen begegnet werden kann, die im Ergebnis und im Effekt zu einer Korruptionskultur führen.

Die institutionelle Analyse vertritt an prominenter Stelle die Auffassung, dass vor allem eine von kollektiv handelnden Akteuren empfundene Normalität und die Abwesenheit moralischer Zweifel entscheidend für Entstehen und Fortdauer organisationaler Korruption sind. In diesem Verständnis erscheint Organisationskultur in ihrer Tiefenstruktur letztlich als schizophren. Richtet man den Blick etwas stärker auf die Merkmale solcher Organisationspathologie an der Oberfläche, so ist nicht unmittelbar zu erkennen, welche Artefakte – Bräuche, Sitten, Rituale, Tabus oder Kleidung, Architektur, Statussymbole – als zuverlässige Indikatoren für Korruption gelten können. Aussagen zu solchen, in der Struktur des sozialen Systems verankerten Elementen erfordern eine recht intime Kenntnis der spezifischen Kultur und Outsider finden nur selten konkrete Hinweise auf zuverlässige Deutungsmuster, die über die Dokumentation der von Staatsanwaltschaften, Gerichten und der Presse aufgearbeiteten Fälle hinausgehen (vgl. zur Analyse der Unternehmenskultur von Siemens die instruktive, allerdings vor Bekanntwerden von Korruption verfasste Arbeit von Stadler 2004).

Korruptionskulturen besitzen notwendigerweise immer eine dunkle Seite, die das Licht der Öffentlichkeit scheut und gegen Publizität, Authentizität und Transparenz steht. Dieses Erfordernis resultiert aus dem Zwang, korrupte Praktiken einer unausgesprochenen, stillen, offiziell nicht existierenden Realität, einer, wenn man so will, 'non-reality'(Grieger 2008) zu überantworten, und zwar sowohl aus den beschriebenen Gründen der Rationalisierung illegaler Handlungen als auch aus Gründen ihrer Geheimhaltung und Verschleierung gegenüber einer internen und externen Öffentlichkeit. In einem ganz realen Sinn ist eine solche Kultur 'dunkel', denn sie wird systematisch von den wahrgenommenen, anerkannten und akzeptierten Tatsachen abgespalten. Deutungsversuche und die Ableitung von Aussagen zu den Möglichkeiten der Bekämpfung von Korruption erfordern deshalb zunächst etwas genauer darüber nachzudenken, wie Korruptionskultur im Zusammenhang von Pathologie und Persistenz vorgestellt werden kann. Wenn das Ergebnis der detailreichen Untersuchung von Stadler (2004: 329 ff.) zutrifft – und vieles spricht für eine solche Annahme –, dann sind kulturelle Entwicklungen von Organisationen einmalig und können nur aus den jeweils spezifischen Gegebenheiten ihrer Geschichte heraus verstanden werden. Aus dieser Feststellung folgt, dass auch mögliche Änderungen der Kultur in hohem Maße Eigengesetzlichkeiten verpflichtet sind. Sucht man nach verallgemeinerbaren Hinweisen zur Prävention und Bekämpfung von Korruption in Organisationen, so spricht vieles dafür, im Kontext kultureller Entwicklung von Organisationen von Pfadabhängigkeit auszugehen und das Verständnis von Korruptionskultur pfadtheoretisch zu fundieren.

4. Zur Pfadabhängigkeit von Korruptionskultur

Pfadtheorie bezeichnet einen Ansatz, der die Historizität von Organisationen betont und ihre idiosynkratische Entwicklung zum Ausgangspunkt von Erklärungen macht (Schreyögg/Sydow/Koch 2003). In dieser Sicht ist die Organisationskultur durch alle kulturprägenden Akte der Vergangenheit beeinflusst, d. h. insbesondere durch Entscheidungen und Handlungen des Managements. Korruptionspraktiken sind folglich nicht als Ergebnis voluntaristisch handelnder Akteure zu verstehen, sondern müssen als außerordentlich voraussetzungsreich in dem Sinne gelten, dass sie stets Rückbezug auf voran gegangene Handlungen und Entscheidungen nehmen und von ihnen geprägt werden ('history matters'). Diese Charakterisierung wird nachfolgend konkretisiert mit dem Ziel, Hinweise auf Entwicklungsmuster zu erhalten, mit deren

Hilfe sich Aussagen zu Entstehung, Verfestigung und Überwindung von Korruptionskultur treffen lassen. Überlegungen zur Pfadabhängigkeit von Organisationskultur können am Begriff der Routine als Instrument organisatorischer Koordination ansetzen. Routinen sind sich wiederholende Verhaltens- oder Handlungsmuster, die nach einer auslösenden Information zum Teil automatisch vollzogen werden. Individuelle Routinen bezeichnen den habituellen Vollzug von Handlungen durch einzelne Personen als Kompetenz und sind von organisatorischen Routinen abzugrenzen (Schreyögg/Koch/Sydow 2004). Letztere sind kollektiv-systemischer Natur und können als 'standard operation procedures' (Cyert/March 1963) verstanden werden. Als Zweckprogramme sind sie Element der Struktur von Organisationen und entlasten Entscheidungsträger, bieten erprobte Problemlösungen und gelten gemeinhin als richtiges Handeln (Luhmann 1973). Als persistente Handlungsmuster werden sie als verantwortlich für das Verhalten und die Besonderheit von Organisationen erachtet. In diesem Sinne gelten sie auch als Institutionen. Erklärungen zum Entstehen von Routinen werden aber nicht auf Akte rationaler Konstruktion und formaler Legitimierung beschränkt, sondern umfassen auch evolutionäre Prozesse (Nelson/Winter 1982). In der Tendenz verwischt sich dadurch aber die Differenz zwischen formalen und informalen Routinen und die Unterscheidung regelkonformen und devianten Verhaltens geht verloren (Ortmann 2003). Diese Differenz besitzt deshalb große Bedeutung, weil sie maßgeblich für die Bestimmung solcher Aktivitäten ist, die als Korruption gelten sollen. Insofern handelt es sich bei der Bestimmung formaler und informaler Routinen um eine Leitdifferenz für die Untersuchung von Korruption in Organisationen. Jüngere pfadtheoretische Beiträge thematisieren die Offenheit und den Wandel von Routinen, etwa in Analogie zu Sprache und Grammatik (Feldman/Pentland 2003) oder als Variationen generierende, reflektierte Handlungsmuster im Sinne 'dynamischer Fähigkeiten' (Teece/Pisano/Shuen 1997). Wenn Stimuli aber nicht den Vollzug konkreter Handlungsmuster auslösen, sondern nur variationsreiche Handlungen initiieren, denn verliert der Begriff der Routine seine Prägnanz im Sinne von Erwartung, Berechenbarkeit und Stabilität. Schreyögg, Koch und Sydow (2004: 1300 f.) argumentieren daher für ein Verständnis von Routinen als relativ stabile Handlungsmuster, die Organisationen Dauerhaftigkeit verleihen und Effizienz ermöglichen, zugleich aber das Problem einer übermäßigen Verfestigung aufwerfen. Diesem Verständnis wird hier gefolgt.

Das *Verhältnis von Routine und Organisationskultur* ist gekennzeichnet durch gegenseitige Beeinflussung. Als ein Element der strukturellen Koordination ist Routine – bspw. in Form eines Programms, das die Verwendung bestimmter Mittel vorsieht oder als Regel, die Zuständigkeiten bestimmt – maßgebend für die Erfahrung von Akteuren mit institutionalisierten Problemlösungen. Als Artefakt sind Routinen Ausfluss von Normen und Verhaltenserwartungen und verkörpern damit auch die Kultur von Organisationen. Eine Organisationskultur manifestiert und vermittelt sich vermutlich in hohem Maße über praktizierte Routinen (und deutlich seltener über singuläre Handlungsakte), und es ist zu erwarten, dass Routinen auch auf die Tiefenstruktur von Kultur zurückwirken. Routinen sind damit von großer Bedeutung für das Entstehen, die Verfestigung und den Wandel von Organisationskultur. Durch

Routinen werden, wenn man so will, die Handlungs- und die Strukturebene von Organisationen verknüpft (Giddens 1984, der in seiner Theorie der Strukturation Deutungsschemata, Fazilitäten und Normen als Handlung und Struktur vermittelnde Modalitäten konzipiert). Folglich sind sie der Ort, an dem – zumindest theoretisch – die Kräfte von Beharrung und Wandel in und von Organisationen aufeinander treffen. An Routinen kann daher auch die Konsultation der Theorie der Pfadabhängigkeit ansetzen.

Pfadabhängigkeit wird als organisatorischer Entwicklungsprozess verstanden, bei dem sich zu einem bestimmten Zeitpunkt die möglichen Alternativen für Entwicklung drastisch verringern, so dass in der Folge die Varianz von Verhalten stark abnimmt und im Extremfall Entwicklung als Zwangsläufigkeit erfolgt (Schreyögg/Koch/Sydow 2004). Den Hintergrund dieses Ansatzes bilden wirtschaftshistorische Untersuchungen und die Einsicht, dass wirtschaftliche Prozesse dadurch voraussetzungsreich sind, dass vorausgehende Ereignisse und Entscheidungen den Spielraum für die weitere Entwicklung systematisch einschränken (David 1994). Die Pfadabhängigkeitstheorie führt das Entstehen von Pfaden auf emergente Prozesse zurück. Sie erklärt im Prinzip das Vorhandensein starker Beharrungskräfte, die einen Wandel von Organisationen behindern oder verhindern. Im Zusammenhang von Technologie als dem 'klassischem' Anwendungsfeld der Pfadtheorie in den Sozialwissenschaften wird die Zwangsläufigkeit von Entwicklung auf das Entstehen positiver Rückkopplungen ('increasing returns') zurückgeführt. Als sich selbst verstärkende Effekte entfalten sie eine Dynamik, in deren Verlauf Skalenerträge sowie Lern- und Spezialisierungserfolge erzielt werden, die ihrerseits die systematische Suche nach alternativen Lösungen überflüssig erscheinen lassen (Ackermann 2001). Dies führt in der Folge zum Verlust von Variation. Dabei ist nicht im Grundsatz entschieden, ob sich langfristig suboptimale oder ineffiziente Lösungen durchsetzen. Bezogen auf Institutionen wird argumentiert, dass Pfadentwicklungen auf Effizienz- und Kostenvorteilen der beteiligten Akteure gründen (North 1990; zu Pfadabhängigkeit des Wandels von Institutionen und kultureller Einbettung von Gesellschafts- und Wirtschaftsordnung Grieger 2004: 240 ff.). Den Hintergrund dieser ökonomischen Theorie institutioneller Entwicklung bilden Koordinations- und Komplementaritätseffekte, bei denen das Vorhandensein einer kostengünstigen Koordination zur Ausbildung und Institutionalisierung von Routinen (aber möglicherweise auch anderer Formen der Koordination) führt und bei denen Lösungen für neu auftretende Probleme in Abhängigkeit ihrer Passung zu vorhandenen Regeln und Routinen ausgewählt werden (Ackermann 2003). Vor diesem Hintergrund stellt sich die Frage, in welchem Ausmaß Routinen Erstarrungs- oder Verfestigungstendenzen aufweisen und damit Wandel verhindern. Schreyögg/Koch/Sydow (2004) weisen darauf hin, dass insbesondere informale Routinen eine große Herausforderung für Organisationsänderung darstellen, weil sie – im Gegensatz zu formalen Routinen – kausal amorph und einer Reflexion nicht zugänglich sind. Hieraus folgt, „dass Routinen immer dann problematisch werden, wenn ihre Reflexionsentlastung auch zur systematischen Außerkraftsetzung eines Nachdenkens über die Sinnfälligkeit ihrer Anwendung führt, d.h. die Routineanwendung in einem Prozess selbstverstärkender

Effekte letztlich zu einem Selbstzweck generiert"(Schreyögg/Koch/Sydow 2004: 1303). Bezieht man dieses Verständnis von Routinen und Pfadabhängigkeit auf Organisationskultur, so gibt sich ein vermutlich fatales Phänomen zu erkennen, das bei sogenannten 'starken Kulturen' besonders problematisch zu sein scheint: Der andauernde Vollzug von Regeln, Routinen, Programmen, Plänen und sonstigen Oberflächenelementen der Kultur im alltäglichen Handeln, ihre Reproduktion sowie der beständige, aber letztlich doch diffuse Bezug dieser Handlungen auf Normen, Grundannahmen und Werte in der Tiefenstruktur der Kultur erfolgen gewissermaßen automatisch, mechanisch und selbstverständlich. Das bedeutet, dass den Beteiligten ihr Handeln und Verhalten als vergleichsweise alternativenlose 'normale' und unproblematische Praxis erscheint. Dadurch werden die Handelnden unsensibel gegenüber 'schwachen Signalen', die unter anderen Umständen vielleicht als Hinweis auf gefährliche Entwicklungen gedeutet werden können. Die gelernte Art, die Dinge in bestimmter Weise zu sehen, umschließt die Insider wie ein Kokon und kapselt sie ein, so dass es häufig Outsider (bspw. Berater) sind, denen die Symptome mentaler 'lock-ins' auffallen. Schließlich stellen sich selbst verstärkende Effekte, die mit der Bewältigung von Problemen in Zusammenhang gebracht werden, eine Gefahrenquelle dar, und zwar immer dann, wenn erfolgreiche Praktiken systematisch gegen Kritik abgeschirmt und auf diesem Wege kanonisiert und ideologisiert werden.

Der Idee der Pfadabhängigkeit betont die historische Vorprägung von Entscheidungen und die sich hieran anschließende Irreversibilität von Prozessverläufen. *Konstitution und Entwicklung von Pfaden* können durch drei idealtypische Phasen beschrieben werden (Schreyögg/Sydow/Koch 2003: 262 ff.):

- In der ersten Phase besteht für eine bestimmte Problemstellung eine große Vielfalt oder Variationsbreite möglicher Handlungsalternativen. Rigiditäten sind (definitionsgemäß) nicht vorhanden.
- Zu Beginn der zweiten Phase kommt es zu einem erstmaligen, vorher nicht bestimmbaren und daher zufälligen Auftreten eines Ereignisses ('small event'), das in der Folge nachhaltige selbstverstärkende Effekte hervorruft. Setzt sich an dieser kritischen Schwelle ('critical juncture') ein Prozess positiver Rückkoppelungen in Gang, so kann eine pfadförmige Entwicklung eintreten, in deren Verlauf es zur Reduktion von Handlungsalternativen und im Extremfall zur Ausprägung eines einzigen Handlungsmusters kommen kann.
- Der Eintritt in die dritte Phase ist durch die Schließung des Entwicklungspfades, durch einen 'lock-in' charakterisiert. Bezogen auf die Problemstellung ist die Handlungsweise des Systems von nun an durch den Pfad bestimmt. Die Autoren unterstellen zwar keinen völligen Determinismus, betonen aber, dass eine gewisse Alternativenlosigkeit für eine bestimmte Perspektive besteht.

Pfade entstehen nach dieser Vorstellung hinter dem Rücken der Akteure, sind unsichtbar und verriegeln Organisationen. Sie reduzieren Handlungsspielräume, binden auf lange Sicht an möglicherweise ineffiziente Lösungen und verhindern Innovation. Schreyögg, Sydow und Koch (2003: 266 ff.) weisen darauf hin, dass die Vorstellung eines unbeschränkten Möglichkeitsraums in der ersten Phase dem 'history matters'-Prinzip widerspricht, weil Entwicklungsprozesse grundsätzlich als rückbezüglich zu verstehen sind. Die Autoren argumentieren, dass (strategische) Entscheidungen wesentlich von in der Organisation vorherrschenden Orientierungsmustern bestimmt sind, die als 'dominante Logik', 'kognitive Muster' und 'gewachsene Machtstrukturen' den Möglichkeitsraum systematisch beschränken. Folglich sind Entscheidungen immer durch vorgelagerte Organisationsentscheidungen beeinflusst ('strategy follows structure') und die Bildung von Pfaden erfolgt auf der Basis bestehender und im Handeln reproduzierter Strukturen. Solche organisatorische Vorprägung von Entscheidungen wird durch positive Rückkoppelungen gestützt, wobei nicht nur auf 'increasing returns', sondern allgemein auf selbstverstärkende und stabilisierende Prozesse abzustellen ist, durch die eine Erfolgsdynamik angestoßen wird. Hierzu zählen kognitive Prozesse (bspw. der gelernten selektiven Wahrnehmung), soziale Prozesse (bspw. der Normung von Handlungsmustern) und die Ressourcenallokation (bspw. die Beeinflussung von Investitionsentscheidungen durch 'sunk costs' oder die Fixkostenproblematik). Entscheidend für die Erklärungskraft der Theorie ist aber die Konzeption des 'lock-in'. Dabei gilt, dass Rigidität im Sinne einer vollständig determinierten Handlungssituation organisatorischen Prozessen nicht gerecht werden kann, weil dies im Gegensatz zu technologischen Entwicklungen kaum vorstellbar ist. Organisationen – soziale Systeme – sind keine vollständig determinierten und determinierbaren sozialen Systeme. Insofern „ist die Phase der Pfadabhängigkeit in Bezug auf organisatorische und strategische Pfade eher als ein 'Korridor' mit stark eingegrenzten Handlungsmöglichkeiten zu verstehen, nicht jedoch als ein gänzlich 'monothematischer' und vollkommen determinierter Zustand" (Schreyögg/Sydow/Koch 2003: 272). Bezogen auf das Konstrukt der Korruptionskultur besitzen diese Überlegungen weitreichende Implikationen und Konsequenzen. Sie zeigen erstens, dass es eine ganze Reihe von Anschlussstellen zwischen Pfadtheorie und Organisationskultur gibt, die hier nur angedeutet werden konnten. Es sollte aber deutlich geworden sein, dass es fruchtbar sein kann, organisationale Korruption als ein kultur- und pfadabhängiges Phänomen zu konzipieren und mit entsprechenden Ansätzen zu untersuchen. Dabei ist danach zu fragen, wo in Organisationen und bezogen auf welche Praktiken sich Pfade organisationaler Korruption bilden und woran sich Selbstverstärkungsprozesse beobachten lassen. Diese Frage ist deshalb von Bedeutung, weil sowohl Kulturkonzept als auch Pfadtheorie das Augenmerk auf unbewusst verlaufende Prozesse legen, in denen problematische Entwicklungen angelegt sind. Zweitens wird deutlich, dass eine auszuarbeitende Theorie organisationaler Korruption noch systematischer die management- und strategiebezogene Forschung zur Kenntnis nehmen müsste. Dieses Erfordernis ergibt sich aus der grundsätzlich dominierenden Rolle der Unternehmensleitung sowie aus dem Umstand, dass Management und Strategie eine bedeutende Rolle für die Produktion und Reproduktion von Organisationskultur spielen. Drittens legt die Pfadabhängigkeit organisatorischer Prozesse das Erfordernis nahe, ganz grundsätzlich über Möglichkeiten nachzudenken, wie Pfade gestoppt werden können. Pfadvermeidung als präventive Maßnahme oder Pfadbrechung als regel- oder ressourcenbezogene Intervention sind konstitutiv für eine Managementperspektive und vermitteln zugleich Hinweise auf Ansätze, die auf die Überwindung organisationaler Korruption zielen.

Pfadbrechung ist zu verstehen als intentionales, bewusstes und strategisches Handeln, das in Kenntnis der Problematik eines 'lock-in' mit dem Ziel eines 'delocking' erfolgt. Als organisationskulturelle Artefakte müssen Pfade und Verriegelungen grundsätzlich Änderungsbemühungen zugänglich sein, denn es handelt sich bei ihnen um Ergebnisse kontingenter Entwicklung und Gestaltung und nicht um gesetzesähnliche Phänomene. Schreyögg, Sydow und Koch (2003: 278 ff.) argumentieren, dass Pfadbrechung nicht ohne eine theoretische Erklärung der Logik und Dynamik der Pfadentstehung möglich ist, weil emergente Prozesse mit der bloßen Feststellung von Rigiditäten nicht erfasst werden können – und organisationale Korruption stellt in der Regel eine solche emergente Rigidität dar. Die Autoren benennen drei Ansätze der Organisationsentwicklung, die sie als Instrumente der Pfadbrechung vorschlagen und ergänzen einen ressourcenorientierten Ansatz:

- Der diskursive Ansatz setzt auf Aufklärung, Kognition und Verstehen und versucht, durch Aufdeckung von und Einsicht in Pfadabhängigkeit und Verriegelung eine Öffnung zu erzeugen, so dass die vormals verabsolutierte Perspektive durch Alternativen relativiert werden kann.
- Der verhaltensbezogene Ansatz rekurriert auf emotionale, sich selbst verstärkende Effekte als Ursachen von Pfadabhängigkeit. Dabei müssen emotionale Barrieren überwunden werden, wofür grundsätzlich die klassischen Instrumente der Organisationsentwicklung (Staehle 1999: 934 ff.) in Betracht kommen.
- Der systemische Ansatz geht davon aus, dass pathologische Organisationen eine Dynamik entfalten, die es unmöglich macht, die pathologischen Pfade durch diskursive oder verhaltensbezogene Interventionen aufzubrechen. Änderungsprozesse sind daher äußerst schwierig und erfordern bspw. für den Fall, dass Rigiditäten auf Paradoxien aufbauen, die Konfrontation mit einer Gegenparadoxie als Intervention.
- Der ressoucrenorientierte Ansatz bezieht sich auf Ressourcenallokationen als Auslöser von Erstarrung und setzt im Prinzip auf die Wirkung einer Veränderung von Ressourcenzuteilungen. Prominente Beispiele hierfür sind der Ressourcenaustausch im personellen Bereich und die Zufuhr neuer finanzieller Mittel, wobei regelmäßig von einer engen Koppelung mit emotionalen, kognitiven und sozialen Faktoren der Pfadentstehung auszugehen ist.

Was lässt sich nun aus der Pfadtheorie für den Umgang mit organisationaler Korruption lernen? Zunächst ist zu bedenken, dass die Stabilität verriegelter organisationaler Entwicklungspfade und die Rigidität kulturell gestützter Handlungsmustern auf zum Teil sehr starke Kräfte verweisen, die nicht nur eine Änderung der Organisation (selbst bei Strafe ihres Untergangs) verhindern können, sondern offensichtlich auch Personen zu kriminellen Handlungen veranlassen, die sie unter anderen Umständen nicht zu vollziehen in der Lage wären. Vor diesem Hintergrund lässt sich erahnen, mit welchen Problemen absichtsvolle Pfadbrechung bei organisationaler Korruption konfrontiert ist. Aus der Managementforschung ist eine Reihe von Phänomenen bekannt, bei denen es um Ablehnung von oder Widerstand gegen Organisationsänderung geht (Staehle 1999: 977 ff.). Dabei erscheinen Wahrnehmung und Reflexion von Problemen auf der Basis vorgeprägter Schemata (Day/Lord 1992) und die Verengung von Handlungsoptionen durch Groupthink und Tunnelblick (Janis 1982) als noch vergleichsweise harmlose Hindernisse. Problematischer sind die zum Teil aggressiven Versuche starker Kulturen, Veränderungen abzuwehren, weil sie von ihren Mitgliedern als Bedrohung – bspw. von attraktiv erlebter Identität – verstanden werden (Schreyögg 1989; Brown/Starkey 1994). Berücksichtigt man zudem, dass es sich bei organisationaler Korruption um strafbewährte Sachverhalte handelt, dann sind massive Widerstände gegen das Aufdecken und Beseitigen von Verriegelungen zu erwarten (Misangyi/Weaver/Elms 2008). Die Literatur zu Organisationsentwicklung empfiehlt in schwierigen Fällen seit langem den Einsatz von externen 'change agents' und ihre Ausstattung mit umfassenden Befugnissen und Ressourcen sowie ihre offensive und symbolträchtige Unterstützung durch die Unternehmensspitze (Lawrence/Lorsch 1969). An dieser Stelle zeigt sich aber auch eine Grenze der Intervention: Ist die Unternehmensführung nicht von der Notwendigkeit einer Änderung überzeugt und erscheint ihre Unterstützung für externe Berater nur halbherzig, dann werden Versuche der Pfadbrechung nur eine geringe Aussicht auf Erfolg haben. Eine für den Erfolg von Interventionen nicht grundsätzlich andere Situation liegt vor, wenn die Unternehmensspitze ein eigenes Interesse an der Beibehaltung des status quo oder an Verschleierung hat. Dies dürfte in nicht wenigen Fällen im Zusammenhang organisationaler Korruption und Korruptionskultur der Fall sein. Verriegelung und Abschottung sind dann auf der obersten Ebene von Organisationen zu lokalisieren. Eine erfolgreiche Pfadbrechung wäre dann auf die Intervention staatlicher Autorität angewiesen.

5. *Korruptionskultur bei der Siemens AG – ein Auslaufmodell?*

Die Intervention der Münchener Staatsanwaltschaft im November 2006 hat bei der Siemens AG eine Entwicklung ausgelöst, die in der Zwischenzeit zu weitreichenden personellen und organisatorischen Veränderungen geführt hat. Seit Berufung Peter Löschers zum Vorstandsvorsitzenden gibt es deutliche Signale, dass die über einen Zeitraum von Jahrzehnten entstandene und im Konzern weltweit verbreitete Korruption nun auch mit nachdrücklicher Unterstützung der Unternehmensspitze bekämpft wird. In diesem Sinne spricht einiges dafür, dass ernsthafte Versuche zur Pfadbrechung, zur Beendigung von Korruptionspfaden im Konzern unternommen werden. Ob und in wieweit dies bei den Stakeholdern verlorenes Vertrauen wieder herstellen kann, bleibt abzuwarten und ist vermutlich davon abhängig, ob glaubhaft signalisiert werden kann, dass alles Mögliche zur Aufklärung und zukünftigen Verhinderung von Korruption getan wird (Pfarrer/Decelles/Smith/Taylor 2008). Die ergriffenen organisatorischen Maßnahmen zeigen, dass bislang vor allem Mechanismen der strukturellen Koordination, also Regeln und Routinen, verändert wurden und dass diese Änderungen auch deutlich nach innen und außen kommuniziert wurden. Die

Veränderung von Regeln und Routinen wird unterstützt durch die Änderung von Ressourcenallokationen und durch einen nicht nur symbolträchtigen Austausch von Führungspersonal. Schwieriger als die Durchführung dieser, auf die Oberflächenstruktur von Kultur wirkenden Maßnahmen dürfte sich die nachhaltige Änderung mentaler Verfestigungen erweisen. Ob die zu diesem Zweck angesetzten Schulungen, die Einrichtung eines Ombudsmanns und die Aktivitäten der Taskforce ausreichen, um eine solche Änderung herbeizuführen, wird sich erst noch erweisen müssen. In jedem Fall tragen die personellen und strukturellen Maßnahmen sowie der jüngst angekündigte weltweite Stellenabbau zu einer Verunsicherung von Mitarbeitern bei, die die Geschäftsprozesse verlangsamt. Man kann darüber spekulieren, ob hiermit auch ein mentales 'reframing' beabsichtigt ist oder nicht. Die Überwindung von institutionalisiertem Verhalten, gelernten Sichtweisen und von Abschottungstendenzen erfordert aber vermutlich noch weitere und nachhaltige Maßnahmen der Personal- und Organisationsentwicklung im gesamten Konzern.

Reflektiert man abschließend die konsultierten Ansätze, so ist ihre Geeignetheit zur Analyse organisationaler Korruption bei der Siemens AG in weiten Teilen ersichtlich. Betrachtet man den Siemens-Fall durch die 'Brille' der diskutierten Erklärungskonzepte organisationaler Korruption (Kapitel 3) und im Lichte der Überlegungen zur Pfadabhängigkeit von Korruptionskultur (Kapitel 4), so ergibt sich eine Reihe von sinnvollen und bedenkenswerten Interpretationsmöglichkeiten:

- Die im Schrifttum genannten, Korruption allgemein begünstigenden Rahmenbedingungen – starker Konkurrenzdruck und schwache Normendurchsetzung in der Umwelt sowie organisatorische Komplexität und hoher Leistungsdruck – können in vielen einzelnen Fällen des komplexen Gesamtfalls als gegeben gelten. Damit ist natürlich keine Zwangsläufigkeit von Entwicklung unterstellt, aber vieles spricht dafür, dass Motivationen vorhanden und Gelegenheiten lange Zeit 'günstig' waren, um erfolgreich korrupt zu handeln.
- Korruption galt bei Siemens als übliche und institutionalisierte – wenn auch geheim gehaltene – Geschäftspolitik zur Erlangung von Auslandsaufträgen. Trotz erforderlicher Geheimhaltung besitzt diese Politik ein strukturbildendes Moment. Hingegen wurde bei Inlandsgeschäften deutliche Zurückhaltung geübt. Dies lässt darauf schließen, dass zumindest eine vollständige Umdeutung von Korruption als 'normale' Praktik nicht erfolgte und die Akteure letztlich wussten, dass sie strafbar handelten. Eine solche Aussage wird auch durch die bekannten Fakten gestützt. Nicht zielführend ist es hingegen darüber zu spekulieren, ob das moralische Bewusstsein von Handelnden nur gering ausgeprägt war oder ob ein so hoher Erfolgsdruck bestand, dass Akteure keine Alternative zu korruptem Handeln besaßen bzw. erkennen konnten.
- Überlegungen zu strukturellen Koordinationsmechanismen liefern in der Praxis konkrete Hinweise auf Korruption. Insbesondere viele verfügbaren Dokumente und Aussagen Beteiligter sind im vorliegenden Fall von den Strafverfolgungsbehörden geprüft und inzwischen in Anklagen und Gerichtsverfahren dargelegt worden. Viel schwerer zu führen sind hingegen Nachweise auf der Basis nichtstruktureller Koordinationsmechanismen. Aussagen zu konkreten Werten und

Normen als Elemente der Organisationskultur, die Korruption bei Siemens gefördert haben, können – wenn überhaupt – nur verstehend getroffen werden.

- Es gibt viele übereinstimmende Belege dafür, dass es sich bei der Siemenskultur um eine 'starke' Kultur handelt (Stadler 2004: 183 ff., 268 ff.). Die häufig lebenslangen Beschäftigungsverhältnisse legen es nahe, bei den Mitarbeitern die Ausprägung einer speziellen Überzeugung und 'Sicht der Dinge' anzunehmen. Die emotionale Bindung vieler 'Siemensianer' an 'die Firma' scheint ein wichtiges Element im Kulturpuzzle zu sein und erklärt vermutlich, warum es – anders als im Enron-Fall – nicht auch zu vielen Fällen persönlicher Bereicherung gekommen ist. Der Einfluss der im Siemenskonzern 'erlebten' Wirklichkeit und 'gelebten' Loyalität auf die Institutionalisierung und Normalisierung korrupter Praktiken ist folglich als sehr hoch einzuschätzen. Inwieweit aber die von Brief, Buttram/Dukerich (2001) und Ashforth/Anand (2003) beschriebenen Mechanismen konkret ausgeprägt waren, können letztlich nur Insider beurteilen (eine Interpretation versucht der Beitrag von Dombois in diesem Band).
- Als relativ sicher kann schließlich gelten, dass Routinen und kollektive Überzeugungen eine wichtige Rolle im Korruptionskomplex gespielt haben. Von solchen Routinen lässt sich auf Verfestigungen schließen, die vermutlich auch bis in die Tiefenstruktur der Siemenskultur hinein reichen. Inwiefern es dort zu Beharrungskräften und zu einem mentalen 'lock-in' kommt bzw. gekommen ist, bleibt an dieser Stelle unentscheidbar. Evident ist, dass Korruption über sehr lange Zeit eine erfolgreiche Praktik im Konzern gewesen ist, die zu emergenten, sich selbst verstärkenden Prozessen geführt hat. Die hiermit verbundenen Problemlösungen waren – vermutlich auch in Ermangelung der Vorstellbarkeit konkreter Alternativen – lange Zeit recht wirksam gegen Infragestellungen abgeschirmt. Über das tatsächliche Ausmaß der Rigidität dieser offensichtlichen Beharrungskräfte wird die zukünftige Entwicklung Auskunft erteilen.

Vorstehende Ableitungen und Folgerungen dürfen – so nachvollziehbar und plausibel sie erscheinen – nicht als 'gesicherte' Erkenntnisse über Kausal- und Funktionszusammenhänge verstanden werden. Es gibt auch Hinweise auf mangelnde Übereinstimmungen mit den diskutierten Modellen, wie bspw. den nicht unbedeutenden Umstand, dass viele Handelnden sehr genau wussten, was sie taten. Die in Kulturkonzept und Pfadtheorie prominent angelegte Rolle unbewusster Momente und die Bedeutung einer sich 'hinter dem Rücken der Akteure' vollziehenden Entwicklung können für den Siemensfall jedenfalls nicht ohne Einschränkungen unterstellt werden. Aussagen von Beteiligten lassen auf eine mindestens partielle kognitive Durchdringung des eigenen Korruptionshandelns schließen. Dieser Umstand kann – paradoxerweise – als Indiz dafür gelten, dass die erfahrene und gelebte Unternehmenskultur der Siemens AG tatsächlich pathologische Züge besaß. Als geringste Zumutung verlangte sie von den Akteuren die Überwindung von Zweifeln und moralisch begründeten Widerständen. Eine solche Unternehmenskultur zeichnet die Straftat als eine praktizierbare Organisationshandlung aus. Sie kann deshalb mit einiger Berechtigung als Korruptionskultur bezeichnet werden.

Literatur

Ackermann, R. (2001) *Pfadabhängigkeit, Institutionen und Regelreform*, Tübingen.

Ackermann, R. (2003) Die Pfadabhängigkeitstheorie als Erklärungsansatz unternehmerischer Entwicklungsprozesse, in: G. Schreyögg/J. Sydow (Hrsg.) *Managementforschung 13: Strategische Prozesse und Pfade*, Wiesbaden, 225-255.

Ackroyd, S./Thompson, P. (1999) Why Organizational Misbehvior?, in: S. Ackroyd/P. Thompson (Hrsg.) *Organizational Misbehavior*, London u. a., 8-30.

von Alemann, U. (Hrsg.) (2005) *Dimensionen politischer Korruption. Beiträge zum Stand der internationalen Forschung*, Politische Vierteljahresschrift Sonderheft 35/2005, Wiesbaden.

Anand, V./Ashforth, B. E./Joshi, M. (2004) Business as usual: The acceptance and perpetuation of corruption in organizations, *Academy of Management Executive* 18 (2), 39-53.

Ashforth, B. E./Anand, V. (2003) The Normalization of Corruption in Organizations, in: R. M. Kramer/B. M. Staw (Hrsg.) *Research in Organizational Behavior* 25, 1-52.

Ashforth, B. E./Gioia, D. A./Robinson, S. L./Treviño, L. K. (2008) Re-Viewing Organizational Corruption, *Academy of Management Review* 33 (3), 670-684.

Berger, P. L./Luckmann, T. (1980) *Die gesellschaftliche Konstruktion von Wirklichkeit. Eine Theorie der Wissenssoziologie*, Frankfurt am Main.

Brass, D. J./Butterfield, K. D./Skaggs, B. C. (1998) Relationships and unethical behavior. A social network perspective, *Academy of Management Review* 23 (1), 14-31.

Brief, A. P./Buttram, R. T./Dukerich, J. M. (2001) Collective corruption in the corporate world: Toward a process model, in: M. E. Turner (Hrsg.) *Groups at Work: Theory and Research*, Mahwah, 471-499.

Brown, A./Starkey, K. (1994) The effect of organizational culture on communication and information, *Journal of Management Studies* 31 (6), 807-828.

Colazingari, S./Rose-Ackerman, S. (1998) Corruption in a paternalistic democracy: Lessons from Italy for Latin America, *Political Science Quaterly* 113 (3), 447-470.

Coleman, J. W. (1987) Toward an integrated theory of white-collar crime, *American Journal of Sociology* 93, 406-439.

Coleman, J. W. (1998) *The criminal elite: Understanding white-collar crime*, 4. Aufl., New York.

Cyert, R. M./March, J. G. (1963) *A Behavioral Theory of the Firm*, Englewood Cliffs.

Darley, J. M. (1996) How organizations socialize individuals into evildoing, in: D. M. Messick/A. E. Tenbrunsel (Hrsg.) *Codes of conduct: Behavioral research into business ethics*, New York, 13-43.

David, P. A. (1994) Why are institutions the 'carriers of history'? Path dependence and the evolution of conventions, organizations and institutions, *Structural Change and Economic Dynamics* 5 (2), 205-220.

Day, D. V./Lord, R. G. (1992) Expertise and problem categorization: The role of expert processing in organizational sense-making, *Journal of Management Studies* 29 (1), 35-47.

Dill, P./Hügler, G. (1997) Unternehmenskultur und Führung betriebswirtschaftlicher Organisationen. Ansatzpunkte für ein kulturbewusstes Management, in: E. Heinen/M. Fank (Hrsg.) *Unternehmenskultur*, 2. Aufl., München u. a., 141-209.

DiMaggio, P. J./Powell, W. W. (1983) The iron cage revisited: Institutional isomorphism and collective rationality in organizational fields, *American Sociological Review* 48 (April), 147-160.

Feldman, M. S./Pentland, B. T. (2003) Reconceptualizing Organizational Routines as a Source of Flexibility and Change, *Administrative Science Quaterly* 48 (1), 94-118.

Fleck, C./Kuzmics, H. (1985) Einleitung, in: C. Fleck/H. Kuzmics (Hrsg.) *Korruption. Zur Soziologie nicht immer abweichenden Verhaltens*, Königstein, 7-39.

Fritzche, D. J./Becker, H. (1984) Linking management behavior to ethical philosophy, *Academy of Management Journal* 27, 166-175.

Giddens, A. (1984) *The constitution of society: Outline of a theory of structuration*, Cambridge.

Grieger, J. (1997) *Hierarchie und Potential: Informatorische Grundlagen und Strukturen der Personalentwicklung in Unternehmungen*, Neustadt/Coburg.

Grieger, J. (2004) *Ökonomisierung in Personalwirtschaft und Personalwirtschaftslehre. Theoretische Grundlagen und praktische Bezüge*, Wiesbaden.

Grieger, J. (2005) *Corruption in Organizations. Some Outlines for Research*, Working Paper No. 203, Department of Economics and Social Sciences, University of Wuppertal.

Grieger, J. (2008) *Corruption in Organizations as Culture of Darkness*, Paper presented at the Conference on 'The Dark Side of the Organization', June 25-27th 2008, Sheffield, UK (Publikation in Vorbereitung).

Griffin, R. W./O'Leary-Kelly, A. M. (Hrsg.) (2004) *The Dark Side of Organizational Behavior*, San Francisco.

Heidenheimer, A. J./Johnston, M. (Hrsg.) (2002) *Political Corruption. Concepts & Contexts*, 3. Aufl., New Brunswick/London.

Höffling, C. (2002) *Korruption als soziale Beziehung*, Opladen.

Hofstede, G. (1980) *Culture's Consequences: International Differences in Work Related Values*, Beverly Hills/London.

Hofstede, G. (1985) The Interaction between National and Organizational Value Systems, *Journal of Management Studies* 22 (4), 347-357.

Homann, K. (1997) Unternehmensethik und Korruption, *Zeitschrift für betriebswirtschaftliche Forschung* 49, 187-209.

Jain, A. K. (2001) Corruption: A review, *Journal of Economic Surveys* 15 (1), 71-121.

Janis, I. L. (1982) *Victims of groupthink*, 2. Aufl., Boston.

Johnston, M. (2001) The Definitions Debate: Old Conflicts in New Guises, in: A. K. Jain (Hrsg.): *The Political Economy of Corruption*, London/New York, 11-31.

Kaufmann, D. (1998) Research on corruption: Critical empirical issues, in: A. K. Jain (Hrsg.): *Economics of Corruption*, Dordrecht u. a., 129-176.

Kets de Vries, M. F. R. (1991) *Organizations on the Couch*, San Francisco.

Kidwell, Jr., R. E./Martin, C. L. (Hrsg.) (2005a) *Managing Organizational Deviance*, Thousand Oaks u. a.

Kidwell, Jr., R. E./Martin, C. L. (2005b) The Prevalence (and Ambiguity) of Deviant Behavior at Work: An Overview, in: R. E. Kidwell, Jr./C. L. Martin (Hrsg.) *Managing Organizational Deviance*, Thousand Oaks u. a., 1-21.

Kieser, A./Kubicek, H. (1992) *Organisation*, 3. Aufl., Berlin.

Kluckholm, C./Kelly, W. H. (1972) Das Konzept der Kultur, in: R. König/A. Schmalfuss (Hrsg.) *Kulturanthropologie*, Düsseldorf, 68-90.

Lambsdorff, J. Graf/Taube, M./Schramm, M. (Hrsg.) (2005) *The New Institutional Economics of Corruption*, London.

Lawrence, P. R./Lorsch, J. W. (1969) *Developing organizations: Diagnosis and Action*, Reading.

Lee-Chai, A. Y./Bargh, J. A. (Hrsg.) (2001) *The use and abuse of power: Multiple perspectives on the causes of corruption*, Philadelphia.

Leyendecker, H. (2007) *Die große Gier. Korruption, Kartelle, Lustreisen: Warum unsere Wirtschaft eine neue Moral braucht*, Berlin.

Luhmann, N. (1973) *Zweckbegriff und Systemrationalität*, Frankfurt am Main.

Mayrhofer, W./Meyer, M. (2004) Organisationskultur, in: G. Schreyögg/A. von Werder (Hrsg) *Handwörterbuch Unternehmensführung und Organisation*, 4. Aufl., Stuttgart, 1025-1033.

Meyer, J. W./Rowan, R. W. (1977) Institutionalized organizations: Formal structure as myth and ceremony, *American Journal of Sociology* 83 (2), 340-363.

Misangyi, V. F./Weaver, G. R./Elms, H. (2008) Ending Corruption: The Interplay among Institutional Logics, Resources, and Institutional Entrepreneurs, *Academy of Management Review* 33 (3), 750-770.

Moore, C. (2007) Moral Disengagement in Processes of Organizational Corruption, *Journal of Business Ethics* 80, 129-139.

Muche, S. (2008) *Corporate Citizenship und Korruption. Ein systematisches Konzept von Unternehmensverantwortung*, Wiesbaden.

Müller, S. (2002) Ursachen und Konsequenzen von Korruption, *Wirtschaftswissenschaftliches Studium* 31 (9), 492-496.

Nelson, R. R./Winter, S. G. (1982) *An evolutionary theory of economic change*, Cambridge u.a.

North, D. C. (1990) *Institutions, Institutional Change and Economic Performance*, Cambridge.

Olsen, T. E./Torsvik, G. (1998) Collusion and renegotiation in hierarchies: A case of beneficial corruption, *International Economic Review* 39 (2), 413-438.

Ortmann, G. (2003) *Regel und Ausnahme. Paradoxien sozialer Ordnung*, Frankfurt am Main.

Ouchi, W. G. (1980) Markets, Bureaucracies, and Clans, *Administrative Science Quaterly* 25 (3), 129-133.

Ouchi, W. G./Price, R. L. (1978) Hierarchies, Clans and Theory Z: A New Perspective of Organizational Development, *Organizational Dynamics* 7 (Autumn), 25-44.

Pinto, J./Leana, C. R./Pil, F. K. (2008) Corrupt Organizations or Organizations of Corrupt Individuals? Two Types of Organizational-Level Corruption, *Academy of Management Review* 33 (3), 685-709.

Pfarrer, M. D./Decelles, K./Smith, K. G./Taylor, M. S. (2008) After the Fall: Reintegrating the Corrupt Organization, *Academy of Management Review* 33 (3), 730-749.

Robinson, S. L./Bennett, R. J. (1995) A Typology of Deviant Workplace Behaviors: A Multidimensional Scaling Study, *Academy of Management Journal* 38 (2), 555-572.

Rose-Ackerman, S. (1997) The political economy of corruption, in: K. A. Elliott (Hrsg.): *Corruption and the global economy*, Washington, 31-60.

Sagie, A./Stashevsky, S./Koslowsky, M. (Hrsg.) (2003) *Misbehaviour and Dysfunctional Attitudes in Organizations*, New York.

Schein, E. H. (1984) Coming to a New Awareness of Organizational Culture, *Sloan Management Review* 25 (Winter), 3-16.

Schein, E. H. (1985) *Organizational Culture and Leadership*, San Francisco.

Schreyögg, G. (1989) Zu den problematischen Konsequenzen starker Unternehmenskulturen, *Zeitschrift für betriebswirtschaftliche Forschung* 41 (1), 94-113.

Schreyögg, G. (1991) Kann und darf man Organisationskulturen verändern?, in: E. Dülfer (Hrsg.) *Organisationskultur*, 2. Aufl., Stuttgart, 201-214.

Schreyögg, G. (1992) Organisationskultur, in: E. Frese (Hrsg.) *Handwörterbuch der Organisation*, 3. Aufl., Stuttgart, 1525-1537.

Schreyögg, G./Koch, J./Sydow, J. (2004) Routinen und Pfadabhängigkeit, in: G. Schreyögg/A. von Werder (Hrsg) *Handwörterbuch Unternehmensführung und Organisation*, 4. Aufl., Stuttgart, 1296-1304.

Schreyögg, G./Sydow, J./Koch, J. (2003) Organisatorische Pfade – Von der Pfadabhängigkeit zur Pfadkreation?, in: G. Schreyögg/J. Sydow (Hrsg.) *Managementforschung 13: Strategische Prozesse und Pfade*, Wiesbaden, 257-294.

Scott, W. R. (1995) *Institutions and Organizations*, Thousand Oaks.

Shleifer, A./Vishny, R. W. (1998) Corruption, in: A. Shleifer/R. W. Vishny (Hrsg.) *The grabbing hand. Government pathologies and their cures*, Cambridge/London, 91-108.

Siemens AG (o. J.) *Anti-Public-Corruption Compliance*, abrufbar unter http://w1.siemens.com/ responsibility/en/compliance/guidelines_and_regulations.htm#2.

Siemens AG (o. J.) *Business Conduct Guidelines*, abrufbar unter http://w1.siemens.com/responsibility/en/compliance/guidelines_and_regulations.htm#2.

Stadler, C. (2004) *Unternehmenskultur bei Royal Dutch/Shell, Siemens und DaimlerChrysler*, Stuttgart.

Staehle, W. H. (1999) *Management: Eine verhaltenswissenschaftliche Perspektive*, 8. Aufl., München.

Teece, D./Pisano, G./Shuen, A. (1997) Dynamic capabilities and strategic management, *Strategic Management Journal* 18 (7), 509-533.

Tolbert, P. S./Zucker, L. G. (1996) The institutionalization of institutional theory, in: S. R. Clegg/C. Hardy/W. R. Nord (Hrsg.) *Handbook of organization studies*, London u. a., 175-190.

Treviño, L. K./Youngblood, S. A. (1990) Bad apples in bad barrels: A causal analysis of ethical decision-making behavior, *Journal of Applied Psychology* 75, 378-385.

Vardi, Y./Weitz, E. (2003) *Misbehavior in Organizations. Theory, Research, and Management*, Mahwah.

Verschoor, C. (2007) Siemens AG is the Latest Fallen Ethics Idol, *Strategic Finance* 89 (5), 11-16.

Warren, D. E. (2003) Constructive and Destructive Deviance in Organizations, *Academy of Management Review* 28 (4), 622-632.

Wellen, J. M. (2004) *From individual deviance to collective corruption: A social influence model of the spread of deviance in organizations*, Paper presented to the Social Change in the 21st Century Conference, Queensland University of Technology, 29 October 2004.

Wieland, J. (2002) Korruptionsprävention durch Selbstbindung?, in: V. Arnold (Hrsg.) *Wirtschaftsethische Perspektiven*, Berlin, 77-97.

Windolf, P. (2003) Korruption, Betrug and 'Corporate Governance' in den USA – Anmerkungen zu Enron, *Leviathan* 31 (2), 185-218.

Zucker, L. G. (1977) The role of institutionalization in cultural persistence, *American Sociological Review* 42 (5), 726-743.

Von organisierter Korruption zu individuellem Korruptionsdruck? Soziologische Einblicke in die Siemens-Korruptionsaffäre

Rainer Dombois

„Ein Unternehmen sollte ganz einfach deshalb moralisch handeln, weil sich unmoralisches Handeln nicht lohnt! [...] Wer die Moral vernachlässigt, der schadet in der Konsequenz auch der Profitabilität [...] Denn Täuschung, Betrug und Korruption lassen sich auf die Dauer nicht verbergen. Und wenn solche unrechtmäßigen Verhaltensweisen aufkommen, dann schadet das – unabhängig vom Strafmaß – der Reputation. Dies wiederum kann letztlich zu einem immensen wirtschaftlichen Schaden führen. Bereits dieser einfache Zusammenhang zeigt, dass Moral und Profit nicht im Widerspruch zueinander stehen [...] Es gibt keinen Grund, warum moralische und rechtliche Wertorientierungen bezüglich der Korruption außerhalb des eigenen Heimatlandes und Firmensitzes außer Kraft gesetzt werden sollten. Außerdem hat der vermeintliche wirtschaftliche Vorteil von Korruption in aller Regel nur eine kurze Halbwertzeit und führt bei Bekanntwerden zu einem gewaltigen Imageverlust. Da hat auch Siemens in der Vergangenheit in Einzelfällen bittere Erfahrungen machen müssen – und daraus gelernt. Heute ist Korruption in jeder Form den Mitarbeitern in allen Ländern strikt untersagt" (von Pierer 2003).

1. Einleitung

Seit 2006 ein anonymer Hinweisgeber auf Korruption aufmerksam machte, hat sich der Fall Siemens zu einer in der deutschen Geschichte beispiellosen Affäre entwickelt.

Es ist nicht irgendeine Firma. Siemens, 1847 gegründet, ist nicht nur eine der traditionsreichsten Firmen Deutschlands, sondern – mit 475000 Beschäftigten an 1700 Standorten in 190 Staaten im Jahre 2006 – auch nach Größe, Umsatz und Internationalisierung eines der wirtschaftlich bedeutendsten Unternehmen. Und es ist zudem eine Firma, welche in der Außenansicht das Bild einer integren Organisation vermittelte, die es mit der Korruptionsbekämpfung ernst meinte: Siemens war bis zum Skandal korporatives Mitglied der deutschen Sektion von Transparency International, hat dazu beigetragen, dass Deutschland die OECD-Konvention zur Bekämpfung der Auslandsbestechung ratifizierte: Siemens hat mit der Mitgliedschaft im Global Compact auch die Selbstverpflichtung unterschrieben, auf Korruption zu verzichten, und ist in den Dow Jones Sustainability Group Index aufgenommen worden; auch wurde der frühere Vorstandsvorsitzende von Pierer nicht müde, die hohe Moral des Unternehmens wie oben zitiert zu bekunden.

Es sind zunächst die Ausmaße der Korruption, die ihresgleichen in der deutschen Unternehmensgeschichte suchen: Allein zwischen 2000 und 2006 wurden nach den bisherigen Ermittlungen der Staatsanwaltschaft und der US-Kanzlei Debevoise & Plimpton 1,3 Mrd. Euro Schmiergelder gezahlt, und es war eine große Zahl von Produktsparten und Regionalgesellschaften daran beteiligt.

Ohnegleichen ist auch die Zahl der in den Skandal verwickelten Beschäftigten der Firma, die über Jahrzehnte hinweg regelmäßig hohe Beträge abgezweigt hatten und damit weltweit Geschäftspartner, Behörden und Regierungen bestachen, um sich lukrative Aufträge für Kraftwerke, Telekommunikationssysteme und andere Großprojekte zu verschaffen. So wurden allein im Jahre 2007 ca. 100 Beschäftigte im Zusammenhang der Korruptionsaffäre mit Disziplinarmaßnahmen oder Entlassungen bestraft. Im Frühjahr 2008 waren 270 Beschäftigte in staatsanwaltschaftliche Ermittlungen verwickelt und allein in den ersten drei Monaten des Jahres hatten sich 110 Beschäftigte freiwillig gemeldet und ihre Beteiligung an korruptiven Transaktionen gebeichtet, um ein Amnestieangebot der Firma zu nutzen (vgl. Wolfgang Gehrmann, Die Zeit vom 13.3.2008)

Ins Auge fällt auch der hohe Status vieler Personen: An korruptiven Geschäften – aktiv oder gewährend – waren nicht nur Vertriebsmanager im Ausland beteiligt, sondern auch Mitglieder von Vorständen, Manager des Rechnungswesens, des Vertriebs, ja sogar des Controllings, die meisten langjährige ‚Siemensianer', die im Unternehmen Karriere gemacht hatten. Und dies alles, obwohl sie wie alle 36 000 Führungskräfte alle zwei Jahre eine ‚Compliance-Erklärung' unterschrieben hatten, in der sie sich zur Einhaltung der Rechtsvorschriften und des Verhaltenskodex verpflichteten und obwohl der Vorstand bereits 1999 darauf hingewiesen hatte, dass Gesetzesverstöße missbilligt und disziplinarisch geahndet würden.

Bemerkenswert der Prozess der ‚Entblätterung' der Affäre: die Firmenleitung hat lange Jahre Korruptionsvorwürfe negiert bzw. als Einzelfälle abgetan. Es bedurfte erst staatsanwaltschaftlicher Ermittlungen, um korruptive Netzwerke freizulegen. Nicht zuletzt unter dem Eindruck drohender Sanktionen durch die US Security and Exchange Commission (SEC) fördert der neue Vorstand mit beträchtlichem Aufwand nun eine gründliche und umfassende Aufklärung, nicht zuletzt auch durch die Einschaltung einer US-amerikanischen Rechtsanwaltsfirma. Immerhin hatte die Firma bis Frühjahr 2008 rund 1,8 Mrd. Euro an Bußgeldern, Steuernachzahlungen und Honoraren für Anwälte und Wirtschaftsprüfer ausgegeben (SZ 30.4.2008).

Ohnegleichen schließlich auch die Palette der Ermittlungen und möglichen Sanktionen: Nachdem ein erster Prozess gegen einen früheren Manager der Com-Sparte bereits mit einer Verurteilung abgeschlossen; wird gegenwärtig gegen Mitglieder des früheren Zentralvorstands, der obersten Vorstandsebene, strafrechtlich wegen Untreue und gegen den gesamten früheren Zentralvorstand nach dem Ordnungswidrigkeitengesetz wegen Verletzung der Aufsichtspflichten ermittelt. Schließlich wurden – ein Novum in der deutschen Unternehmensgeschichte – gegen alle zwischen 2003 und 2007 tätigen Mitglieder des Zentralvorstands zivilrechtliche Prozesse zwecks Schadensersatz eingeleitet (SZ 26./27.7.2008). Darüber hinaus hat die SEC eigene Ermittler in die Unternehmenszentrale geschickt, deren Untersuchungen zu drakonischen Strafen nach dem US-amerikanischen (Unternehmens-) Strafrecht – Entzug der Börsenlizenz, drakonische Geldstrafe und Ausschluss von öffentlichen Aufträgen – führen können.

Das Ausmaß der Affäre, die Menge von Bestechungsfällen, das große Gesamtvolumen, die große Zahl von beteiligten Beschäftigten auf Management-Ebene, die Palette von Sanktionsinstrumenten – der Fall Siemens könnte Unternehmensgeschichte schreiben.

Um die korrupten Transaktionen zunächst analytisch einzuordnen: Es handelt sich in den bekannten neueren Fällen erstens um *Auslandsbestechung*, d. h. die direkte oder vermittelte Schmierung von ausländischen Auftraggebern: Ausländische Mandats- und Funktionsträger wurden, meist über Mittelsmänner, geschmiert, um Vorteile bei der Vergabe von Großaufträgen auf ausländischen Märkten zu erhalten. So bekam man Insider-Informationen, konnte Ausschreibungen, die Vergabe der Aufträge, Importlizenzen etc. beeinflussen. Als Gegenleistung wurden Schmiergelder oder Geschenke als Provisionen oder Beraterverträge verbucht, aus schwarzen Kassen bezahlt. Im Geldkreislauf dienten ausländische Konten bzw. mehrstufige Überweisungen über dubiose Organisationen für die Verschleierung von Kickbacks.

Es waren zweitens meist Fälle von ‚*Grand Corruption*' (Rose-Ackerman 1996), d. h. es wurden Entscheidungsträger auf hoher politischer, administrativer oder Managementebene mit großen Summen geschmiert, und es handelte sich typischerweise um Großaufträge. Dementsprechend wurden die Transaktionen auch bei Siemens auf der Managementebene entschieden: In der divisionalisierten Matrixorganisation von Siemens waren mindestens Manager der ausländischen Regionalgesellschaft und solche der entsprechenden, wie eigene Unternehmen geführten Produktbereiche, der Sparten, beteiligt. Zur Vermittlung der hochkarätigen Kontakte wurden mit den lokalen Netzwerken vertraute Mittelsmänner eingeschaltet – dies dient in der Auslandsbestechung auch der *deniability,* der Verschleierung der illegalen Transaktionen insbesondere im Interesse der ausländischen Schmiergeldempfänger (vgl. Bray 2005).

Im Siemens- Fall erscheint es drittens angemessen, die korruptiven Akte, der Unterscheidung von Coleman folgend, als „Organisationsvergehen, die mit Unterstützung der Organisation begangen werden, d. h. zumindest teilweise deren Zielen dienen" zu begreifen, nicht aber als „berufliche Vergehen zum Eigennutz der Individuen und ohne Unterstützung der Organisation" zu begreifen (Coleman 1987: 407). Die in die korruptiven Akte verwickelten Siemens-Beschäftigten haben sich, soweit den veröffentlichten Informationen zu entnehmen, nicht persönlich finanziell bereichert, auch wenn sie möglicherweise durch illegal erlangte Aufträge ihre Stellung im Unternehmen festigen oder verbessern konnten. Im Gegenteil: Sie gingen beträchtliche persönliche Risiken ein, sowohl gegen Strafrechtsnormen als auch gegen unternehmensinterne Ethik-Regeln zu verstoßen. Letztlich nahmen sie an den Bestechungstransaktionen im vermeintlichen Firmeninteresse teil und wurden dabei lange Zeit von den Vorständen unterstützt oder gedeckt, zumindest nicht desavouiert. Die langjährige Unternehmenszugehörigkeit der Beteiligten weist ebenso wie die hohe oder gehobene Stellung in der Hierarchie darauf hin, dass es sich um Personen mit hoher Firmenloyalität und in Vertrauenspositionen handelt. Viele von ihnen haben auch die Sanktionen, die im Zuge der Aufdeckung der Affäre verhängt wurden, verbittert als Verletzung der Fürsorgepflicht des Unternehmens gesehen (vgl. Leyendecker 2007: 82).

Auch wenn die Informationen sehr lückenhaft sind, können wissenschaftliche Analysen zur Erklärung der Korruptions-Affäre bei Siemens beitragen und auch für die Korruptionsbekämpfung fruchtbar werden. Die soziologische Analyse hat das Ziel, die Sinnhaftigkeit und Rationalität korruptiven Verhaltens zu erfassen und seine sozialen, institutionellen und organisationellen Bedingungen zu erhellen. Sie kann, gestützt auf unterschiedliche Theorieansätze, Hypothesen entwickeln und interpretative Perspektiven einbringen, welche bisher verbreitete Sichtweisen ergänzen oder vertiefen oder die Affäre in einem anderem Licht erscheinen lassen.

Im Zusammenhang der Siemens-Affäre kann sie insbesondere folgenden Fragen nachgehen: Welche Gründe und Motive hatten Beschäftigte, sich an korruptiven Transaktionen zu beteiligen – und sich zugleich gegenüber dem Unternehmen zu verpflichten, ungesetzliche Aktivitäten zu unterlassen? Wie erklärt sich die Anhäufung und langjährige Wiederholung von Korruptionsfällen? Welches sind die organisationellen Bedingungen, die korruptive Praktiken gefördert haben? Hat das Unternehmen die Kontrolle über seine Beschäftigten verloren und Netzwerkstrukturen Raum gelassen, die mit den Unternehmenszielen und -grundsätzen gebrochen haben? Oder sind korruptive Muster nicht nur nicht hinreichend kontrolliert und sanktioniert, sondern direkt vom Unternehmen gefördert worden?

Im Folgenden werde ich diesen Fragen nachgehen und mich dabei auf den Teil der korruptiven Aktivitäten konzentrieren, der innerhalb des Unternehmens vollzogen wurde: das Verhältnis von Siemens-Beschäftigten, die an korrupten Transaktionen mitwirken, zum Unternehmen Siemens.

Ich werde verschiedene theoretisch-konzeptionelle Ansätze nutzen: einen organisationssoziologischen Ansatz, um die Praktiken der Auslandsbestechung als Organisationspraxis, als Muster organisierter und autorisierter Korruption beschreibend zu analysieren, sowie Ansätze aus den Bereichen der Kriminal- sowie der Wirtschaftssoziologie, die helfen zu erklären, warum sich Beschäftigte ohne finanziellen Eigennutz und zudem unter Sanktionsrisiken an der korruptiven Organisationspraxis beteiligen.

Vieles der Affäre ist bisher noch im Dunkeln geblieben. Die Ergebnisse der Ermittlungen der Strafjustiz sind ebenso wie die Untersuchungen der US-amerikanischen Anwaltkanzlei nur sehr lückenhaft in die Öffentlichkeit gedrungen; auch folgen sie einer anderen Perspektive als die sozialwissenschaftliche Arbeit. Der größte Teil unseres Wissens über die Siemens-Affäre verdankt sich journalistischen Recherchen, vor allem der hervorragenden investigativen Arbeit der Süddeutschen Zeitung, namentlich den kontinuierlichen Recherchen des Teams von Hans Leyendecker, Klaus Ott und Markus Balser (vgl. Leyendecker 2007 und eine Vielzahl von Beiträgen in der SZ).

Unternehmen sind für empirische Untersuchungen der Korruptionsforschung nur schwer zugänglich, zumal solange die Ermittlungen durch externe Sanktionsinstanzen und auch die interne Verarbeitung nicht abgeschlossen sind. Meine Arbeit muss sich daher auf anderweitig veröffentlichte Informationen stützen und sie muss sich oft auch mangels exakter empirischer Informationen auf Hypothesen beschränken.

2. Korruption als normalisierte Organisationspraxis

Im vorläufigen Fortschrittsbericht 2007 zum Global Compact weist das Unternehmen auf „Vorwürfe gegen einzelne Siemens-Mitarbeiter (Verdacht auf Untreue, Bestechung, Kartellvergehen und Steuerhinterziehung)" hin. Die bisher veröffentlichten Details belegen aber, dass es keineswegs nur ‚einzelne Beschäftigte' waren, die sich an den korruptiven Geschäften aktiv oder passiv-gewährend beteiligten. Beobachter sprechen von dem ‚System Siemens' (Leyendecker 2007), einem „breit angelegten Korruptionsnetz, bereits in den 1970er Jahren angelegt, in den 1980gern gefestigt und in den 1990ern abgesichert" (SZ 12./13.4.2008). Die Beteiligten handelten arbeitsteilig verbunden, in Netzwerken, in denen die Abwicklung von Bestechungsgeschäften zu Routineoperationen gehörte. Diese mussten allerdings verdeckt werden, schon um die Strafverfolgung im Ausland zu vermeiden und die illegal beschafften Aufträge selbst nicht zu gefährden. Die Beteiligten wussten, dass ihre Transaktionen Rechts- und Ethiknormen verletzten. So sagte einer der Beteiligten: „Uns Managern war allen klar, dass wir etwas Strafbares tun. Das war allen klar, bis nach ganz oben" (SZ 1.8.2008). Die Beteiligten handelten dabei aber nach ungeschriebenen Normen, welche die moralischen Kosten, etwa Skrupel, gering hielten – möglicherweise geringer, als wenn sie sich gegen die korrupten Praktiken gewandt und damit gewinnträchtige Aufträge für die Firma gefährdet hätten.

Korruptive Transaktionen, die gemeinschaftlich und routinemäßig, zwar informell, aber im Rahmen des formellen Systems der Arbeitsteilung realisiert werden, werden – durch Routinen und Normen gestützt, legitimiert und sanktioniert – Teil der normalen Organisationspraxis, die mit organisationssoziologischen Ansätzen aufgeschlüsselt werden kann.

Das organisationssoziologische Konzept von Ashforth und Anand erscheint gut geeignet, Korruption als Organisationspraxis zu erfassen. Ashforth und Anand analysieren die Art und Weise, wie korruptive Praktiken normalisiert werden, d. h. „in Organisationsstrukturen und -prozesse eingebettet, von den Mitgliedern der Organisation als zulässiges oder gar wünschenswertes Verhalten internalisiert und an nachkommende Generationen weitergereicht werden" (Ashforth/Anand 2003: 3). Sie unterscheiden drei Dimensionen des Normalisierungsprozesses, die sich gegenseitig verstärken:

- Institutionalisierung: „der Prozess, in dem korruptive Praktiken routinemässig, oft ohne bewusste Überlegung ihrer (Un-)Schicklichkeit ausgeübt werden",
- Rationalisierung: „der Prozess, in dem Individuen, die an korruptiven Aktivitäten teilnehmen, gesellschaftlich konstruierte Formeln nutzen, um die Aktivitäten vor sich selbst zu rechtfertigen" und

- Sozialisierung: „der Prozess, in dem neue Mitglieder gelehrt werden, korruptive Praktiken auszuüben und zu akzeptieren“ (Ashforth/Anand 2003: 3).

Institutionalisierung

Die Institutionalisierung der Korruption bei Siemens wurde sowohl durch externe Umstände wie auch durch organisationsinterne Bedingungen gefördert.

Die wirtschaftliche Liberalisierung und Globalisierung in den letzten Jahrzehnten drückt sich auch im Strukturwandel von Siemens aus: In den 1960er Jahren noch ein Unternehmen, das seinen Schwerpunkt in Produktion, Beschäftigung und Absatz im Inland hatte, hat sich Siemens seitdem zu einem wahren *Global Player* entwickelt, der 80% seines Geschäftsvolumens im Ausland realisiert; insbesondere seit dem 1990ger Jahren hat das Unternehmen unter dem Vorstandsvorsitzenden von Pierer das Auslandsgeschäft stark ausgeweitet (Feldenkirchen/Posner 2005: 200). Auslandsmärkte und Auslandsstandorte haben an strategischer Bedeutung gewonnen; zugleich hat die Konkurrenz auf ausländischen und inländischen Märkten zugenommen. Unter besonderen Druck gerieten dabei Sparten, die auf hoch kompetitiven Märkten tätig waren und zudem in technologischen Rückstand geraten waren, weil das Unternehmen seine strategischen Schwerpunkte auf andere Produktbereiche legte. Dies galt etwa für den COM-Telefonbereich, der sich zu einem Zentrum und Laboratorium der Korruptionspraxis entwickelte – und inzwischen vollständig abgestoßen wurde (SZ 2./3.8.2008).

Schon seit den 1970er Jahren war es üblich, wie ein kaufmännischer Manager berichtete, zur Erlangung von Großaufträgen im Ausland Schmiergelder zu zahlen. Intern habe man aus diesen Zahlungen kein Geheimnis gemacht; nur nach außen habe man die Zahlungen aber verschleiern müssen und dazu eine Verschlüsselung angewandt (SZ 12./13.4.2008). Die Schmiergelder konnten bis zu 30% der Auftragssummen ausmachen.

In der bürokratischen Organisation ist die Verwendung von Formularen der deutlichste Ausdruck einer Formalisierung und Routinisierung von Aktivitäten. Dass die Korruption als Routinevorgang bei Siemens zur normalen Geschäftspraxis gehörte, wird in den lange Zeit angewandten formalisierten Verfahren der Autorisierung von Schmiergeldern deutlich: Es gab ein Formular, das sogenannte „Grundsatzpapier“, auf dem neben dem Projekt und dem Projektwert auch der Provisionsbetrag und der Zahlungszeitraum – also Höhe und Auszahlungszeit des Schmiergelds – verzeichnet wurden. Das ‚Grundsatzpapier‘ wurde auf abnehmbaren Klebezetteln nach dem bereits im 19 Jahrhundert eingeführten Vieraugen-Prinzip sowohl vom kaufmännischen als auch dem technischen Manager der Auslands-Dependance unterschrieben, von der der Auftrag eingeholt worden war, und dem Spartenvorstand in München zur Genehmigung vorgelegt. Das Schmiergeld wurde dann bei dem Verwalter der schwarzen Kasse abgerufen (Spiegel Nr. 16/2008: 83; SZ 12./13.4.2008).

Die Normalpraxis war über Jahrzehnte institutionalisiert worden, und es ist klar, dass sie arbeitsteilig organisiert werden musste und eine geläufige, freilich diskrete Zusammenarbeit von Managern verschiedener Funktionsbereiche und Hierarchieebenen des Unternehmens verlangte: der ausländischen Regionalorganisation, des Bereichsvorstands, des Rechnungswesens, des Controlling und der Rechnungsprüfung etc. Dies heißt freilich nicht, dass die Meisten derer, die an der Abwicklung der durch Korruption gewonnenen Aufträge beteiligt waren, auch korruptiv tätig waren und sich dessen bewusst waren. Der größere Teil auch der korruptiven Transaktionen folgte ja den Regeln der normalen Abwicklung auch legaler Aufträge; der illegale Teil bezog sich nur auf einzelne Teilprozesse, so die Acquisition, die Vertragsgestaltung, die Rechnungserstellung, die Auszahlung und Verbuchung der Schmiergelder u. a. Die Normalisierung korrupter Transaktionen setzte daher nur voraus, dass bestimmte, für diese Teilprozesse strategische Funktionen von erfahrenem Vertrauenspersonal ausgeübt wurden, das neben den regulären Abwicklungsroutinen auch die irregulären Varianten beherrschte und ausführte.

Das System organisierter Korruption wurde durch die lange Zeit laxe rechtliche Regulierung gefördert und legitimiert. Zwar war die Auslandsbestechung immer schon strafbar – aber lange Zeit nur in den Staaten der Auftraggeber. Demgegenüber war bis zu den Jahren 1999 und 2002, als die 1997 verabschiedete und ratifizierte OECD-Konvention über die Bekämpfung der Bestechung ausländischer Amtsträger im internationalen Geschäftsverkehr in das deutsche Strafrecht umgesetzt wurde, die Bestechung *aus*ländischer Entscheidungsträger nicht strafbar; Bestechungsgelder konnten sogar als ‚nützliche Aufwendungen' von der Steuer abgesetzt werden. Daraus ergab sich eine paradoxe Situation: Bestechung konnte als rechtlich zulässig und angesichts der steuerlichen Vergünstigung intern sogar als legitim angesehen werden, solange sie sich nicht an inländische Amts- und Funktionsträger richtete; sie verstieß aber meist gegen strafrechtliche Bestimmungen im Zielland, musste daher nach außen geheim gehalten werden, um nicht Sanktionen – Annullierung der Aufträge, Strafverfolgung von Firmenrepräsentanten, Mittelsleuten und letzten Schmiergeldempfängern – hervorzurufen. Mit der Umsetzung der OECD-Konvention, die nicht zuletzt aufgrund des Drucks von Transparency International zustande kam, in das deutsche Strafrecht wurde die Bestechung ausländischer politischer, administrativer und wirtschaftlicher Entscheidungsträger auch im Inland strafbar und auch die steuerliche Absetzbarkeit wurde gestrichen.

Nach den Strafrechtsänderungen wies das Unternehmen in einem Rundschreiben auf die Strafbarkeit der Auslandsbestechung hin, allerdings, wie der Manager Siekaczek, der als Herr der schwarzen Kassen bekannt wurde, bekundet, mit wenig Erfolg: „Wir haben es gelesen und abgeheftet. Wir dachten, wenn mal was passiert, wird es sowieso Schutz geben" (SZ 1.8.2008). Die Bestechungspraxis wurde fortgesetzt, musste nun allerdings auch gegen die heimische Strafverfolgung abgeschirmt (und wohl auch gegen wachsende Skrupel von Beschäftigten) immunisiert werden. Sie musste – wie es heißt: bisweilen sogar auf Anraten der eigentlich mit der Sicherung gesetz- und regelkonformen Verhaltens betrauten Compliance-Abteilung der Sparte – andere Formen annehmen (SZ 29.5.2008). Bislang als Provisionen verbuchte Kickbacks wurden nun in der Buchhaltung in Berater(schein)verträgen versteckt; die Schmiergelder über ein elaboriertes System von Beraterfirmen, ausländischen Briefkastenfirmen, Bankverbindungen und schwarzen Kassen vor der inländischen und ausländischen Strafverfolgung abgeschirmt (Spiegel 16/2008: 82). Interne Korruptionsbekämpfer sahen auch nach 2001 Schmiergelder in Höhe von 5-6% der Auftragssumme als vertretbar an (SZ 29.5.2008). Dabei beschränkten sich die Schmiergeldzahlungen nicht auf die Auftragsvergabe. „Es gab ständig neue Begründungen, warum geschmiert werden musste“ führt Siekaczek aus. „Erst zahlte man, um den Auftrag zu bekommen, dann für die Einfuhrgenehmigung in das Land, später damit der Kunde die Ware überhaupt bezahlte. Oder Mitarbeiter in Osteuropa oder Afrika sagten: ‚Es gibt Versprechungen, wenn ihr nicht zahlt, ist unser Leben in Gefahr“ (SZ 1.8.2008).

Es fällt auf, dass dabei die Beteiligten nie explizit die korrupten Transaktionen bei Namen nannten, so als könnten sie damit vermeiden, als Mitwisser und Mittäter illegaler Operationen zu gelten. So war nie von Schmiergeld die Rede. Es ging vielmehr um N. A. (Kürzel für Nützliche Aufwendungen) oder Provisionen, die vom kaufmännischen Leiter verwaltet wurden. Auch war es üblich, den Zweck der Zahlungen nur anzudeuten und so die Verbreitung von präzisen Informationen über korruptive Transaktionen und auch die Verantwortlichkeiten zu begrenzen. Siekaczek schildert auch, wie in der arbeitsteiligen Organisation korrupte Transaktionen autorisiert wurden, ohne dass Einzelheiten mitgeteilt und ausdrücklich Verantwortung übernommen werden musste: „Die Mitarbeiter kamen, um sich N. A. unterschreiben zu lassen, Zahlungen nach Libyen und so. Ich fragte: ‚Wofür ist das?’ Antwort: ‚Das wollen Sie nicht wirklich wissen.’ Die Manager redeten mit einem Augenzwinkern darüber“(SZ 1.8.2008).

Die Unterstützung durch die Leitungsebene ging weit über ein ‚permissives ethisches Klima’ hinaus, das Ashforth und Anand für eine organisationsinterne Bedingung korrupter Organisationspraxis halten. Zwar förderte die divisionalisierte Unternehmensstruktur, in denen die Sparten wie eigenständige Unternehmen geführt werden, die Entwicklung bereichsspezifischer Praktiken und auch die Einhegung und Abschottung der Informationsflüsse gegenüber anderen Unternehmensbereichen. Wie der für die Einhaltung von Rechts- und Ethiknormen des Gesamtunternehmens zuständige oberste Compliance-Officer Schäfer berichtete, sahen sich auch die Compliance-Abteilungen der Sparten mehr dem Wohl der Sparte als dem des Unternehmens verantwortlich (SZ 18.7.2008). Aber die Verbreitung der Bestechungspraxis über die Bereichsgrenzen hinaus, die Schaffung spezialisierter zentraler Funktionsstellen und die Einrichtung schwarzer Kassen zur Abwicklung korruptiver Transaktionen, die Duldung oder gar Förderung durch Kontrollinstanzen, schließlich die Beharrlichkeit, mit der Mitglieder des Zentralvorstands Hinweise auf die Bestechungspraxis ignorierten – All dieses weist darauf hin, dass Bestechung über die Spartengrenzen hinweg bis in den Zentralvorstand hinein als unvermeidlich und legitim angesehen wurde. Offensichtlich rechtfertigten die finanziellen Ziele und Vorgaben auch die Anwendung von Mitteln, die man für das Inlandsgeschäft als zu riskant oder gar als unmoralisch angesehen hätte.

Dabei brauchten Mitglieder des Zentralvorstands gar nicht selbst Hand anzulegen, um die korruptiven Praktiken anzustoßen oder zu autorisieren. Es reichte, finanzielle Ziele vorzugeben, die Wahl der Mittel aber den Sparten und ihren Managern zu überlassen. Im Übrigen konnte man sich in ‚strategischer Ignoranz' (Ashforth/Anand) üben: Hinweise auf Unregelmäßigkeiten übersehen und die Lösung von Problemen den Untergebenen überlassen. So ermittelt die Staatsanwaltschaft gegen mehrere Mitglieder des Zentralvorstands, die von verschiedenen Seiten – so auch vom obersten Anti-Korruptionsbeauftragten des Unternehmens – ausdrücklich auf Fälle von Schmiergeldzahlungen hingewiesen wurden, die Hinweise aber herunter spielten oder – wie dem Finanzchef Neubürger angelastet wird – vor dem Aufsichtsrat geleugnet haben sollen (SZ 14.5.2008; SZ 18.7.2008). Oder man konnte auch Informationen schlicht ignorieren wie jenes Vorstandsmitglied, das von einer Schmiergeldaffäre in Nigeria erfahren hatte und, wie er angibt, den 'toten Käfer' gespielt habe und froh gewesen sei, nichts Näheres zu wissen (SZ 29.4.2008). Eine Ausnahme aus diesem Kartell von Nicht-Verantwortlichkeit machte ein Vorstandsmitglied, das, obwohl dem Vernehmen nach nicht selbst beteiligt, die Verantwortung für die Verfehlungen in seinem Bereich, der Medizintechnik, übernahm und zurücktrat, weil dies seinem „Verständnis von Führungskultur und unternehmerischer Gesamtverantwortung" entspreche (SZ 24.4.2008).

Die ‚strategische Ignoranz' – eine Verhaltensweise, die sich nur die Führungsebene leisten kann - schützt diese davor, direkt für die Verfehlungen verantwortlich gemacht zu werden; sie gilt den Beschäftigten zugleich als (freilich nur implizite) Zustimmung und Autorisierung korruptiver Geschäfte. Sie wälzt so die Verantwortung für die Verfehlungen auf die untergeordneten Beschäftigten ab. Freilich konnten Beschäftigte auch dann, wenn ihre korruptiven Geschäfte im Ausland aufgedeckt und verfolgt wurden, lange Zeit noch mit der Unterstützung der Firma rechnen: Die Personen wurden zwar entlassen, aber anderweitig, etwa mit Beraterverträgen versorgt und entschädigt (vgl. Leyendecker 2007: 95).

Korruptive Praktiken konnten so als wirtschaftlich erfolgreiche und von der Firmenleitung aktiv oder passiv unterstützte Routinen ‚veralltäglicht' in die Unternehmenssstruktur – und prozesse eingebettet werden und in der Arbeitsteilung und in – allerdings ungeschriebenen – Normen institutionalisiert werden.

Rationalisierung

Personen, die an korruptiven Organisationspraktiken beteiligt sind, sehen sich, wie Ashforth und Anand (2003: 15) hervorheben, gewöhnlich selbst nicht als korrupt. Sie sind in der Regel angesehene Bürger, die allgemeine, universalistische gesellschaftliche Werte und Normen der Gesetzestreue, der Fairness und des Anstands hoch halten und in (allen) anderen sozialen Sphären korruptive Handlungen als unmoralisch verurteilen. Diese doppelte Moral wird möglich durch Rationalisierungsformen, welche korruptive Handlungen in spezifischer Weise kontextualisieren und legitimieren, ohne universalistische Normen selbst in Frage zu stellen. Die interne Sprachregelung bei Siemens, Korruption und Schmiergelder nicht beim Namen zu nennen, war nur ein, eher kosmetisches Mittel, den illegalen Charakter von Transaktionen herunterzuspielen. Zur Rechtfertigung der korruptiven Geschäfte wurden vor allem ökonomische Gründe, ja sogar die soziale Verantwortung gegenüber den Beschäftigten angeführt. So begründete der Manager Siekaczek die Etablierung der Infrastruktur und der Logistik des Systems der Auslandsbestechung in seiner Sparte, dem von Verlusten gequälten Com-Bereich: „Wir haben kalkuliert, ohne Aufträge aus den Ländern, wo man schmieren muss, fällt eine Milliarde Euro Umsatz weg. Das war jeder vierte Euro Umsatz in diesem Bereich. Das ganze Telefon-Netzwerk-Geschäft mit 56000 Mitarbeitern war dem Tod geweiht, das wäre untergegangen. Wir haben rund um die Uhr geschuftet, damit der Laden nicht unterging. Außerdem wussten wir doch, dass quer durch den Konzern so vorgegangen wurde, nicht nur in unserer Sparte“ (SZ 1.8.2008). Und das für den Bereich zuständige Vorstandsmitglied Ganswindt sah sich vor die ‚Wahl zwischen Pest und Cholera' gestellt: „Draufhauen, die illegalen Praktiken abstellen, Aufträge verlieren, die ganze Sparte Com gefährden, in der er ohnehin schon 20000 Stellen habe streichen müssen – oder wegschauen.“ (SZ 7.3.2008).

Soweit dokumentiert, wurden die korrupten Routinen bei Siemens durch die verbreitete Meinung gerechtfertigt, dass es keine Alternative zur Bestechung gebe, dass in den Auslandsgeschäften „ohne Korruption nichts läuft“. So würden, was das Angebot von Bestechungsgelder angeht, alle konkurrierenden Firmen es „genauso machen“ (so dass nicht einmal das allgemeine Wettbewerbsprinzip verletzt würde); ohne Schmiergeld würden andere Konkurrenten, „die Chinesen etwa“, das Geschäft machen. Was die Nachfrageseite angeht, würden ausländische Auftraggeber Bestechungsgelder als eine, freilich informelle, Vergabebedingung erwarten (Spiegel Nr. 16/2008: 81). Eine wichtige weitere Rechtfertigung war natürlich die, dass man davon ausging, dass die korruptiven Routinen den höheren Hierarchieebenen – so zumindest den Bereichsvorständen – bekannt waren, von ihnen gedeckt oder gar gefördert wurden (Leyendecker 2007: passim). Bestechung erschien so zwar als illegales, aber unverzichtbares und legitimes Mittel des wirtschaftlichen Erfolgs der Firma.[1]

Sozialisation

Institutionalisierte korrupte Organisationspraktiken können nur Bestand haben, wenn Beschäftigte in die Werte, Normen, Kenntnisse und Fertigkeiten eingeübt

1 International vergleichende Befragungen zeigen allerdings, dass Führungskräfte deutscher Firmen in wesentlich höherem Maße als ihre Kollegen in angelsächsischen Ländern Auslandsbestechung für notwendig halten (vgl. Bray 2005).

werden, die auch für die Erfüllung korruptiver Aufgaben erforderlich sind; auch müssen sie hinreichend Loyalität, Vertrauenswürdigkeit und Diskretion beweisen, so dass Ihnen die Verantwortung für riskante und geheim zu haltende Geschäfte, so auch korrupte Transaktionen übertragen werden kann. Schließlich müssen die Beteiligten in ihren Verhaltensweisen dadurch bestärkt werden, dass ‚abweichendes Verhalten' – etwa die Weigerung, an korruptiven Transaktionen teilzunehmen, oder, schlimmer noch, der Geheimnisverrat an Außenstehende – sanktioniert wird.

Über dies alles ist im Siemensfall kaum etwas dokumentiert. Wohl aber lässt das Profil der Beteiligten Rückschlüsse auf die Sozialisationsmuster zu: Es war, wie Wolfgang Gehrmann in der Zeit (Nr. 26/2008) schrieb, „ein System, nicht getragen von ein paar randständigen Kriminellen, sondern von lauter bewährten Mitarbeitern aus der Mitte des Unternehmens. Menschen, die oft ihr ganzes Arbeitsleben in den Dienst der großen Firma stellten". Die heute im Rampenlicht der Ermittlungen stehenden Personen sind meist Personen, die über Jahrzehnte im Unternehmen beschäftigt sind und hier Karriere gemacht haben, lange Erfahrungen in ihren Funktionen und Funktionsbereichen haben, gründlich in Werte, Normen und Praktiken des Unternehmens eingeübt sind und über reiche, auch informelle Beziehungen innerhalb der Organisation verfügen. Eine wichtige Rolle im Sozialisationsprozess dürften die Entsendungen in den Auslandsfilialen spielen, in denen die Beschäftigten ja als Schnittstellenakteure Erfahrungen und Anforderungen des Gastlands mit organisationsinternen Anforderungen des Unternehmens zu vermitteln gelernt haben (s. auch Leyendecker 2007: 131).

Dieses Profil wird durch das herkömmliche System des internen Arbeitsmarkts gefördert, das Delius in seiner sarkastischen Festschrift zum 125. Jubiläum wie folgt charakterisierte: Der „Grundsatz, die kommenden Leute möglichst im eigenen Haus groß werden zu lassen, macht ein ständiges Ausleseverfahren und ein rastloses Training der Führungsmannschaft und der potentiellen Führungskräfte unerlässlich" (Delius 1973: 76). Bereits in seiner Frühphase im 19 Jahrhundert hatte Siemens den mittleren und höheren Führungskräften nach dem Vorbild der öffentlichen Verwaltung den Titel von ‚Privatbeamten' verliehen und ihnen entsprechende Statusrechte und betriebliche Karrierepfade eröffnet (Kocka 1969). Bis in die Gegenwart traten Beschäftigte in einen Bereich ein mit der Aussicht, dort im Laufe der Jahre Position und Status zu verbessern. Sie wurden zu ‚Siemensianern', Mitglieder einer verschlossenen Familie, mit hoher Firmenbindung und -loyalität, die vom Unternehmen mit Aufstiegschancen und Beschäftigungssicherheit honoriert wurde. Erst in den letzten Jahren befindet sich das Unternehmen, wie Kotthoff (2008: 84) schreibt, im Wandel „von einer am öffentlichen Sektor orientierten beamtenähnlichen Unternehmenskultur zu einem flexiblen marktorientierten und unternehmerisch geführten" Konzern.

Bis in die 1990ger Jahre galt das sog. „Kaminsystem", das Prinzip der engen bereichsspezifischen Qualifizierung und Aufstiegs im Bereich. „Mitarbeiter richteten", wie Lässig in ihrer Studie über eine Zentralabteilung schreibt, „ihre ganze Entwicklung vom Eintritt, meist nach Hochschulabschluss, bis hin zur Pensionierung innerhalb der Zentralabteilung aus" (Lässig 1999: 60 f.) oder, wie es der frühere Vorstand

Ganswindt zusammenfasste: „Von unten wird man groß". Die Beschäftigten erweiterten dabei ihre Qualifikationen und sammelten Erfahrung nicht nur in ihren Funktionen, sondern auch in den betrieblichen Kooperations- und Organisationszusammenhängen, und wurden in die formellen, und eben auch die informellen Normen der betrieblichen Sozialordnung eingeübt. Im Spiegel (Nr. 16/2008: 82) werden die Sozialisationswirkungen dieses Systems wie folgt karikiert: Wie Ganswindt fingen „auch fast alle späteren Vorstände so bei Siemens an, ganz klein. Sie fügten sich ein, fühlten sich ein. Der typische Anlass für Zug im Kamin war dann die Pensionierung des Vorgängers. Man übernahm den Stuhl, mit dem Stuhl die Aufgaben und mit den Aufgaben auch die Spezialaufgabe. [...] Deshalb sind die, die es erwischt hat, auch nicht die Erfinder des [Korruptions-] Systems gewesen. Sie waren nur die Erben, gewöhnt daran nichts anzuzweifeln, schon gar nicht ihre Vorgänger [...] Wer sich daran nicht hielt, geriet dagegen in den Verdacht der Anarchie [...] So uniformiert im Geiste, zog die Armee der Siemensianer dann in den Krieg" (Spiegel Nr. 16/2008: 82).

3. Korruption – Kampf zweier Morale oder paradoxe betriebliche Verhaltensanforderungen?

In seiner theoretisch wie empirisch anspruchsvollen (kriminal-) soziologischen Untersuchung zur Bestechung in Deutschland hebt Höffling hervor, dass es verkürzt ist, Korruption als abweichendes Verhalten zu begreifen. Die eigentümliche Doppelmoral, die Ashforth und Anand als charakteristisch für organisationales korruptives Verhalten ansehen, lässt sich mit Höffling als Nebeneinander und Konflikt zwischen widersprüchlichen moralischen Anforderungen interpretieren: zwischen einer universalistischen Makromoral, die in dem umfassenden Geltungsanspruch des Rechts und in allgemeinverbindlichen formalen Normen ihre Grundlage hat, und einer partikularistischen Mikromoral, die auf dem Beziehungsgefüge und den Reziprozitätserwartungen des sozialen Nahraums aufbaut. Korruption entsteht, wenn unzulässige partikularistische Orientierungen die Handlungen in jenen Sphären bestimmen, die dem Geltungsanspruch der Makromoral unterliegen (Höffling 2002: 71 f.). Im Falle der systemischen Korruption – und die korrupte Organisationspraxis lässt sich als eine ihrer Spielarten ansehen – stellt die Missachtung formaler Normen zugunsten partikularistischer Erwartungen kein abweichendes Verhalten dar, und die Institutionalisierung und Legitimierung von Korruption erschwert die Verweigerung oder den Rückzug (Höffling 2002: 79).

Aber lassen sich die korruptiven Verhaltensmuster bei Siemens wirklich aus dem Konflikt zweier Moralen, aus einer Doppelmoral erklären? Das Besondere am Siemensfall ist ja, dass die korrupte Organisationspraxis nicht nur den strafrechtlichen Normen – als Ausdruckformen gesellschaftlicher Makromoral – zuwiderlief, so jedenfalls seit den Strafrechtsänderungen von 1999 und 2002, sondern auch dem Ethikkodex des Unternehmens selbst, den einzuhalten sich die Beschäftigten verpflichtet hatten. Es ist also dasselbe Unternehmen, das von der Spitze her sowohl die Institutionalisierung der korrupten Organisationspraxis zugelassen oder sogar gefördert als auch korruptes Verhalten verboten hat. Es ist daher nicht angemessen, von einem Widerspruch zwischen Mikro- und Makromoral zu sprechen. Der Widerspruch war vielmehr bereits in die Mikromoral des Unternehmens eingelassen. Die Beteiligten waren widersprüchlichen Anforderungen ausgesetzt und wurden in ein systematisches Handlungsdilemma versetzt. Es sind dies systemische Widersprüche, die in der Organisationstheorie als ‚paradox' bezeichnet werden (Putnam 1986: 161; Lüscher 2006). Angesichts von ‚*mixed messages*' bedeutet eine Norm einzuhalten zugleich eine andere zu verletzen.

Auf Siemens bezogen: Manager in Regionalniederlassungen und Geschäftsbereichen, die gleichermaßen hohem Wettbewerbsdruck und hohem Korruptionsdruck (etwa hoher Nachfrage nach Schmiergeldern) ausgesetzt waren, erhielten folgende widersprüchliche Botschaften: 1. Du darfst nicht schmieren, 2. Du darfst (oder musst) schmieren, wenn anders der Auftrag nicht zu bekommen ist. Die paradoxen Anforderungen haben in dieser Korruptionssituation aber noch eine Besonderheit, die in der Kommunikationstheorie als Doppelbindung bezeichnet wird. Es gibt nämlich noch eine weitere Botschaft: 3. Du darfst über die Widersprüchlichkeit der beiden Anforderungen nicht offen sprechen.

Es ist diese Botschaft, die eine offene Auseinandersetzung und einen Wandel von innen fast unmöglich macht: Der Widerspruch kann nur unter großen Konflikten und persönlichen Risiken thematisiert werden, weil eine der Anforderungen – die der bewussten Beteiligung am korruptiven Geschäft – nur informell gestellt werden kann, nicht explizit behandelt werden darf, gerade verdeckt werden muss (vgl. Bateson 1972; Watzlawick u. a. 1969). In dieser Dilemmasituation ist das individuelle Handlungsrepertoire sehr beschränkt. *Voice,* Widerspruch, und *Exit*, Abwanderung, bei Hirschman (1970) noch als alternative Strategien in Konfliktsituationen gedacht, werden in dieser Situation gekoppelt: die Beteiligten wissen, dass *Voice* zu *Exit* führen würde. Sich für korrupte Praktiken zu entscheiden, verletzt das Korruptionsverbot, kann allerdings normalerweise mit der Nachsicht oder gar mit dem Schutz der Vorgesetzten rechnen - solange nicht die Büchse der Pandora geöffnet wird und die Korruptionspraxis strafrechtlich und d.h. in der Regel von außen verfolgt wird. Andererseits, das Korruptionsverbot ernst zu nehmen, hieße sich einer normalisierten Praxis zu verweigern, und das verlangt Mut, schafft einen Konflikt und birgt das Risiko, als unzuverlässig angesehen und auf einen anderen Arbeitsplatz abgeschoben zu werden. Wie es einer der Betroffenen sah: „Ich hatte nur die Wahl entweder mitzumachen oder meinen Job zu riskieren“ (Spiegel Nr. 16/2008: 79). Aber auch die explizite Weigerung, die Verpflichtungserklärung zum Verzicht auf Korruption zu unterzeichnen, löst nicht das Dilemma, birgt vielmehr beträchtliche Risiken: Wer, wie der frühere Herr der schwarzen Kassen, der Manager Siekaczek, letztlich den Ethikkodex nicht unterschreiben mochte, wies ja auf die normalisierte Korruptionspraxis hin und damit auf ein illegales Geschäftsgebaren, das gerade des Stillschweigens aller Beteiligten bedurfte. Personen, die dem Dilemma entgehen wollten, indem sie sich für eine der beiden widersprüchlichen Anforderungen entschieden (und somit explizit die andere zurückwiesen), waren in ihren Funktionen nicht mehr tragbar; sie wurden durch eine andere Position im Unternehmen oder – wie Siekaczek – durch einen Beratervertrag abgefunden, in jedem Fall weiter so an das Unternehmen gebunden, dass sie zum Stillschweigen verpflichtet werden können.

Wenn aber die Dilemmasituation weder offen thematisiert und im Konflikt intern aufgelöst werden kann, bleibt den Beteiligten nur die Alternative, die Korruptionspraxis als den leichteren Weg fortzusetzen oder aber die Situation zu verlassen und d. h. den Arbeitsplatz oder gar die Beschäftigung im Unternehmen aufzugeben. Dies gilt für diejenigen, die direkt an den illegalen Transaktionen beteiligt sind – Es gilt nicht für ihre Vorgesetzten, denen die Option der ‚strategischen Ignoranz' offen stand.

4. Die aus der Diskussion ausgeblendete Seite der Medaille: Leistungspolitik und Korruptionsdruck

Dennoch ist eine Erklärung nicht befriedigend, welche die Beharrlichkeit der Korruptionspraxis letztlich durch ihre Normalisierung zu erklären sucht. Sicherlich haben strategische Ignoranz oder gar offene Unterstützung der Unternehmensspitze, eingeübte Rationalisierungsmuster und auch Konformitätsdruck zur Legitimierung und Kontinuität der korrupten Verhaltensmuster beigetragen und den beteiligten Personen geholfen, Skrupel zu unterdrücken. Aber angesichts der disziplinarischen und nicht zuletzt auch strafrechtlichen Risiken stellt sich doch die Frage, was die Beteiligten davon abhalten konnte, die Paradoxie zu thematisieren und auf ihre Auflösung zu drängen. Gab es möglicherweise auch individuelle Anreize zum korruptiven Verhalten?

In der Diskussion über die Siemens-Affäre wird ein Aspekt meist ausgeblendet, der uns helfen könnte zu erklären, warum Beschäftigte auch selbst ein vitales Interesse an der Korruptionspraxis entwickeln konnten: die Leistungspolitik des Unternehmens.

Seit Mitte der 1990er Jahren, nicht zuletzt auch im Zuge der Vorbereitung des Börsengangs an der New Yorker Börse, hat der Vorstand das Unternehmen in verschiedenen Programmen restrukturiert und saniert. Die Bereiche wurden strengen Kosten- und Ertragskontrollen und einem vergleichenden Benchmarking unterworfen. Die bis dahin übliche Quersubventionierung minder ertragsfähiger Bereiche wurde eingeschränkt, und es wurden Branchen und Produktionsbereiche, die nicht angemessene Gewinne versprachen, aus dem Portofolio des Firmenimperiums ausgegliedert (vgl. Kotthoff 2008: 80) – so die Halbleiterproduktion, neuerdings auch der gesamte Telefonbereich. Für das Unternehmen wurden Ergebnisziele vorgegeben, für jeden Bereich Zielmargen festgelegt, in Managementkonferenzen in die Bereiche und Regionen hineingetragen und dann weiter für die Organisationseinheiten heruntergebrochen. Zugleich wurde ein zentralisiertes Finanzreporting und -controlling eingeführt (vgl. Feldenkirchen/ Posner 2005: 195 ff.).

Die Unternehmenseinheiten werden in diesem seit den 1990er Jahren ausgearbeiteten System unter zunehmenden Leistungs- und Ertragsdruck gesetzt; der über Zielvorgaben und -vereinbarungen auch das individuelle Leistungsverhalten prägt. Gefördert wird das System einer indirekten, ergebnisorientierten Leistungssteuerung auch durch die Umstrukturierung des Entgeltsystems und die zunehmende Tendenz der ‚Integration leistungsorientierter Elemente in die Vergütungs- und Förderungssysteme' (Lässig 1999: 669). Bereits die Unternehmensleitsätze aus dem Jahre 1990 entwickeln das Bild der Mitarbeiter als ‚Unternehmern in eigener Sache, die ihre Stärken und die Wettbewerbsvorteile ihrer Geschäfte genau kennen, sich etwas zutrauen und an den Erfolg glauben, sich dabei aber immer des unternehmerischen Risikos bewusst sind" (zitiert nach Feldenkirchen 2003). Diesem Leitbild des Arbeitnehmers in der dezentralisierten und ökonomisierten Organisation, das zentrale Merkmale des in der Arbeitssoziologie der letzten Jahre heiß diskutierten Konzept des ‚Arbeitskraftunternehmers' enthält (Voss/Pongratz 1998; Kratzer/Sauer 2003), entspricht auch ein neues Personalbewertungs- und Entgeltsystem, das Mitte der 1990ger Jahre für die außertariflichen Führungskräfte – in den 1990ger Jahren immerhin fast ein Drittel der Angestellten – eingeführt wurde. Das EFA-System (Entwicklung, Förderung, Anerkennung) löst das bisherige relativ einfache, nach Hierarchieebene gegliederte Rangsystem ab und ersetzt es durch ein Entgeltsystem, das nach Funktionen differenziert und zudem breite Einkommensbänder mit beträchtlichen variablen, leistungsabhängigen Entgeltanteilen vorsieht, welche individuelle Leistungsunterschiede berücksichtigen sollen (vgl. Lässig 1999: 67 ff.). Das EFA-System sollte, wie Lässig (1999: 73) zusammenfasst

> „...zur Entwicklung einer leistungsorientierten Unternehmenskultur beitragen, in der auf Basis transparenter Mitarbeiterbeurteilungs- und Förderkriterien die Bezahlung in einer klaren Abhängigkeit zu den individuell erbrachten Leistungen steht, die Übernahme verantwortungsvoller Aufgaben belohnt wird und das berufliche Fortkommen von der Leistungserbringung abhängt".

Formen der indirekten Steuerung – die Vorgabe oder Vereinbarung von Leistungszielen für alle Ebenen des Unternehmens sowie Entgeltdifferenzierng nach individueller Leistungsbeurteilung – haben, so können wir annehmen, das traditionelle Statussystem von Siemens erschüttert, Aufstiegswege und -kriterien verändert und prägen nicht zuletzt auch das Leistungsverhalten der Beschäftigten. Wie Stadler (2004: 201) als Ergebnis einer Befragung resümiert, sehen die Führungskräfte von Siemens „die finanzielle Performance – den Geschäftswertbeitrag – verstärkt als das eigentliche Ziel ihrer Aufgabe. Das ist wenig überraschend. Schließlich hängen Karriereleiter und finanzielle Vergütung vom geschäftlichen Erfolg ab".

Was kann dies alles zur Erklärung der korruptiven Organisationsmuster beitragen?

Da uns genaue Informationen über das Innenleben der Organisation fehlen – vor allem natürlich solche, die über den organisationellen Kontext der korruptiven Praktiken Auskunft geben – bescheide ich mich mit Hypothesen.

Einen theoretischen Anknüpfungspunkt bietet der Aufsatz von Fassauer und Schirmer zur Widersprüchlichkeit moderner, ergebnisorientierter, ‚finalisierter' Systeme der Leistungssteuerung. Fassauer und Schirmer lehnen sich an das Anomie-Konzept von Merton an, der ‚anomisches', abweichendes Verhalten aus der Diskrepanz kultureller Ziele und den Möglichkeiten von Individuen erklärt, diese Ziele mit den gesellschaftlich als legal und legitim normierten Mitteln zu erreichen (Merton 1995: 127 ff.). Sie konstatieren im Unternehmenszusammenhang „Diskrepanzen zwischen immer anspruchsvolleren Ergebnisvorgaben einerseits und schwächeren Vollzugsnormen andererseits" (2006: 364), die zur Destabilisierung der Orientierungsfunktionen von Leistungssteuerung und zur ‚Normenschwäche in Organisationen' beitragen. Anomischer Druck ergibt sich „durch eine zunehmende Vorgabe von zu erreichenden Leistungszielen bei 1) gleichzeitig abnehmender bzw. 2) widersprüchlicher oder 3) interpretationsbedürftiger Vorgabe von Mitteln des Leistungsvollzugs." (Fassauer/Schirmer 2006: 359). Interessant in unserem Zusammenhang sind die ersten beiden Fälle: Im ersten Fall werden die Ziele, nicht aber die zur Zielerreichung erforderlichen Mittel (explizit) spezifiziert; im zweiten Fall gibt es zwar explizite Vorgaben für die Art des Leistungsvollzugs; sie stehen aber – als paradoxe Anforderungen – miteinander im Konflikt. In beiden Fällen können Normenschwäche und anomischer Druck entstehen: Beschäftigte können zu illegitimen oder illegalen Mitteln greifen, um die anspruchsvollen Leistungsziele zu erreichen. Fassauer und Schirmer (2006: 365) halten es daher für „nicht unwahrscheinlich, dass Manager im Interesse ihrer Karriere bzw. ihrer Arbeitsplatzsicherheit und dem damit verbundenen Druck, die organisational vorgegebenen Ziele zu erreichen [...], Entscheidungen treffen und Handlungen vollziehen, die der Organisation langfristig schaden".

Auf Siemens bezogen: Nicht nur die Manager der regionalen Niederlassungen, sondern auch die Bereiche sind in den letzten beiden Jahrzehnten unter starken Druck aus zweifacher Richtung geraten: einem mit der Globalisierung verstärkten Wettbewerbsdruck auf den Märkten und zugleich unter den Druck von Ziel- und Leistungsvorgaben der Unternehmensspitze. Da bereits in der Vergangenheit und insbesondere seit den Strafrechtsänderungen die Thematisierung der Rolle von Korruption für den normalen Geschäftserfolg tabuisiert war, wurde auch bei der Festsetzung von Leistungszielen für Regionen und Produktionsbereiche weder erörtert noch berücksichtigt, wieweit der geschäftliche Erfolg von korruptivem Handeln abhing. Die Ziele wurden vorgegeben, ohne die zu ihrer Erfüllung erforderlichen und angemessenen Mittel zu spezifizieren – und dies förderte implizit den Druck, im Zweifelsfall auch korruptive, wiewohl illegale Praktiken als Mittel anzuwenden, um die Vorgaben des Vorstands zu erfüllen und in der Leistungsbeurteilung und Entgeltzumessung gut abzuschneiden. In diesem Dilemma half den Beteiligten, dass Auslandsbestechung letztlich im Unternehmenszusammenhang als zulässiges oder gar notwendiges und legitimes Mittel angesehen wurde, die Leistungsziele zu erfüllen. Ich kann nur vermuten, dass die Versuchung einer Normalisierung der Korruption für die Geschäftsbereiche und Produkte besonders groß war, die nach Preis und Qualität keine klaren Wettbewerbsvorteile in den Auslandsmärkten hatten.

Die verschiedenen Hierarchieebenen des Unternehmens dürften diesem Dilemma in unterschiedlicher Weise ausgesetzt gewesen sein: Der Zentralvorstand konnte sich aus der Verantwortung ziehen und sich in strategischer Ignoranz üben: Formen der indirekten Steuerung ersetzten nämlich die Anordnung; die Verantwortung für korruptives Verhalten konnte völlig auf Untergebene abgewälzt werden; Unregelmäßigkeiten konnten übersehen, herabgespielt oder individuellen Sündenböcken zugerechnet werden, solange der Geschäftserfolg stimmte. In einer anderen Situation befanden sich aber in der divisionalisierten Organisation wohl die Vorstände und Manager der Bereiche: Sie mussten ja, um die vorgegebenen Leistungsziele zu erfüllen oder gar zu übertreffen, die Zahlung und die illegale Verbuchung von Schmiergeldern autorisieren und die organisatorischen Voraussetzungen für wiederholte korruptive Transaktionen schaffen. Die Autonomie der Bereiche gegenüber dem Zentralvorstand schirmte daher den Zentralvorstand vor Verantwortung ab, bot zugleich den Bereichen die Möglichkeit die korruptiven Praktiken intern zu organisieren und vor Einsicht zu schützen. Immerhin ist die Rolle auch zentraler Organisationseinheiten bei der Verschleierung der korruptiven Verhaltensweisen nicht zu übersehen.

Das System einer indirekten Leistungssteuerung durch Zielvorgaben und individuelle Leistungsentgelte dürfte in beträchtlichem Maße dazu beigetragen haben, dass die normalisierte Korruptionspraxis nicht in Frage gestellt wurde und die Beteiligten das oben geschilderte Paradox nicht zu thematisierten. Die Leistungspolitik setzte sie in ein heikles Dilemma: Wenn sie sich korruptiven Praktiken verweigerten (und damit den Rechtsnormen wie auch dem Verhaltenskodex Genüge taten), konnten sie zwar nicht aus diesem expliziten Grunde direkt sanktioniert werden. Sie konnten aber indirekt (und dies auch explizit) sanktioniert – etwa nicht befördert, versetzt, geringer entgolten etc. – werden, wenn sie die vorgegebenen Leistungsziele nicht erreichten – und diese Leistungsziele waren mitunter so gesetzt, dass sie nur mit korrupten, freilich als legitim erachteten Transaktionen zu erfüllen waren.

5. Fazit

Nicht nur wegen der Bedeutung des Unternehmens und des Volumens der Bestechungssumme sucht der Korruptionsfall Siemens in Deutschland seinesgleichen. Außergewöhnlich ist auch, dass es sich um eine langjährig eingeübte und normalisierte, in die Unternehmensorganisation eingelassene Bestechungspraxis im Interesse des Unternehmens handelte, die von der Unternehmensspitze direkt oder durch ‚strategische Ignoranz' gefördert wurde. Die Organisationspraxis der *Grand Corruption* im internationalen Geschäftsverkehr, lange Zeit in Deutschland nicht illegal und sogar staatlich durch Abschreibungsmöglichkeiten gefördert und legitimiert, wurde auch nach den Strafrechtsänderungen im Zuge der Umsetzung der OECD-Konvention von 1997 in veränderter Form fortgesetzt und mit neuen Rationalisierungsmustern legitimiert. Die Qualifizierungs-, Aufstiegs- und Sozialisationsmechanismen des herkömmlichen, stark ausgebildeten und abgeschotteten internen Arbeitsmarkts, insbesondere das ‚Kaminsystem', förderten auch die Einübung in die diskreten, korruptiven Praktiken.

Die normalisierte korrupte Organisationspraxis, obgleich von den Beteiligten im Unternehmensinteresse getragen, bürdete diesen aber individuell die Risiken auf, da die Teilnahme an korruptiven Transaktionen einerseits erwartet oder zumindest geduldet wurde, sie aber andererseits gleichermaßen den Verhaltenskodex des Unternehmens und seit 1999 auch strafrechtliche Normen verletzte. Dass trotzdem die Korruptionspraxis perpetuiert wurde, erklärt sich aus paradoxen Verhaltensanforderungen und dem System der Leistungssteuerung. Nur unter Risiken konnten die Beteiligten die Widersprüchlichkeit der Verhaltensanforderungen thematisieren oder sich dem Konformitätsdruck der normalisierten Korruptionspraxis entziehen. Dass letztere freilich trotz paradoxer Verhaltenserwartungen eine solche Kontinuität behielt, kann nicht erklärt werden, wenn nicht auch eine Leistungspolitik berücksichtigt wird, die Leistungsziele vorgibt und ihre Erfüllung sanktioniert und im Entgeltsystem honoriert, zugleich aber offen lässt, ob diese Ziele mit legalen Mitteln zu erreichen sind.

Aus all diesen Gründen ist klar, dass die organisierte Korruption, wenn auch die Aufdeckung durch Hinweise von innen eingeleitet, nur durch Intervention von außen aufgebrochen werden konnte. Unter dem Druck staatsanwaltschaftlicher Ermittlungen und möglicher massiver Sanktionen der SEC und unter den Augen einer kritischen Öffentlichkeit hat die neue Unternehmensleitung begonnen, das Korruptionssystem schonungslos aufzudecken und ihre Schlüsselfiguren zu sanktionieren – nach Jahren der Doppelbödigkeit, in denen nach außen der Antikorruptionsdiskurs gepflegt, nach innen die Auslandsbestechung institutionalisiert, legitimiert und honoriert wurde, in denen innen Hinweisgeber als Nestbeschmutzer denunziert und aufgedeckte Korruptionsvergehen nach außen als Einzelfälle heruntergespielt wurden.

Es ist anzunehmen, dass die Maßnahmen – Untersuchungen, Amnestieangebote und Sanktionen, ‚ethische Schulung' und Verpflichtungserklärungen der Beschäftigten u. a. – dazu beitragen, die Korruptionsroutinen aufzubrechen. Werden sie aber mit der Auslandsbestechung aufräumen?

Es lassen sich aus den Befunden wie auch den Hypothesen einige Schlüsse zur Korruptionsbekämpfung ziehen.

Erstens. Interne Kontroll- und Kommunikationsmechanismen versagen gerade gegenüber Risiken organisierter, vermeintlich im Firmeninteresse betriebener Korruption. Ein Hinweisgebersystem mit externem Monitoring kann Kommunikationskanäle für Personen schaffen, die Repressalien befürchten müssen, wenn sie intern auf korruptive Transaktionen hinweisen; es kann die Tabuisierung korrupter Normalpraktiken aufbrechen – und bietet Personen, denen die paradoxen Anforderungen unerträglich geworden sind, einen Ausweg.

Zweitens. Die Korruptionsbekämpfung auf Unternehmensebene greift zu kurz, wenn sie nur das Korruptionsverbot stark macht, neue institutionelle Kontrollmechanismen und Kommunikationskanäle entwickelt und die organisatorischen Grundlagen etablierter Netzwerke – etwa durch Auflösung der Bereiche und Zentralisierung der Geschäftsvorgänge – zu beseitigen sucht. Sie muss darüber hinaus die Thematisierung paradoxer Anforderungen fördern und die bislang den individuellen Beschäftigten aufgebürdeten Handlungsdilemmen für den Diskurs öffnen und auflösbar machen.

Drittens. Antikorruptionspolitik belässt die Beschäftigten unter Korruptionsdruck, wenn nicht auch die Leistungs- und Gratifizierungspolitik überprüft wird und Leistungsziele so verhandelt und festgelegt werden, dass sie auch unter Korruptionsverzicht, mit legalen und legitimen Mitteln und nach den Prinzipien des von den Beschäftigten unterschriebenen Verhaltenskodex realistisch erreicht werden können. Wird die Überprüfung der Leistungspolitik aus der Korruptionsbekämpfung ausgeklammert, werden die Korruptionsrisiken nur individualisiert, vollständig auf die Beschäftigten abgewälzt.

Viertens. Korruptionsbekämpfung auf Unternehmensebene kann durch Maßnahmen auf gesellschaftlich-politischer Ebene gestützt werden: Ein wichtiges Mittel zu verhindern, dass Korruptionsdruck zwar vom Unternehmen erzeugt, Verantwortung und letztlich auch die Risiken aber auf die individuellen Beschäftigten abgewälzt werden kann, wäre die Einführung des Unternehmenstrafrechts: Die Paradoxien und Dilemmata, mit denen jetzt allein die Beschäftigten umgehen und die korruptive Praxis stützen, würden damit unmittelbar zum Problem und zum Risiko des Unternehmens und der Unternehmensleitung.

Literatur

Ashforth, B. E./Anand, V. (2003) The Normalization of Corruption in Organizations, *Research in Organizational Behavior* 25, 1-52.

Bateson, G. (1972) *Steps to an Ecology of Mind*, San Francisco.

Bray, J. (2005) The use of intermediaries and other 'alternatives' to bribery, in: J. von Lambsdorff/M. Taube/M. Schramm (Hrsg.) *The New institutional Economics of Corruption*, London, 112-137.

Coleman, J. W. (1987) Toward an integrated theory of white-collar crime, *American Journal of Sociology* 93, 406-439.

Delius F. C. (1973) *Unsere Siemens-Welt. Eine Festschrift zum 125-jährigen Bestehen des Hauses Siemens*, Berlin.

Faßbauer, G./Schirmer, F. (2006) Moderne Leistungssteuerung und Anomie. Eine indizienbasierte Analyse der Entwicklung in modernen Organisationen, *Soziale Welt* 57, 351-372.

Feldenkirchen, W. (2003) *Siemens. Von der Werkstatt zum Weltunternehmen*, 2. Aufl., München.

Feldenkirchen, W./Posner, E. (2005) *Die Siemens-Unternehmer*, München.

Hirschman, A. O. (1970) *Exit, Voice, and Loyality: Responses to Decline in Firms, Organizations, and States*, Cambridge.

Höffling, C. (2002) *Korruption als soziale Beziehung*, Opladen.

Kocka, J. (1969) *Unternehmensverwaltung und Angestelltenschaft am Beispiel Siemens 1847-1914: zum Verhältnis von Kapitalismus und Bürokratie in der deutschen Industrialisierung*, Stuttgart.

Kotthoff, H./Wagner, A. (2008) *Die Leistungsträger. Führungskräfte im Wandel der Firmenkultur – eine Follow-up-Studie*, Berlin.

Kratzer, N./Sauer, D. (2003) Entgrenzung von Arbeit. Konzept, Thesen, Befunde, in: K. Gottschall/G. G. Voss (Hrsg.) *Entgrenzung von Arbeit und Leben. Zum Wandel der Beziehung von Erwerbstätigkeit und Privatsphäre im Alltag*, München/Mering, 8-123.

Lässig, A. (1999): *Gestaltung der Organisationskultur. Evaluation kultureller Veränderungsprozesse in der Zentralabteilung Technik der Siemens AG*, Diss. Ludwig-Maximilians-Universität München.

Leyendecker, H. (2007) *Die großer Gier. Korruption, Kartelle, Lustreisen: Warum unsere Wirtschaft eine neue Moral braucht*, Berlin.

Lüscher, L. S. (2006) The social construction of organizational change paradoxes, *Journal of Organizational Change Management* 19, 491-502.

Merton, R. (1995) *Soziologische Theorie und soziale Struktur*, Berlin.

von Pierer, H./Homann, K./Lübbe-Wolff, G. mit K. Friemel (2003) *Zwischen Profit und Moral – Für eine menschliche Wirtschaft*, München.

Putnam, L. L. (1986) Contradictions and paradoxes in organizations, in: L. Theyer (Hrsg.) *Organization communications: Emerging Perspectives*, Norwood, 151-167.

Rose-Ackerman, S. (1996) Democracy and ‚Grand' Corruption, *International Social Science Journal* 149 (Sept.), 365-380.

Stadler, C. (2004) *Unternehmenskultur bei Royal Dutch/Shell, Siemens und DaimlerChrysler*, Stuttgart.

Voss, G. G./Pongratz, H. (1998) Der Arbeitskraftunternehmer. Eine neue Grundform der Ware Arbeitskraft?, *Kölner Zeitschrift für Soziologie und Sozialpsychologie* 50, 131-158.

Watzlawick, P./Beavin, J. H./Jackson, D. D. (1969) *Menschliche Kommunikation – Formen, Störungen, Paradoxien*, Bern.

Im Sinne des Unternehmens? Soziale Aspekte der korrupten Transaktionen im Hause Siemens

Peter Graeff

1. Einleitung

Wenn man versucht, die Folge von Korruptionsskandalen bei Siemens zu analysieren, dann stellt sich die Frage, von welcher Perspektive man auf das Unternehmen als Untersuchungsobjekt blicken sollte. Wenn man sich nur auf die sogenannten „Bestechungsfälle" fokussiert und damit die Brücke zur Korruptionsforschung schlägt, die sich mit Amtsmissbrauch beschäftigt, dann bietet sich eine unternehmensumfassende Sichtweise an, bei der etwa firmeneigene Präventionsmaßnahmen gegen missbräuchliches Verhalten als erklärende Größen herangezogen werden können. Siemens hat beispielsweise einen Code of Conduct eingeführt, der es den Mitarbeitern verbietet, Korruptionsvorgänge zu initiieren oder zu begleiten.

Eine solche Perspektive impliziert, dass gruppen- oder firmeneigene Normen nicht erklärt werden können, sondern als erklärende Größe verwendet werden. Eine solche Sichtweise muss die Entscheidung von Mitarbeitern gegen ein Mitmachen an korrupten Praktiken ignorieren und sucht immer nach Lösungen in formalen Regelungen außerhalb der sozialen Struktur.

Letztlich muss man aber in der Siemenssache – wie bei vielen anderen Korruptionsfällen auch – die Frage beantworten, warum Mitarbeiter trotz oder gerade wegen offizieller Verbote engmaschige soziale Netzwerke aufbauen, die zwar außerhalb des Raums formaler Regelungen, aber gleichzeitig in perfekter Koexistenz mit diesen, Missbrauchshandlungen generieren. Die Beschreibung von Korruption als Netzwerkphänomen ist von verschiedenen Autoren mit unterschiedlicher theoretischer Perspektive geleistet worden (Hiller 2005; Höffling 2002; Bannenberg 2002). In diesem Beitrag wird von der empirischen Beobachtung ausgegangen, dass die Phänomene, die in der Verwaltung und bei Privatunternehmen als Korruption bezeichnet werden, in der überwiegenden Mehrzahl von solchen Personen begangen werden, die ihr Arbeitsumfeld bereits gut kennen. Dieser Punkt impliziert, dass diesen Personen die Normen und Vorschriften ebenso gut bekannt sind wie die Verfahrensabläufe, dass sie mithin also ein hohes Niveau an Organisationswissen besitzen. Er legt auch nahe, dass sie in der Regel Wissen über ihre Kollegen und Vorgesetzten aufgebaut haben und deren Verhalten und Einstellungen einschätzen können. Wissen über das Arbeitsumfeld und über die Kollegen kann in Vertrauen und in eine Norminternalisierung münden, welche in einer soziologischen Betrachtung als Begründung für korrupte Netzwerkstrukturen in Siemens herangezogen werden können.

Es gibt im Siemensfalle wie in jeder anderen Korruptionssituation soziale Bedingungen, die notwendigerweise vorhanden sein müssen, wenn ein Missbrauch durchgeführt werden soll. Es liegt allerdings in der Entscheidung des Individuums, die Missbrauchstat dann tatsächlich umzusetzen. Wenn diese kriminellen Handlungen von einer Personengruppe in einem Netzwerk begangen werden, können sich personenunabhängig Normen etablieren, welche Sozialisationscharakter für die Gruppe und vor allem für neue Mitglieder besitzen.

Der Beitrag soll zeigen, dass eine Argumentation, die an den sozialen Aspekten der Korruption ansetzt und Vertrauen und Normen in Netzwerkstrukturen als Erklärungsgrößen benutzt, in ihrer Erklärungswirkung sowohl Einzelfälle im langwierigen Siemensskandal wie auch die Gesamtheit der Fälle als Problem normativer Konflikte abdecken kann. Damit kann auch das Paradoxon aufgelöst werden, dass die Mitarbeiter mit unethischen Vorgehensweisen Unternehmensziele entgegen des Code of Conducts realisieren.

2. Gelegenheiten und soziale Beziehungen

Wenn man sich nur auf Korruptionsfälle bei Siemens beschränkt, die einen Bestechungscharakter haben (was typische Betrugs- und Veruntreuungsdelikte ausschließt), dann kann man vermuten, dass die Struktur der Korruptionsvorfälle dem Missbrauch einer öffentlichen Position zum privaten Vorteil – also der Korruption in einem öffentlichen Amt – ähnlich sein könnte.[1] Siemens tritt bei den gegen den Konzern gerichteten Anschuldigungen als Unternehmen auf, aus dem Mitarbeiter stammen, die bestochen haben, um Aufträge oder Vorteile zu erhalten. Diejenigen, die bestochen wurden, haben ihre zugewiesene Position in einer öffentlichen Verwaltung oder einer Firma zu ihrem Vorteil ausgenutzt, um den Siemensmitarbeitern die Vorteile bzw. Aufträge zukommen zu lassen (Frankfurter Rundschau 28.07.2008). Der Fall wird dadurch komplex, dass die Akteure, die bestochen haben, mit dieser Korruption durchaus im Sinne von Siemens gehandelt haben könnten, weil Siemens direkt (als Auftragnehmer) oder indirekt (als Nutznießer von Wirtschaftsbeziehungen der bestechenden Akteure) Vorteile daraus zieht. Bevor auf dieses zentrale Element bei den Siemens-Bestechungsvorfällen näher eingegangen wird, sollen zwei zunächst als relativ banal erscheinende Aspekte von Korruption

1 Im deutschen Strafgesetzbuch gibt es den Paragraphen für Bestechung in der Privatwirtschaft (299 StGB) erst seit wenigen Jahren (vgl. Niehaus in diesem Band). Die Idee der Amtsträgerbestechung, in der ein öffentlich Bediensteter seine Position zum privaten Vorteil ausnutzt, wurde dabei auf den Paragraphen 299 StGB übertragen, wenngleich das zu schützende Rechtsgut im privatwirtschaftlichen Falle der Wettbewerb, im öffentlichen Amt aber das Vertrauen der Bevölkerung in die staatlichen Institutionen ist.

herausgearbeitet werden, die aber für die Erklärung der Korruptionsfälle bei Siemens durchaus einen Beitrag leisten können: einerseits konnten die Täter nur dann eine Korruption durchführen, wenn sie eine (selbst geschaffene oder eingetretene) Gelegenheit besaßen, die Missbrauchshandlungen auch durchzuführen (Hirschi 1969; Cohen/Felson 1979). Andererseits mussten bestimmte soziale Beziehungen in den Korruptionsnetzwerken existieren, welche sich unter Berücksichtigung und in Abgrenzung zu den formalen gesetzlichen und unternehmensinternen Regeln bilden.

Gelegenheiten, um Missbräuche durchzuführen, sind oftmals kein Zufall (Matsueda et al. 2006: 102). Eine Korruption setzt voraus, dass man sich mit den Gegebenheiten in der Organisation, den Geschäftspraktiken und den Kollegen bzw. Vorgesetzten auskennt. Im jährlich erscheinenden Bundeslagebild Korruption wird regelmäßig anhand einfacher Häufigkeitsauszählungen für das Hellfeld festgestellt, dass Beschäftigte mit einer Aufgabenwahrnehmung von drei oder mehr Jahren deutlich häufiger Korruptionsdelikte begehen (und dann auch entdeckt werden), als kürzere Zeit Beschäftigte (vgl. Bundeskriminalamt 2007: 12; Bannenberg 2002). Dieses wiederkehrende Ergebnis spricht einerseits dafür, dass Korruption nicht das Resultat spontaner Handlungen ist, und andererseits, dass die Täter im Durchschnitt ein solides Wissen über die Organisation, ihre Ablaufprozesse und die Mitarbeiter besitzen, das ihnen sowohl bei der Planung wie der Durchführung der Taten dient. Mit längerer Zugehörigkeitsdauer wachsen auch die Kenntnisse über die Organisation an. Darüber hinaus ist aber auch zu vermuten, dass die soziale Integration einer Person mit steigender Zugehörigkeitsdauer zunimmt. Es ist daher davon auszugehen, dass Korruptionstäter, die bereits länger der Organisation angehören, in sozialen Netzwerken integriert sind.

Die sozialen Netzwerke, in denen die Täter agieren, sind teilweise in formale Beziehungen eingebettet. Die Netzwerke sind Teil der Vorgesetzten-Mitarbeiter-Hierarchie oder der Kollegenverhältnisse in Arbeitsteams. Der für Korruptionsdelikte wesentliche Teil der Netzwerke ist aber informal geregelt, wobei dieser Teil als wesentliches Charakteristikum die Eigenschaft besitzt, in Konflikt zu den formalen Regelungen zu treten. Dieser Konflikt spiegelt sich in Prinzipal-Agenten Modellen in den Interessengegensätzen von Prinzipal und Agent wieder.

Üblicherweise wendet man solche Modelle auf eine Situation an, in der Akteure versuchen, ihre Interessen über die Ausnutzung ihrer Machtressourcen mit Hilfe korrupter Transaktionen umzusetzen. Solche Modelle können zunächst auch als Rahmen für die Betrachtung der Korruptionsvorgänge von Siemens verwendet werden: der Akteur, der seine Position illegal zu seinem Vorteil ausnutzt, wird „Agent" genannt, während der Akteur, dem ein Vorteil durch die Ausnutzung der Position des Agenten entsteht, mit „Klient" bezeichnet wird. Der Agent hat seine Macht durch einen Prinzipal verliehen bekommen (z.B. ein Vorgesetzter, der Aufsichtsrat oder das Gesamtunternehmen usw.), und diese Macht missbraucht er entgegen den Vorschriften des Prinzipals (welche meistens auf Gesetzen oder Regelungen beruhen) zugunsten des Klienten (Banfield 1975; Graeff 2005).[2] Man kann den Siemensfall mithilfe des Prinzipal-Agenten Modells (vor allem bei Auslandsbestechung) in der Weise interpretieren, dass die Siemensmitarbeiter als Klienten an den Agenten einer Firma oder eines Staates herantreten und diesen bestechen, um Aufträge oder Vorteile zu erhalten.

Im Falle von Siemens ist es allerdings nicht immer klar, ob die Mitarbeiter, die als Klienten auftreten, zumindest nicht implizit im Sinne des Prinzipals und damit im Sinne des Hauses Siemens gehandelt haben. Denn über korrupte Transaktionen bekam Siemens Aufträge oder Wettbewerbsvorteile gegenüber Konkurrenten, welche die Firma sonst nicht bekommen hätte (vgl. „Schwarzes Geld und Weiße Ware" in Frankfurter Rundschau 03.07.08). In diesem Fall ist also weniger die Beziehung zwischen Klienten und (vermutlich einem ausländischen) Agenten interessant, sondern eher die Beziehungen zwischen den Klienten untereinander und Beziehungen zwischen den Klienten und ihren siemensinternen Auftraggebern (die in gewisser Weise eine Prinzipalfunktion einnehmen). Diese Beziehungen sind wohl mitentscheidend dafür, dass sich ein Klient für oder gegen eine Korruption entscheidet. Im Falle von Siemens agieren die Klienten nicht freiberuflich, sondern innerhalb der Gegebenheiten des Gesamtunternehmens.

Eine Übertragung von modellhaften Vorstellungen über Korruption in öffentlichen Ämtern auf privatwirtschaftliche Situationen besitzt den Vorteil, dass auf diese Weise die Beziehungen zwischen den relevanten Akteuren deutlich gemacht werden können. Zwar muss die Kernvorstellung jeder Korruption – dass eine Person oder eine Gruppe eine ihr von dritter Seite zugewiesene Machtposition gegen deren Interesse zum eigenen Vorteil ausnutzt – nicht durch die Übertragung auf privatwirtschaftliche Vorgänge aufgegeben werden. Allerdings sagen Prinzipal-Agenten Modelle wie etwa das von Banfield (1975) üblicherweise nichts über ein passendes Konzept des öffentlichen Interesses oder über ein Verständnis von dem, was der Prinzipal vertritt und wogegen der Agent verstößt. Die Geber-Nehmer-Beziehung ist der zentrale Ansatzpunkt solcher Modelle, während Bestechungsfälle im privatwirtschaftlichen Raum die Besonderheit aufweisen können, dass die Korruptionsfälle immer auch im Interesse des Prinzipals auftreten können, mithin also ein gesamtes (kriminelles) Unternehmen Vorteile aus der Korruption zieht. In diesen Fällen scheint ein solches Prinzipal-Agenten Modell nicht vollständig zu sein, weil der Agent ja zwar illegal handelt, aber auch immer zur Rechtfertigung (Neutralisierung)

2 Banfield (1975: 587) nennt einen Agenten *persönlich korrupt*, wenn dieser das Vertrauen des Prinzipals missbraucht, d. h. wenn er die Interessen des Prinzipals wissentlich seinen eigenen unterordnet. Ein Agent ist *von Amts wegen korrupt*, wenn er zwar den Interessen des Prinzipals entspricht, aber bewusst eine Regel verletzt, also zwar im Interesse des Prinzipals, aber illegal oder unethisch handelt. Die Siemensvorfälle beziehen sich im Sinne von Banfield damit vornehmlich auf seinen zweiten Fall, allerdings ist die Übertragbarkeit dieses für öffentliche Ämter konzipierte Modell eingeschränkt. Das Banfield-Modell interpretiert Korruption als eine Erscheinung, die *staatlichen* Behörden durch deren Struktur und deren Eigenarten innewohnt.

anführen kann, dass auf diese Weise etwa ein Auftrag für das Unternehmen gesichert werden konnte oder das Unternehmen eine Vergünstigung erhält. Der Agent wirkt damit nur „teilweise" den Interessen des Prinzipals entgegen, wenn überhaupt. Im Siemensfall traten die korrupt handelnden Mitarbeiter als Klienten und nicht als Agenten auf, sodass das klassische Prinzipal-Agenten Modell hier nicht direkt anwendbar ist. Um die Struktur der Korruptionsvorgänge bei Siemens hinreichend deutlich abzubilden, ist es notwendig, zumindest zwischen der Unternehmensleitung und den korrupt handelnden Klienten zu unterscheiden. Als Akteure handeln die Klienten immer auch in eigener Verantwortung. Daher ist es nicht möglich, die Korruptionsvorgänge eines Einzelnen oder einer Gruppe als unreflektierte Ausführungen von „Anordnungen von oben" zu sehen. Das aktive Geheimhalten ihrer Tätigkeiten ist nicht nur ein Zeichen für das Unrechtsbewusstsein der Klienten, es zeigt auch, dass sie die „Regeln" korrupter Transaktionen internalisiert haben. Wenngleich das noch kein Argument für die notwendigerweise bei Korruption auftretenden Interessengegensätze zwischen den Ausführern der Korruption und der Unternehmensleitung ist, so deutet es doch darauf hin, dass die Klienten die rechtlichen und unternehmerischen Konsequenzen ihres Handelns wahrnehmen. Die Situation der Korruption bei Siemens lässt sich als ein erweitertes Prinzipal-Agenten Modell fassen (vgl. Abbildung 1), in dem die Klienten bei Siemens ihrerseits ihrem Prinzipal – der Unternehmensleitung – unterstehen und in Kontakt mit dem korrupten Agenten der bestochenen öffentlichen Organisation oder der privatwirtschaftlichen Firma treten.

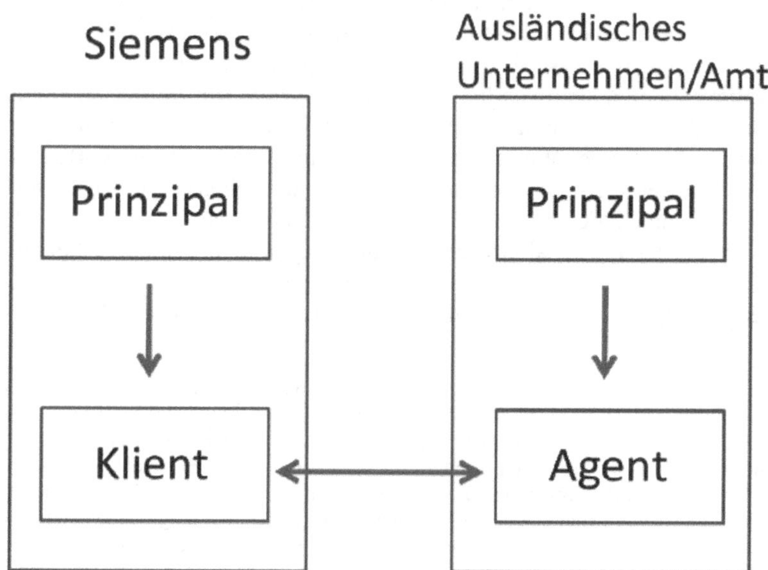

Abbildung 1: Modifiziertes Prinzipal-Agenten Modell für den Siemens-Fall

In Prinzipal-Agenten Modellen kann die Figur des Prinzipals durch konkrete Personen, durch Gremien oder abstrakte Regeln wie allgemeine Gesetzesvorschriften ausgefüllt werden. Üblicherweise fallen gesetzliche Regelungen mit den Verhaltensbedingungen zusammen, die ein Prinzipal von dem Agenten fordert. Selbst wenn man annimmt, dass alle als Siemens-Prinzipal interpretierbaren Entscheidungsgremien (wie Aufsichtsrat oder Aktionärsversammlungen) implizit zugestimmt hätten, wenn ein Klient die Korruption durchführt, um damit auch dem Gesamtunternehmen Vorteile (z. B. gegenüber Wettbewerbern) zu verschaffen, so liegt doch hier trotzdem eine Straftat vor, die bei Entdeckung nicht nur das Einzelgeschäft, sondern auch einen möglichen Reputationsschaden, zuweilen sogar die Möglichkeit der Vereitelung von Nachfolgeaufträgen und eine Geldstrafe nach sich zieht. Unter dieser Prämisse kann Korruption nur dann eine dominante Entscheidungsstrategie für Entscheidungsorgane darstellen, wenn sie davon ausgehen können, dass die Straftat nicht aufgedeckt wird. In der Außendarstellung können Unternehmen keine illegalen Geschäftspraktiken propagieren, was Darstellungen von Siemens Vorstandsmitgliedern als Reaktion auf die Korruptionsvorwürfe belegen (vgl. etwa „Wie ein Kind zu Weihnachten“, Süddeutsche Zeitung, 26.05.2007). Dieser Umstand begrenzt das Verhalten von Entscheidungsorganen des Unternehmens auch nach innen. Selbst wenn diese implizit die Korruption ihrer Mitarbeiter in Klientenpositionen billigen oder möglicherweise sogar erwarten, so können sie dies nicht nach außen kommunizieren. Entscheidend ist jedoch der Punkt, dass sie das Korruptionsverhalten ihrer Mitarbeiter nicht mittragen oder sogar verurteilen werden, sobald die Korruption entdeckt ist.[3] Zumindest in diesem Punkt lässt sich das der Korruption gegenläufige Interesse des Siemens-Prinzipals interpretieren, welches Banfield in seinem Modell als notwendiges Kriterium für eine Korruptionstat annimmt.

Die strikte Interessentrennung von Siemens-Prinzipal und Klient besitzt nicht nur theoretische Implikationen. Wenn man versucht, die Frage zu beantworten, warum ein Klient sich für eine Korruption mit einem (ausländischen) Agenten entscheidet, dann besteht für den Klienten keine Eindeutigkeit über die Interessen des Unternehmens bzw. der als Prinzipal tätigen Entscheidungsorgane. Für den Klienten stellt sich die Entscheidungssituation so dar, als ob er „zwei Herren“ oder „zwei Zielen“ dient: einerseits Profit zu machen und indirekt das Überleben des Unternehmens

3 Man könnte an dieser Stelle das solidarische Verhalten von Siemens mit manchen der Korruption überführten und angeklagten Mitarbeitern als Gegenargument anführen. In der Tat kümmerte sich das das Unternehmen um eine Reihe von Mitarbeitern, etwa indem es die Anwaltskosten bei den Prozessen bezahlte. Damit kann das Unternehmen einerseits Signale an andere potenziell der Korruption anklagbare Mitarbeiter senden und diese in ihrer Loyalität bestärken, was die Möglichkeit des Whistleblowing reduzieren mag. Andererseits kann im Falle eines juristischen Sieges auch die Schuld von Siemens und damit ein Reputationsschaden reduziert werden. Falls das nicht möglich erscheint, greift das Unternehmen auch auf juristische Mittel wie etwa die Geltendmachung von Schadensersatzansprüche gegen die korrupten Akteure zurück (Die Welt 30.04.08; Focus Magazin 16.06.08).

(und sein eigenes) zu sichern, andererseits aber die gesetzlichen Vorgaben einzuhalten, an die auch die Entscheidungsorgane des Unternehmens gebunden sind. Wendet man also das erweiterte Prinzipal-Agenten Modell auf das Verhältnis von Siemens-Prinzipal und Klient an, kommt es (möglicherweise für die Klienten selbst) zu einer Verwirrung darüber, was nun eigentlich die Interessen des Prinzipals sind (Prinzipalinteressenverwirrung). Diese Verwirrung kann im Falle von Siemens dann deutlich werden, wenn bei korrupten Geschäften beteiligte Mitarbeiter Selbstverpflichtungen der Anti-Korruptionsabteilung Compliance unterzeichnen sollen.[4]

Sofern sich ein Klient nicht ausschließlich selbst durch die Korruption bereichert, gibt es zwei Möglichkeiten, auf welche Weise ein Unternehmen wie Siemens ebenfalls Vorteile aus der Korruption ziehen kann:

Die erste Möglichkeit besteht darin, dass der Klient auf eigene Rechnung handelt, sodass sich die Vorteile des Korruptionsgeschäftes für das Gesamtunternehmen (wie die Auftragsvergabe und Beschäftigung der Siemensmitarbeiter) nur als ein unintendierter Nebeneffekt erweisen. In diesem Fall würde es sich um einen „Amtsmissbrauch" in dem Sinne handeln, dass die Unternehmensleitung bei Siemens hierin den Missbrauch der Klienten bei Entdeckung ahnden würde. Das wäre beispielsweise nach ökonomischen Kriterien dann der Fall, wenn der Prinzipal die Rufschädigungs- und Transaktionskosten (wie Gerichtskosten, Anwaltskosten, Kosten der Arbeitsumstrukturierung etc.) als höher bewerten würde als die Vorteile der Korruption für das Gesamtunternehmen (und damit auch für sich selbst). In diesem Fall spielen die sozialen Beziehungen zwischen dem Klienten, seinen Kollegen und Vorgesetzten (Prinzipale) keine Rolle für die Entscheidung des Klienten. Die relevanten Einschätzungen für den Erfolg in dieser Korruptionssituation liegen in der Beziehung zwischen Agent und Klient. Nur wenn Agent und Klient darauf bauen können, dass jeder seinen Teil der illegalen Geschäfte fair erbringen wird, wird sich jeder der Beteiligten auf die Korruption einlassen.

Auch wenn es Einzeltäter bei Siemens in bestimmten Fällen gegeben haben sollte, so hat doch das Unternehmen selbst gegen diese Korruptionsmöglichkeit vorgebeugt und deren Auftretenshäufigkeit reduziert, indem es etwa Kleingruppen zur Verhandlung mit (ausländischen) Klienten schickte und keine Einzelpersonen (Der Spiegel 16/2008). Im Falle einer Korruption kommen damit wieder formal ungeregelte soziale Beziehungen zwischen den Gruppenmitgliedern ins Spiel wie etwa Vertrauensprozesse, deren Tiefe durch die Dauer des bisherigen Umgangs miteinander und der Wahrscheinlichkeit der zukünftigen Transkationen bestimmt wird. Ob-

4 Die zurzeit wegen Korruption bei Siemens vor Gericht stehenden Manager bestätigen in ersten Äußerungen diesen Eindruck. Die Berliner Zeitung berichtet in Ausgabe vom 27.05.2008 von den Aussagen des Reinhard Siekaczek folgendermaßen: „Als er sich 2004 weigerte, die Selbstverpflichtung der Anti-Korruptionsabteilung Compliance zu unterschreiben, war für ihn bei Siemens Schluss. „Die können mich doch nicht zwingen, eine Erklärung zu unterzeichnen, dass ich mich an Recht und Gesetz halte, und gleichzeitig von mir verlangen, das Gesetz zu brechen, indem ich die Schmiergeldkassen verwalte", wird er später an diesem Tag dem Richter sagen".

wohl es bei der Überweisung von Korruptionsbeträgen Routine gegeben hat,[5] liefen die Verhandlungen, in denen Korruption eine Rolle spielte, eher individuell und personenspezifisch ab.

Die zweite Möglichkeit besteht darin, dass der Klient im Sinne und möglicherweise (explizit oder implizit) mit Wissen des Vorgesetzten oder der Kollegen, vielleicht sogar mit deren Unterstützung handelt. Es existiert eine Netzwerkstruktur, in der das ausführende Organ der Korruption – der Klient – von Unternehmensmitarbeitern unterstützt, zumindest aber gedeckt wird.

Im Folgenden wird nur dieser zweite Fall analysiert, weil der erste den üblichen Bedingungen der Korruption entspricht und in seiner Perspektive die Agenten-Klienten Beziehung berührt. Wenn der Agent mit Wissen des Vorgesetzten handelt, finden die Bedingungen, welche Akteure bei einer Korruption unterworfen sind, auch auf Agent und Vorgesetzten Anwendung.

3. Soziale Aspekte der Korruption

Es ist auch im Falle Siemens ein Charakteristikum der Korruption, dass sie wegen ihrer Illegalität prinzipiell nur im Geheimen stattfinden kann und auf den privaten Handlungsraum der Akteure reduziert bleibt. Eine „Öffentlichkeit“ für korrupte Transaktionen ist auf die (engen) Netzwerke begrenzt, die direkt bei den Vorgängen selbst involviert sind. Es ist im Interesse dieser Akteure, dass diese Geschäfte nicht bekannt werden, ein Umstand, der sich aus der Tatsache ableitet, dass ihr Handeln als illegal aufgefasst wird und strafrechtlich verfolgt werden könnte. Für die Akteure besteht damit potenziell immer die Gefahr, dass sie für ihr Tun bestraft werden. Darüber hinaus gibt es keine formalen Verträge, auf die sich korrupte Mitarbeiter berufen können, wenn Absprachen innerhalb der (korrupten) Netzwerke nicht eingehalten werden. Andere Mechanismen als formale Regelungen müssen die Handlungen der Netzwerkangehörigen koordinieren, von denen einige im Folgenden näher betrachtet werden sollen.

Wenn den Netzwerkangehörigen die Illegalität ihrer Taten nicht bewusst wäre, gäbe es keinen Grund für diese Stillschweigen darüber gegen Dritte zu halten. Bei funktionierenden Netzwerken ist es daher folgerichtig anzunehmen, dass ein korrup-

5 In Prozessberichten zu den neueren Korruptionsfällen werden diese buchhalterischen Routineprozesse deutlich (Frankfurter Rundschau, „Keine Reue“, 20.06.08: 17): „‚Der Zeuge sieht das als ganz selbstverständlich, dass das so läuft', so eine spitze Bemerkung des Richters. Ein Ex-Bereichsvorstand hat gerade beschrieben, wie Bestechungsgeld als Routine angewiesen, in Koffern transportiert und an den Empfänger gebracht wurde. ‚Es war ein völlig normaler Buchungsvorgang', findet der Zeuge, dessen Taten verjährt sind. ‚Es war nicht meine Aufgabe zu hinterfragen', bemerkte ein Siemens-Buchhalter“.

ter Siemensmitarbeiter bewusst handelt.[6] Er wird dann bei jeder Korruptionssituation diese Rahmenbedingungen beachten, nämlich dass er nur im Geheimen agieren kann, dass bei Entdeckung der Handlungen eine Strafe droht und dass informale Absprachen nicht juristisch durchgesetzt werden können.

In der Praxis hat es sich erwiesen, dass bestehende Korruptionsnetzwerke sehr schwer zu zerschlagen sind (vgl. Nell in diesem Band). Die zwischen den Netzwerkangehörigen geknüpften Bande sind eng und von außen kaum angreifbar. Dieser Umstand hängt eng mit dem Nutzen erfolgreicher Korruption zusammen: Akteure können ihren Nutzen durch Korruption nur dann realisieren, wenn jeder von ihnen die Rahmenbedingungen beachtet, sodass der „private" Raum für die korrupten Transaktionen gewährleistet bleibt. Wenn es Whistleblower oder Abweichler innerhalb des Netzwerkes gibt, werden diese die von korrupten Akteuren gefürchtete „Öffentlichkeit" herstellen. Auch im Falle von Siemens haben abweichende Netzwerkmitglieder zur Aufdeckung der korrupten Aktivitäten geführt (Der Spiegel 16/2008). Zum Schutz der eigenen Person und der anderen Mitglieder werden Neulinge in korrupten Netzwerken daher nicht nur sorgfältig ausgewählt, sondern auch entsprechend sozialisiert (Ashforth/Anand 2003).

Unter welcher Bedingung wird eine Gruppe korrupter Akteure einen Neuling rekrutieren, der aufgrund seines Aufgabenbereiches für zukünftige Korruptionen relevant werden könnte, vor allem wenn es sich nicht um eine Routinetätigkeit handelt, bei der die Korruption eine Rolle spielt? Die Rekrutierung setzt eine persönliche Bekanntschaft innerhalb des Unternehmens voraus. Persönliche Einschätzungsprozesse spielen daher die bedeutsamste Rolle. Es bieten sich hier zwei soziologische Erklärungskonzepte an, die zur Beantwortung dieser Frage herangezogen werden können.

Ein rationaler Auswähler wird nur dann für die Aufnahme eines Neulings in das Netzwerk befürworten, wenn dieser davon ausgehen kann, dass der Neuling die Rahmenbedingungen beachten und den Nutzen der übrigen Netzwerkangehörigen nicht gefährden wird. Für ihre risikoreichen Transaktionen benötigen die Akteure in den Netzwerken Handlungssicherheit, welche nicht aus formalen Regelungen abgeleitet werden kann. Die Handlungssicherheit ist gewährleistet, wenn sichergestellt werden kann, dass jeder Netzwerkangehörige die Rahmenbedingungen beachtet. Dieser Umstand könnte über Sozialisierungsprozesse sichergestellt werden (Ashforth et al. 2007). Aus dieser Perspektive betrachtet, kann aber nicht erklärt werden, warum sich neue, bisher noch unsozialisierte Gruppen zusammenfinden. Neben psychologischen Gründen (vgl. Wellen 2004) kann in der Soziologie dafür das gegenseitige Vertrauen der Mitglieder als eine grundlegende Voraussetzung (in unsoziali-

6 Der Spiegel (16/2008) spricht in seiner Titelgeschichte „Die Firma" diesen Umstand mit Zitaten von korrupten Siemensakteuren an: „‚Jedem war klar, dass das, was wir hier tun, illegal ist', sagt da nun einer aus dem Apparat, der gestanden hat. [...] Wer mitzog, wurde geschätzt und geschützt, und wer zur Gefahr wurde, entsorgt und versorgt. ‚Abfindungsbedingte Amnesie' heißt das Mundhalten unter Siemens-Pensionären".

sierten Gruppen) gelten, das auf ihrem Wissen übereinander beruht (Hardin 1992; Kramer 1999: 575). Wenn korrupte Akteure zu anderen Beziehungen aufbauen, die auf eine Korruption herauslaufen sollen, dann setzen sie sich der Gefahr aus, dass der Neuling ihre Taten aufdeckt, sie gehen mithin also ein Risiko ein. Einmal in das Netzwerk integriert, kann jedes Mitglied die übrigen korrupten Akteure gefährden. Die anderen Mitglieder gehen mithin ein vertrauensrelevantes Risiko ein (Deutsch 1973), wenn ein Neuling in ein Netzwerk integriert wird. Vertrauen ist ein sozialer Sicherungsmechanismus, der die nötige Handlungssicherheit in – vornehmlich kleinen – Netzwerken geben kann.[7]

Prinzipiell bieten sich in Korruptionsnetzwerken, vor allem in solchen, die über formale Vorgesetzten-Mitarbeiter Ebenen hinausreichen, auch andere Sicherungsmechanismen wie etwa Erpressung an. Unzweifelhaft kann ein Mitarbeiter von einem Korruptionsnetzwerk erpresst werden, die Rahmenbedingungen der Korruption zu achten und Stillschweigen zu wahren. Naheliegend ist beispielsweise mit dem Verlust des Arbeitsplatzes oder einer Versetzung zu drohen. Diese negativen Anreize zum Stillschweigen können allerdings kaum zur Erklärung herangezogen werden, warum überführte Korruptionstäter in juristischen Prozessen „dicht" halten und andere nicht beschuldigen. Auch das Argument, dass ein Mitarbeiter in dem Unternehmen sozialisiert worden ist, braucht hier eine zusätzliche Erklärung dafür, warum die Sozialisierung auch außerhalb des Unternehmens wirken soll.

Es ist naheliegender anzunehmen, dass die persönlichen Vertrauensverhältnisse zwischen korrupten Akteuren, deren Stärke sich gerade in solchen Situationen wie polizeilichen Verhören oder Gerichtsverfahren beweist, zentrale Gründe für ihre Handlungen darstellen. Die Reziprozität zwischen den korrupten Akteuren hält oftmals auch, wenn vonseiten der Strafverfolgungsbehörden Druck ausgeübt oder Anreize zum Aufdecken der korrupten Verbindungen gegeben werden. Diese Reziprozität kennzeichnet sowohl Korruptionsbeziehungen wie auch die Konzeptualisierung interpersonalen Vertrauens (Neubauer 1999: 96 ff.). Die zuvor genannten Rahmenbedingungen einer Korruptionssituation lassen sich mit dem Vertrauens-Ansatz von Coleman (1990) in Verbindung bringen. Coleman (1990) beschreibt Vertrauen anhand von vier Merkmalen: der Realisierung neuer Möglichkeiten, der Ergebniskont-

7 Im Zuge der nun beginnenden juristischen Aufarbeitung der jüngeren Korruptionsfälle bei Siemens kommen durch Aussagen der Beschuldigten auch Hinweise auf solche Sicherungsmechanismen ans Licht. So berichtet die Berliner Zeitung (27.05.2008) in ihrem Artikel „Verwalter der Schmiergeldkasse" von den Aussagen des Angeklagten Reinhard Siekaczek, der Einblicke in die Reaktionen bei Siemens gibt, als 1998 die Auslandsbestechung durch deutsche Firmen unter Strafe gestellt wurde. „Nun sollten neue Wege gefunden werden. Im Unternehmensbereich Com, der die Telekommunikation umfasste, wurde S. dafür ausgewählt. Es sei eine Frage des Vertrauens gewesen, sagt er nicht ohne Stolz. ‚Ich war sehr lange schon bei der Firma und galt deshalb im Kreis unserer kaufmännischen Leiter als am meisten vertrauenswürdig.' Schon immer seien mit diesen ‚heiklen Geschäften' besonders verlässliche Mitarbeiter befasst gewesen".

rolle des Vertrauensnehmers, der Verpflichtungslosigkeit des Vertrauensnehmers sowie der Zeitverzögerung der vertrauensrelevanten Handlungen.

Da sich Korruption auf gesetzlich verbotene Handlungsmöglichkeiten bezieht, akzeptieren Interaktionspartner, die sich auf eine korrupte Transaktion einlassen, eine Erweiterung ihres Handlungsspielraumes um illegale Alternativen. Nach Coleman (1990: 98) erlaubt Vertrauen als sozialer Sicherungsmechanismus dem Vertrauensnehmer eine Handlung, die sonst nicht realisierbar gewesen wäre. Das Vertrauen von Akteuren ermöglicht bei korrupten Transaktionen einen Nutzenzuwachs, der im Rahmen einer legalen Transaktion nicht möglich gewesen wäre. Allerdings müssen die Akteure dann auch bereit sein, die Illegalität und das dabei auftretende Risiko in Kauf nehmen zu wollen.

Ein weiteres Kennzeichen des Vertrauens ist die Ergebniskontrolle desjenigen, der Vertrauen empfängt. Wenn sich der Vertrauensnehmer als nicht vertrauenswürdig herausstellt, verschlechtert sich die Situation des Vertrauensgebers. Wie andere Korruptionsfälle machen auch die Siemensfälle deutlich, dass Vorteile aus Korruptionsbeziehungen wie auch Verluste (wegen der Reziprozität) einer gegenseitigen Ergebniskontrolle unterworfen sind. Wenn die Mitglieder im Netzwerk vertrauenswürdig handeln, haben alle im Netzwerk einen Vorteil davon. Wenn aber einer nicht vertrauenswürdig handelt, entgeht dem anderen zumindest ein (möglicher) Gewinn bzw. die Gefahr der Entdeckung und Bestrafung des korrupten Verhaltens steigt. Im Einzelfall kann ein Whistleblower ein gesamtes Netzwerk aufdecken oder zumindest eine Reihe von Unternehmensmitarbeitern beschuldigen.

Coleman (1990) geht weiterhin davon aus, dass Akteure in Vertrauensprozessen Ressourcen zur Verfügung stellen, ohne dass der Vertrauensempfänger eine Verpflichtung eingeht. Dieses Merkmal korrespondiert eng mit den Rahmenbedingungen der Korruption: eine offizielle Verpflichtung, die dann noch gesetzlich einklagbar wäre, kann bei der Korruption von keinem Akteur eingegangen werden.

Als letztes Kriterium des Vertrauens führt Coleman (1990) die Zeitverzögerung auf. Vertrauen richtet sich auf zukünftige Handlungen desjenigen, der Vertrauen empfängt, und es beinhaltet daher immer eine Zeitverzögerung. Das Gleiche trifft auch in Korruptionsbeziehungen zu. In erfolgreichen Korruptionsbeziehungen halten alle Beteiligten über die korrupten Transaktionen hinaus „dicht“ und oftmals selbst dann, wenn sie selbst Nachteile (etwa bei dem Verzicht auf eine Strafvergünstigung) in Kauf nehmen müssen. Ob eine Korruption erfolgreich war, ob also die korrupte Transaktion ohne Nachteile für die Akteure abgeschlossen werden kann, wird sich erst zeigen, wenn (beispielsweise aus Verjährungsgründen) keiner der Beteiligten mehr für die Straftat belangt werden kann.

Im Kern kann die Konzeptualisierung des Vertrauens bei Coleman als eine Art Entscheidungsspiel aufgefasst werden, in dem der mögliche Gewinn und Verlust eines Akteurs bei korrupten Transaktionen sowie die Einschätzung, ob sich der Korruptionspartner als fair erweisen wird, die relevanten Entscheidungsparameter sind. Fairness bezieht sich in diesem Fall darauf, dass die Rahmenbedingungen beachtet werden, also sowohl die Geheimhaltung bewahrt als auch seine Leistungen in vorgesehener Weise erbracht werden. Ein rationaler Akteur wird dann Vertrauen zeigen, wenn das Verhältnis der Vertrauenswürdigkeit und Risiko des Vertrauensbruches größer ist als das Verhältnis von Verlust und Gewinn (vgl. Coleman 1990: 99).

Der Vorteil dieses Ansatzes ist, dass er klar die Entscheidungsparameter – Verluste und Gewinne durch Vertrauen und die Vertrauenswürdigkeit des Interaktionspartners – benennt. Außerdem impliziert er eine auch der Korruption inne wohnende Reziprozität, weil „fair abgeschlossene" Korruptionsfälle das Zutrauen der Akteure zueinander steigern müssen. Das Risiko der Akteure ist das kennzeichnende Element dieses Vertrauensbegriffes, der sich soziologisch und sozialpsychologisch aus der Funktion der Informationsreduktion herleiten lässt. Akteure sind üblicherweise nicht in der Lage, die Fülle an (sozial relevanten) Informationen, denen sie ausgesetzt sind, vollständig zu verarbeiten, sodass Mechanismen der Informationsreduktion Handlungsrichtlinien vorgeben (Luhmann 1989). Für persönliche Beziehungen können dabei Informationen aus der Vergangenheit oder Erfahrungen in die aktuelle Vertrauenssituation übertragen und zu einer Erwartung geformt werden. Diese vertrauensvollen Erwartungen geben den Akteuren ein Gefühl der Sicherheit und dienen als Ausgangsbasis für die weitere Interaktion. Anders ausgedrückt impliziert diese funktionale Betrachtung, dass Vertrauen gerade dann entsteht, wenn Akteuren Handlungssicherheit fehlt.

Für die Betrachtung korrupter Transaktionen, in denen Vertrauen und Reziprozität eine Rolle spielen, sind die über den Interaktionspartner gesammelten Informationen untrennbar mit der Einschätzung der Möglichkeit verbunden, dass der andere „unfair" handelt. Korruption aufgrund persönlicher Erfahrungen und aufgrund von Wissen über andere muss mit der Beziehungsdauer positiv korrelieren. Daher muss gelten, dass die Vertrauenswürdigkeit positiv von der Zeit abhängt. Das entspricht auch der zuvor festgestellten empirischen Erfahrung, dass Korruption eher bei Personen auftritt, die sich bereits länger in einer Organisation aufhalten und Verhältnisse und Mitarbeiter eher kennen können.

Es ist nicht anzunehmen, dass Siemensmitarbeiter in das Unternehmen mit dem Ziel wechseln, ihre Position zum Ausüben von Korruption ausnutzen. Erst mit der Zeit werden sie Gelegenheiten entdecken oder angetragen bekommen, um korrupt tätig werden zu können. Sie treffen andere Mitarbeiter, welche aufgrund der Vertrauenseinschätzungen als mögliche Partner bei korrupten Geschäften in Frage kommen. In diesem Sinne können „normale", durchaus positive Arbeitsbeziehungen die Basis für die Entstehung von korrupten Netzwerkstrukturen darstellen (vgl. Lambsdorff 2002: 17). Das Wissen übereinander ist eine grundlegende Entscheidungsgröße, wenn korrupt handelnde, einander vertrauende Akteure ihre Taten in Netzwerken *planen*. Je umfassender das Wissen ist, desto genauer können die Einschätzungen ausfallen und desto zuverlässiger können auch die Erwartungen sein. Wie in vielen Sozialkapitalbeziehungen üblich ist das Wissen über andere oftmals ein unintendiertes Nebenprodukt gewöhnlicher Geschäftsbeziehungen über die Zeit hinweg. Die Reziprozität und damit das Vertrauen der Akteure zueinander kann über verschiedene Einflussgrößen moderiert werden. In der Korruptionsforschung wird für Begünstigungen in Freundschafts- oder Verwandtenkreisen, die per se enge persönliche Beziehungen zwischen korrupten Akteuren und in der Folge Wissen bzw.

Vertrauen bzw. Reziprozität implizieren, der Begriff Nepotismus verwendet. Für den Fall der Korruption in öffentlichen Positionen führt Susan Rose-Ackerman (1999: 98, eigene Übersetzung) dazu aus: „Ein Beamter kann seine Verwandten bevorzugen, indem er ihnen Konzessionen oder andere öffentliche Vorteile einräumt. Er tut es vielleicht nicht nur deshalb, weil er sich damit um sie kümmert, sondern auch, weil sie sich um ihn kümmern und weil es bei ihnen sehr viel unwahrscheinlicher als bei Fremden ist, dass sie das Korruptionsgeschäft aufdecken oder die Vereinbarung brechen". Reziprozität kann über diese Freundes- und Verwandtschaftsbeziehungen auch bereits dann entstehen, wenn gegenseitige Sympathie oder Gemeinsamkeiten wahrgenommen werden (Graeff 1998), auch wenn diese nicht zwangsläufig in korrupte Transaktionen münden müssen.

In theoretischer Perspektive können interpersonale Vertrauensprozesse die nicht formal regelbaren Beziehungen in korrupten Netzwerken und die damit verbundene Handlungsunsicherheit der Akteure erklären. Abweichend von theoretischen Konzepten über generalisiertes oder systemisches Vertrauen, sind interpersonale Vertrauensbeziehungen üblicherweise auf bestimmte Personen bezogen. Wenn die Akteure aber eine gemeinsame Vergangenheit teilen und zukünftig auch miteinander zu tun haben werden (wovon bei Siemensmitarbeitern in der Regel ausgegangen werden kann), entsteht die Reziprozität aus der gemeinsamen Vergangenheit der Akteure, die ihnen Wissen über den anderen zur Verfügung stellt und eine Entscheidung für die Partizipation bei korrupten Aktivitäten möglich macht. Ebenso wichtig erscheint der Umstand, dass die Akteure auch zukünftig miteinander zu tun haben werden.

Unzweifelhaft ist der Erwerb von Informationen über potentielle Netzwerkmitglieder transaktionskostenintensiv und stellt nicht die einzige Möglichkeit dar, mit der Netzwerkmitglieder die Kooperationsbereitschaft eines Neulings beeinflussen können. Jede Organisation greift auf Sozialisierungstechniken zurück, mit denen Verhalten in der Organisation homogenisiert und funktional ausgerichtet wird. Das organisationssoziologische Modell von Ashforth/Anand (2003) zeigt drei Phasen auf, in denen Korruption Teil der Strukturen und Prozesse in Organisationen wird, sodass korrupte Transaktionen von den Organisationsmitgliedern internalisiert werden und an zukünftige Organisationsmitglieder weitergegeben werden. In einem ersten Schritt erfahren korrupte Transaktionen über Routineprozesse eine Institutionalisierung, sodass die zugehörigen Handlungen ohne weitere Überlegungen ausgeführt werden, was auch dazu führt, dass ein Rückbezug auf die Urheber kaum noch möglich wird. Üblicherweise folgt im zweiten Schritt eine (kognitive) Rationalisierung über Prozesse, durch welche die korrupten Akteure ihre eigenen Handlungen sozial zu rechtfertigen glauben. Letztlich wird in einem dritten Schritt die Sozialisierung über Prozesse vorangetrieben, durch die Neulinge die korrupten Praktiken kennenlernen und akzeptieren lernen.

Eine zentrale Annahme im Konzept von Ashforth/Anand (2003) ist, dass die zugrunde liegenden Tätigkeiten auf Gewöhnung und Routinen beruhen, was nur eine unzureichende Ausgangsbasis für die Analyse der Siemens-Fälle darstellt, in denen höchst individuelle Verhandlungen zwischen Klienten und Agenten durchgeführt wurden. Dennoch deutet das Konzept auf rivalisierende Erklärungsmöglichkeiten hin, durch die korrupte Netzwerke stabilisiert werden können. Es mag neben dem interpersonalen Vertrauen auch einen anderen Grund geben, warum korrupte Akteure die gegenseitige Reziprozität unterstellen (ein Grund, der implizit im Ashforth und Anand Konzept enthalten ist), nämlich die Vorstellung korrupter Akteure, dass das Recht auf die Durchführung oder das Unterlassen einer Handlung nicht bei ihnen selbst gesehen wird. Diese Einschätzung wird von Coleman (1990) mit dem Begriff Norm bezeichnet.

4. Normen als Mechanismus der Reduktion von Handlungsunsicherheit

Während Vertrauensbeziehungen zwischen den korrupten Akteuren im Kern auf ihren persönlichen Handlungsraum beschränkt bleiben, weisen die Normen auf eine Situation hin, in der Handlungserwartungen Dritter für die Entscheidung zur Korruption bedeutsam werden. Bleibt man im Rahmen der Theorie von Coleman (1990: 243), dann wird der Begriff der (spezifischen) Norm in Situationen verwendet „[...] wenn das sozial definierte Recht auf Kontrolle der Handlung nicht vom Akteur, sondern von anderen behauptet wird.“ Bei den beteiligten Akteuren besteht also Übereinstimmung darüber, wer das Kontrollrecht über spezifische Handlungen innehat. Normen verändern üblicherweise Handlungen in ihrer Auftretenshäufigkeit, wie man das etwa Gesetzesnormen unterstellen kann, die korrupte Transaktionen verhindern. Es kann aber in Organisationen auch Normen geben, die förderlich für kriminelles Verhalten im Allgemeinen und Korruption im Besonderen sind. Dazu zählen beispielsweise Normen in Arbeitsteams, welche die Mitglieder verpflichten, keine Informationen über Arbeitsvorgänge nach außen zu geben. Wenn diese Korruptionsnormen wirken, dann müssen sie zwangsläufig anderen – meist legalen – Normen entgegen stehen, wie im Folgenden noch näher zu zeigen sein wird.

In einer abstrakteren Deutung konstituieren Normen eine überindividuelle Entität (Berger 1998: 65), die für Organisationsangehörige einen Handlungs- und Erwartungsraum schafft. Der „Sinn“ von Normen kann darin gesehen werden, dass Kontrolle (über Handlungsrechte) gewonnen wird (Berger 1998: 67), wobei die Entstehung von Normen mit diesem „Sinn“ zusammenhängt. So mögen Normen auch deshalb entstehen, weil sie positive Effekte für die Personen haben, die der Norm folgen. Diese funktionalistische Perspektive auf die Entstehung von Normen kann aber nicht als Erklärung dafür gelten, warum ein Akteur meint, nun nicht mehr in dem Besitz des entsprechenden Handlungsrechts zu sein. Als echte Erklärung für die Normenentstehung kann aber folgender Grund angesehen werden: wenn für Akteure Handlungsexternalitäten bestehen, die beispielsweise im Zuge bürokratischer Hemmnisse anfallen, dann können sich Normen entwickeln, welche diese externalen Effekte in ihrer Wirkung abmildern. Beispielsweise können langwierige Buchungsvorgänge oder Überprüfungen, die zu einer Verzögerung der Arbeitsabläufe führen, „auf dem kleinen Dienstweg“ erledigt und dadurch auch beschleunigt werden. Wenn der verkürzte Arbeitsablauf und damit das Überspringen von Überprüfungen ständig durchgeführt wird, ist diese Art des Vorgehens zu einer Art Standard geworden.

Die Existenz von Normen wird in der Literatur üblicherweise noch damit in Verbindung gebracht, dass Zuwiderhandlungen gegen die Norm sanktioniert werden können (Weede 1992: 23-24; Horne 2007). Sanktionen sind in engen sozialen Beziehungssystemen effizienter einsetzbar, weil es dort leichter ist, diese anzuwenden. In Korruptionsnetzwerken, die auf persönlicher Bekanntschaft beruhen, sind potentielle Sanktionen besonders wichtig, weil sie die Akteure davor schützen, dass ein einzelner Abweichler die gesamte Gruppe gefährdet. Netzwerkmitglieder besitzen prinzipiell Machtmittel gegen die anderen, indem sie trotz der Strafandrohung für ihre eigene Person die Illegalität der Korruptionstaten anzeigen. Die mögliche Sanktionierung ist für alle korrupten Akteure in gleicher Weise vorhanden, was auf neue Weise die Bedeutung der zuverlässigen Auswahl von neuen Netzwerkmitgliedern hervorhebt.

Im Allgemeinen können Korruptionsnormen einen Raum vorgeben, in dem Akteure ihre partikularen Interessen zuungunsten Dritter (aber wegen der Geheimhaltung in Unkenntnis von diesen) durchsetzen können. Die Handlungen, die auf der Korruptionsnorm basieren, sind in den meisten Fällen illegal, sie sind aber selten illegitim. Innerhalb einer Gruppe oder eines Netzwerkes sind diese Normen akzeptiert und werden Neulingen auch sozialisiert. Für Neulinge haben diese Normen eine starke Orientierungsfunktion, denn diese können darauf bauen, dass die korrupte Transaktion unabhängig von der Person des anderen Akteurs in einer bestimmten Weise durchgeführt werden kann. Unter einer Entscheidungsperspektive betrachtet bedeutet das, dass die Norm den Akteuren die vertrauensvolle Erwartung der gegenseitigen Reziprozität nahelegt, sodass sie nicht davon ausgehen müssen, für ihre illegalen Handlungen bestraft zu werden. Die entscheidungstheoretische Sichtweise impliziert aber auch, dass die Überlegungen eines Mitarbeiters für oder gegen eine Korruption ein Abwägen verschiedener Normen beinhaltet. Auf der einen Seite existieren die öffentlich bekannten Vorgaben des Unternehmens (etwa in Form eines Code of Conduct), denen im Gesetz auch Strafrechtsregelungen entsprechen. Auf der anderen Seite existieren die Normen und Normalitäten, die sich in Korruptionsnetzwerken ergeben und die immer mit den rechtlichen Regelungen und meist auch mit dem Code of Conduct in Konflikt stehen. Eine Korruption, die im Idealfall ohne direkte Vertrauensprozesse auskommt und lediglich auf Normen beruht, impliziert einen Konflikt zwischen diesen öffentlich bekannten Normen und den netzwerkinternen (Korruptions-) Normen. Falls dieser Konflikt nicht bestehen würde und die Norm basierten Handlungen nicht einer legalen Norm entgegen stünden, könnten die Mitarbeiter ihre Handlungen auch öffentlich machen.

In korrupten Netzwerken bestehen allerdings nicht nur Normen für korrupte Handlungen, sondern auch Normen, die unabhängig von den korrupten Transaktionen die Gruppe schützen.

Korruptionsnormen erfahren Sanktionierung innerhalb der Netzwerke. Eine Korruptionsnorm im Siemens-Fall suggeriert einen Mitarbeiter und Netzwerkmitglied, dass es nicht in seiner Entscheidung liegt, ob er eine Korruption durchführt. „Man macht das halt so", mag eine typische Neutralisierung lauten, aber sie wird mit dem Beachten der Rahmenbedingungen der Korruption gedacht.[8]

Die Normen in Korruptionsnetzwerken, die auf Handlungssicherheit für die Akteure hinwirken, basieren auf Mechanismen starker sozialer Kontrolle, was einerseits deswegen nötig ist, weil nur eine hohe Sozialkontrolle sowohl das Trittbrettfahrer- wie das Abweichlerproblem lösen kann. Andererseits signalisieren die starken normierten Sozialkontrollen dem einzelnen Akteur eine (Gruppen-) Identität, welche sich gerade in Abgrenzung zu allen anderen Nicht-Gruppenmitgliedern aufbaut. Sie vermitteln Zusammenhalt, der eine soziale Komponente darstellt, welche möglicherweise für individuelle Neutralisierungs- oder Rechtfertigungsprozesse bedeutsam werden könnte, immerhin handeln die korrupten Akteure fair und geschlossen untereinander, aber stets in Abgrenzung zu allen außerhalb des Netzwerkes befindlichen Personen. Im Falle von Siemens bieten sich als Neutralisierungsargument die positiven Konsequenzen für den Konzern an, die dieser durch die auf korruptem Wege erhaltenen Aufträge bekommt. Der hohen sozialen Kontrolle steht ein Verlust individueller Freiheit gegenüber, die sich darin widerspiegelt dass sich jeder Akteur an die Korruptionsregeln halten muss. Im Zusammenhang mit den negativen Konsequenzen von Sozialkapitalgruppen hat Portes (1998) auf die Bedeutung von Normen hingewiesen, welche auf eine Homogenisierung der Netzwerkmitglieder hinwirken. Solche Normen stellen sicher, dass die Netzwerkmitglieder eine solidarische Einstellung beibehalten. Vom Unternehmen angestoßene Teambildungsprozesse, die eigentlich dem Ziel einer Erhöhung der Produktivität durch die Reduktion von sozialen Transaktionskosten dienen, können soziale Bindungen zwischen korrupten Netzwerkmitgliedern verstärken, wenn diese auf diesem Wege jeweils mehr Wissen über den anderen erhalten. Damit ist das generelle Problem angesprochen, dass positive soziale Mechanismen wie Vertrauen oder Sympathie, die als Ausgangspunkt für zukünftiges Verhalten fungieren, auch die Grundlage für korrupte Beziehungen oder sogar für korrupte Netzwerke darstellen können.

Normen, die sich in Korruptionsnetzwerken zum Schutz der Gruppe bilden und die zur Reduktion von Handlungsunsicherheit bei den korrupten Transaktionen herangezogen werden, bilden sich nicht aufgrund unvollständiger (legaler) Vorschriften oder Anordnungen. Genau das Gegenteil ist der Fall: sie bilden sich in Abgrenzung zu den Vorschriften, die korrupte Handlungen unterbinden wollen. So gesehen gibt es keine korruptionsüberwachende Institution, welche nicht selbst anfällig für Korruption ist. Korruption mag durch gesetzliche Bestimmungen und Unternehmensvorschriften eingedämmt oder gefördert werden, aber es lässt sich nicht sicherstellen, dass die Wächter und Produzenten dieser Bestimmungen nicht selbst

8 Dass Korruption von bestimmten Managern als eine Normalität im Geschäftsverkehr bei Siemens angesehen wurde, kann man an deren fehlenden Reue oder Skrupel in Gerichtsverhandlungen beobachten, in denen sie sich wegen Korruptionsvorwürfen im Siemensskandal zu verantworten haben („Im Siemens-Prozess keine Anzeichen von Reue", Stuttgarter Zeitung vom 21.06.08).

ihre Position ausnutzen. Je genauer diese Vorschriften definiert sind, umso genauer können korrupte Netzwerke ihr Vorgehen im Lichte und gleichzeitig abseits dieser Vorschriften planen und ausführen, umso genauer wissen sie, an welcher Stelle das Netzwerk dicht halten muss. Es mag auch Situationen geben, in denen eine Ambivalenz darüber besteht, ob ein Vorgehen als korrupt eingestuft werden sollte oder nicht (Blankenburg/Staudhammer/Steinert 1999). Auf der Handlungsebene kann eine solche Unsicherheit nur über die Einsetzung einer klaren und zuverlässigen Norm behoben werden. Umgekehrt haben es korrupte Unternehmensnetzwerke umso einfacher, je geringer ihre Entdeckungswahrscheinlichkeit ist, also umso unzuverlässiger die Überwachungsinstitutionen in einem Unternehmen sind.

Korruptionsnormen und Normen, welche zur Sicherung von korrupten Netzwerkmitgliedern dienen, sind innerhalb der Netzwerke „institutionalisiert", sodass sie unabhängig von den einzelnen Akteuren existieren (Zucker 1987). Sie stellen die Reziprozität sicher, welche in diesen Netzwerken nötig ist, wobei diese Wirkung vonseiten des Netzwerkes intendiert ist. Eine Unternehmensleitung, die einen Code of Conduct einrichtet, der korrupte Verhaltensweisen verbietet, gleichzeitig aber korrupte Verhaltensweisen billigt oder nahelegt (und damit „window dressing" betreibt), bewirkt bei den Klienten auf der Akteursebene eine Prinzipalinteressenverwirrung, deren Auswirkungen auf das Commitment und die Loyalität zum Unternehmen bisher nicht erforscht sind. Es ist zu vermuten, dass die Zugehörigkeit zum Netzwerk als verlässlicher Ankerpunkt für die Akteure durch neu eingeführte Code of Conducts steigen wird, vor allem, wenn es bereits korrupte Geschäftspraktiken, Vertrauensverhältnisse und Normen in der Vergangenheit gegeben hat. Die Einführung eines Code of Conduct kann gegenüber diesen korrupten Regelungsmechanismen nur wirken, wenn die Prinzipalinteressenverwirrung auf der Akteursebene ausgeräumt wird. Nur dann kann ein individuelles Mitarbeiterverhalten erwartet werden, das völlig im Sinne des Unternehmens ist.

5. Diskussion

Die korrupten Netzwerke, die in Siemens existierten, können im Sinne von Popitz (1980) als eine kleine, eigene „Gesellschaft" gesehen werden, die im Kern durch gegenseitige Vertrauensprozesse aber auch durch Normen zusammengehalten wird. Normüberschreitungen sind in diesen korrupten Netzwerken immer mit einer Gefahr für die Gesamtgruppe verbunden und die Sanktionen bzw. deren Androhungen sind entsprechend hart und wirkungsvoll. Von einer bestimmten theoretischen Perspektive gesehen, stellen diese Netzwerke negatives Sozialkapital dar (Graeff 2004; Harris 2007), das im Falle der privatwirtschaftlichen Korruption – anders als im Falle von Korruption in öffentlichen Positionen – einen signifikanten Nutzen für das Gesamtunternehmen erbringen kann.

Die Sammlung an Korruptionsvorfällen bei Siemens bezieht sich zum Teil auf ein Kriminalitätspotential das sich in netzwerkförmigen Gebilden realisiert. Damit versagen die üblichen Methoden der Korruptionsbekämpfung, die auf Gruppenkontrolle beruhen (wie etwa das Mehraugenprinzip). Es ist wahrscheinlich, dass die Korruption in diesen Netzwerken im vollen Wissen um die Verhaltensregeln des Konzerns ablief. Als notwendige Bedingung für die Realisierung der Ziele derartiger Netzwerkstrukturen kann einerseits eine Gelegenheitsstruktur gelten, welche die Gewinne der Missbrauchsmöglichkeiten erst verfügbar macht. Andererseits müssen soziale, auf Gegenseitigkeit beruhende Beziehungen abseits der formalen Regelungen existieren, welche in den Entscheidungen der korrupten Agenten berücksichtigt werden. Da Korruption Handlungsunsicherheit für Akteure impliziert, können soziale Sicherungsmechanismen zur Erklärung herangezogen werden. Korruptive Vertrauensprozesse und auch Normen, die innerhalb von Gruppen zur Reduktion der Handlungsunsicherheit dienen, beruhen auf Prozessen, die sich aus Gelegenheiten ergeben. Bei Korruption ausführenden Akteuren enthalten unternehmensinterne Maßnahmen, die Korruption implizieren, einen Zwiespalt über die Interessen des Unternehmens, ein Umstand, der im Rahmen dieses Beitrages mit dem Begriff der Prinzipalinteressenverwirrung benannt wurde. Die Bekämpfung der Korruption muss darauf hinwirken, dass die Prinzipalinteressenverwirrung auf allen Ebenen (Unternehmensleitung, Vorgesetzten, Mitarbeiter) aufgelöst wird. Dazu kann es hilfreich sein, den Mitarbeitern mitzuteilen, wie man mit Wettbewerbsdruck umgeht, wie man die individuellen Arbeitsziele legal erreicht und wie das Unternehmen dazu beiträgt.

Selbst wenn ein Unternehmen den Mitarbeitern Korruptionspraktiken nahelegt, so belässt eine akteurszentrierte Sichtweise die Verantwortung für die konkrete Tat auch bei den Ausführenden, was mit den Vorstellungen im deutschen Strafrecht kompatibel ist, in dem immer nur einzelne Personen, aber keine Unternehmen für deviante Verhaltensweisen verurteilt werden können. Es wäre unangemessen, wenn man Siemens im Generellen für die Korruptionsskandale verantwortlich machte. In vielen Fällen gab es nur persönliche Vertrauensverhältnisse zwischen den Korruptionspartnern (insbesondere siemensbeauftragten Klienten und ausländischen Agenten), die nicht in den Alltag von Siemens normiert integriert waren. Dabei hat möglicherweise auch eine Reihe von Akteuren lediglich auf eigene Rechnung gehandelt. Es ist aber nicht auszuschließen, dass deren Taten Ausgangspunkte zur Festigung der Geschäftspraktiken darstellten, vielleicht sogar zu einer Bildung von Korruptionsnormen beitrugen. Eine Notwendigkeit muss hier aber nicht bestehen.

Die in diesem Beitrag vorgestellte theoretische Perspektive erweitert bestehende Vorstellungen über die Kernelemente korrupter Transaktionen, z. B. institutionsökonomischer Ansätze, und die Bekämpfung von Korruption. Gesetze und unternehmensinterne Anordnungen wie Code of Conducts befinden sich definitionsgemäß in einem öffentlich bekannten Kontext, der nicht Teil des Handlungsraums korrupter Akteure ist, in gewisser Weise konstituieren sie sogar dessen Gegenstück. Maßnahmen, die in diesem öffentlichen Kontext ansetzen, haben nur dann Einfluss, wenn sie in diesen nicht-öffentlichen Raum der Akteure eindringen können.[9] Akteurszentrierte Ansätze legen nahe, dass ein solches Eindringen über eine Veränderung der Entscheidungsparameter für korrupte Verhaltensweisen sein kann (Lambsdorff 2007: 225-235), etwa durch Abschreckung (Erhöhung der Akteurskosten bei Entdeckung der Korruption) oder verstärkte Kontrolle (vgl. Stark 2007). Dabei haben Korruptionsbekämpfungsmaßnahmen üblicherweise immer endogenen Charakter, indem sie selbst Möglichkeiten zur Korruption schaffen, was am Siemensfall besonders gut deutlich wird, weil Mitglieder der Compliance-Abteilung selbst korrupt wurden.[10]

Wenn es um die Beseitigung von Normen geht, die in Netzwerken zur Korruption anhalten oder die Handlungssicherheit der Akteure erhöhen, dann können sozialkapitaltheoretische Überlegungen herangezogen werden. Wie Centola et al. (2005: 1023) mit spieltheoretischen Designs zeigen, können Netzwerke, die Brücken schlagende Charakteristiken aufweisen, durch ihre transparente Wirkung nur schlecht selbst-verstärkende (negative) Normen etablieren und aufrecht erhalten. Gerade für das Umfeld der Organisation können Normen und Vertrauen als Schlüsselelemente einer Theorie rational handelnder Akteure verstanden und verwendet werden (Huang/Wu 1994: 401), nicht nur wegen des wirtschaftlichen Umfelds, das bewusste, an Rationalkriterien orientierte Entscheidungen aufgrund von Wirtschaftlichkeits- und Wettbewerbsbedingungen fordert. Damit kann auch Vorbehalten entgegnet werden, die nahelegen, dass Akteurstheorien eher schlecht soziale Aspekte bei korrupten Transaktionen abbilden können (wie etwa von Granovetter (2005) geäußert).

Das Zerschlagen von Netzwerken, die auf Vertrauen und Normen basieren, muss auf die umgekehrte Weise geschehen, mit der Unternehmen gegenseitiges Vertrauen unter Kollegen oder zum Vorgesetzten üblicherweise erzeugen wollen. Ein hohes soziales Vertrauen fungiert in Unternehmen als ein Instrument zur Senkung von Transaktionskosten und dient auch der Mitarbeiterzufriedenheit. Sozialer Zusammenhalt, Teamfähigkeit und Vertrauen sind essentielle Faktoren für den Arbeitserfolg in Organisationen. Sie stellen aber möglicherweise auch die Voraussetzungen für korrupte Verhaltensweisen dar und zeigen damit den Widerspruch auf, den Unternehmen bei der ernst gemeinten Bekämpfung der Korruption ausgesetzt sind.

9 „Manche Siemensianer machten sich über den Wohlverhaltenskodex aus der Zentrale ohnehin lustig, nach dem Motto: Gelesen, gelacht, gelocht. ‚PYA'-Regeln tauften sie die Papiere – für: ‚protect your ass'" („Gelesen, gelacht, gelocht", Der Spiegel 40/2007: 100).

10 Der Telekom-Skandal („Die dunkle Seite der Macht", Der Spiegel 24/2008) legt den Schluss nahe, dass Monitormöglichkeiten einen hohen Anreizwert zum unternehmensinternen Missbrauch besitzen. Als überwachende Unternehmensinstanz würde man zwar mehr über die tatsächlichen Korruptionsaktivitäten der Mitarbeiter erfahren (wenn diese nicht schon erwartet worden sind), aber dieses Wissen ist nur auf Kosten der Rechteverletzungen unbescholtener Unternehmensmitarbeiter zu erwerben.

Literatur

Ashforth, B. E./Anand, V. (2003) The normalization of corruption in organizations, *Research in Organizational Behavior* 25, 1-52.

Ashforth, B. E./Sluss, D. M./Saks, A. M. (2007) Socialization tactics, proactive behavior and newcomer learning: Integrating socialization models, *Journal of Vocational Behavior* 70, 447-462.

Bannenberg, B. (2002) *Korruption und ihre strafrechtliche Kontrolle*, Neuwied.

Banfield, E. C. (1975) Corruption as a feature of governmental organisation, *Journal of Law and Economics* 18, 587-605.

Berger, J. (1998) Das Interesse an Normen und die Normierung von Interessen. Eine Auseinandersetzung mit der Theorie der Normentstehung bei James S. Coleman, in: H.-P. Müller/M. Schmid (Hrsg.) *Norm, Herrschaft und Vertrauen*, Opladen, 64-78.

Blankenburg, E./Staudhammer, R./Steinert, H. (1999) Political Scandals and Corruption Issues in West Germany, in: A. J. Heidenheimer/M. Johnston/V. T. LeVine (Hrsg.) *Political Corruption. A Handbook*, 5. Aufl., New Brunswick, 913-932.

Bundeskriminalamt (2007) *Bundeslagebild Korruption 2006*, Pressefreie aktualisierte Kurzfassung, abrufbar unter http://www.bka.de/lageberichte/ko/blkorruption2006.pdf.

Cohen, L. E./Felson, M. (1979) Social change and crime rate trends: a routine activity approach, *American Sociological Review* 44, 588-608.

Coleman, J. S. (1990) *Foundations of Social Theory*, Cambridge.

Centola, D./Willer, R./Macy, M. (2005) The emperor's dilemma: a computational model of self-enforcing norms, *American Journal of Sociology* 110, 1009-1040.

Deutsch, M. (1973) *The resolution of conflict*, New Haven.

Granovetter, M. (2005) *The social construction of corruption*, Paper prepared for the conference „The Norms, Beliefs and Institutions of 21st Century Capitalism: Celebrating the 100th Anniversary of Max Weber's The Protestant Ethic and the Spirit of Capitalism", October 2004, Cornell University.

Graeff, P. (1998) *Vertrauen zum Vorgesetzten und zum Unternehmen*, Berlin.

Graeff, P. (2005) Why should one trust in corruption? The linkage between corruption, norms and social capital, in: J. Graf Lambsdorff/M. Taube/M. Schramm (Hrsg.) *The New Institutional Economics of Corruption*, New York, 40-58.

Hardin, R. (1992) The street-level epistemology of trust, *Analyse und Kritik* 14, 152-176.

Harris, D. (2007) *Bonding Social Capital and Corruption: A Cross-National Empirical Analysis*, University of Cambridge, Working Paper.

Hirschi, T. (1969) *Causes of delinquency*, Berkley.

Höffling, C. (2002) *Korruption als soziale Beziehung*, Opladen.

Horne, C. (2007) Explaining norm enforcement, *Rationality and Society* 19, 139-170.

Hiller, P. (2005) Korruption und Netzwerke. Konfusionen im Schema von Organisation und Gesellschaft, *Zeitschrift für Rechtssoziologie* 26, 57-77.

Huang, P. H./Wu, H. (1994) More order without more law: a theory of social norms and organizational cultures, *The Journal of Law, Economics and Organizations* 10, 390-406.

Kramer, R. M. (1999) Trust and distrust in organizations: emerging perspectives, enduring questions, *Annual Review of Psychology* 50, 569-598.

Lambsdorff, J. Graf (2002) Making Corrupt Deals: Contracting in the Shadow of Law, *Journal of Economic Behaviour and Organization* 48, 221-241.

Lambsdorff, J. Graf (2007) *The institutional economics of corruption and reform. Theory, evidence, and policy*, Cambridge.

Luhmann, N. (1989) *Vertrauen. Ein Mechanismus zur Reduktion sozialer Komplexität*, Stuttgart.

Matsueda, R. L./Kraeger, D. A./Huizinga, D. (2006) Deterring delinquents: a rational choice model of theft and violence, *American Sociological Review* 71, 95-122.

Neubauer, W. (1999). Zur Entwicklung interpersonalen, interorganisationalen und interkulturellen Vertrauens durch Führung – Empirische Ergebnisse der sozialpsychologischen Vertrauensforschung, in: G. Schreyögg/J. Sydow (Hrsg.) *Managementforschung 9*, Berlin, 89-116.

Popitz, H. (1980) *Die normative Konstruktion von Gesellschaft*, Tübingen.

Portes, A. (1998) Social Capital: Its Origins and Applications in Modern Sociology, *Annual Review of Sociology* 24, 1-24.

Rose-Ackerman, S. (1999) *Corruption and Development. Causes, Consequences, and Reform*, Cambridge.

Der Spiegel (2008) Die Firma, Heft 16 vom 14.04.08, 76-90.

Stark, C. (2007) Korruptionsprävention, in: K. Völkel/C. Stark/R. Chwoyka (Hrsg.) *Korruption im öffentlichen Dienst. Delikte – Prävention – Strafverfolgung*, Norderstedt.

Weede, E. (1992) *Mensch und Gesellschaft*, Tübingen.

Wellen, J. M. (2004) *From individual deviance to collective corruption: a social influence model of the spread of deviance in organizations*, Paper presented to the Social Change in the 21st Century Conference, Centre for Social Change Research, Queensland University of Technology.

Zucker, L. G. (1987) Institutional theories of organization, *Annual Review of Sociology* 13, 443-464.

Teil III: Praxistransfer

Resümee: Anregungen für die Arbeit von Transparency Deutschland

Jürgen Marten und Karenina Schröder

Das Ereignis Siemens, mehr als ein Fall, schon gar mehr als ein nur juristischer, dürfte exemplarisch sein für die Erscheinungsformen der Korruption in modernen, entwickelten Gesellschafts- und Wirtschaftssystemen wie auch für die Probleme des wirkungsvollen Kampfes gegen die Korruption. Ursachen und Auswirkungen sind bisher nur in Ansätzen sichtbar, was eine wissenschaftliche und politische Analyse sowie ihre Bewertung mit Sicherheit erschwert, gleichzeitig aber nachdrücklich auf deren Notwendigkeit verweist.

Erst die differenzierte Analyse der Problemlage und daraus abgeleiteter überzeugender und realisierbarer Handlungsorientierungen können bewirken, dass aus öffentlichem Empörungspotential praktische Umsetzungserfolge bei der Korruptionsbekämpfung entstehen. In der öffentlichen Debatte über Korruption ist das bisher nur ungenügend geschehen. Obgleich auch der Zusammenhang zwischen zunehmender Armut in der Welt – die zu einem existentiellen Problem nicht nur für die Armen wird – versagenden rechtsstaatlichen Institutionen und Korruption im öffentlichen Bewusstsein durchaus stärkeres Gewicht erlangt hat. Das anhaltende humanitäre Desaster, zu dem Korruption – allzu oft ausgehend von den reichen Ländern – in vielen Gegenden der Welt führt, hat strukturelle Überlegungen und langfristig orientierte Betrachtungen jedoch nur unzureichend befördert. Der Diskurs wird in aller Regel ad hoc, einzelfall- und skandalorientiert geführt.

Innerhalb wissenschaftsbegründeter Diskurse hat die Korruptionsforschung dagegen in den letzten Jahren enorm an Bedeutung gewonnen. Vor allem Betriebs- und Volkswirtschaftler, Rechts- und Sozialwissenschaftler, Politologen und Verwaltungswissenschaftler haben Korruption aus der Perspektive ihrer jeweiligen Disziplin als Forschungsfeld etabliert und dabei wesentliche Wirkungszusammenhänge aufgedeckt. Aus den dabei gewonnenen Erkenntnissen lassen sich nicht nur weitergehende Forschungsansätze ableiten, sondern erwachsen auch unmittelbar wichtige Impulse zur praktischen Korruptionsbekämpfung. Gerade Letzteres erfordert aber auch, die in den verschiedenen Disziplinen produzierten inhaltlichen und methodischen Ergebnisse stärker miteinander in Beziehung zu setzen, um ein Gesamtbild der Handlungsmöglichkeiten und Zwänge von Korruptionstätern und -bekämpfern aus Wirtschaft, Politik und Zivilgesellschaft zu entwerfen.

Dieses Ziel verfolgt der wissenschaftliche Arbeitskreis von Transparency Deutschland, der sich als erste gemeinsame Aktivität dem Ereignis Siemens genähert hat und mit der Vorstellung seiner in diesem Buch publizierten Beiträge, auf

Gewinn für die von den Autoren vertretenen Wissenschaftsdisziplinen, aber auch für die Anregung und Qualifizierung der auf politische Wirksamkeit zielenden Diskussion der Probleme innerhalb von TI Deutschland und einer breiteren Öffentlichkeit zielt.

Die Notwendigkeit zur differenzierten Analyse des Siemens Falles stellt sich zudem für Transparency International Deutschland in spezifischer Weise dar. Die korruptiven Praktiken und Verstrickungen von Siemens, die jenseits der wissenschaftlichen Analyse und fundierter juristischer Aufarbeitung berechtigte gesellschaftliche Empörung hervorgerufen haben, können nicht negieren, dass Siemens – nunmehr gesellschaftlich gebrandmarkt wegen seiner notorischen Korruptionsaktivitäten – zugleich auch eine von Beginn an grundlegende Orientierung von TI bestätigt: Der Kampf gegen Korruption kann nicht vordergründig auf einer, wie immer auch gerechtfertigten gesellschaftlichen Empörung oder der im Einzelfall durchaus erforderlichen Ächtung der Korrupteure gegründet, sondern wirkungsvoll nur sein innerhalb einer Koalition mit jenen wirtschaftlichen Akteuren, die selbst den Gefährdungen der Korruption ausgesetzt sind. Das Unternehmen Siemens war als eines der ersten korporativen Mitglieder mit seiner Unterstützung der Ziele und Aktivitäten von TI Beispiel und Beweis für die Richtigkeit dieser Orientierung.

Ohne die nachdrückliche politische Einflussnahme von Siemens, aber auch anderer Unternehmen, wären wichtige politische und rechtliche Voraussetzungen für die Eindämmung der Korruption und die Erschwernis ihrer Entwicklungsbedingungen, beispielsweise auch die OECD-Konvention, mit Sicherheit nicht geschaffen worden. Man mag es als List der Vernunft begreifen, dass Siemens dabei mitgeholfen hat, korruptive Praktiken, die jahrzehntelang als normales wirtschaftliches Verhalten bewertet wurden, insbesondere die steuerlich geförderte Auslandsbestechung, unter ein rechtliches Verbot zu stellen, das mittlerweile in allen Industriestaaten gilt. Das Ereignis Siemens zeigt jedoch, dass vernünftige rechtliche Regelungen mitnichten ein über Jahrzehnte gewachsenes System interessenbegründeter korruptiver Verflechtungen mit sofortiger Wirkung beseitigen können. Es zeigt auch, dass sich ein global orientiertes, allgemeines unternehmerisches Interesse an korruptionsfreien internationalen Geschäftsbeziehungen und damit der Vermeidung nachhaltiger Korruptionsfolgen wie der Aushöhlung der rechtsstaatlichen und demokratischen Institutionen, wirtschaftlicher Fehlentwicklung und Marktverzerrung durchaus im Widerspruch mit den auf unternehmerischen Gewinn orientierten konkreten Interessen befinden kann. Nicht das Maß für die Gestaltung und Entwicklung dieser Widersprüche gefunden zu haben, ist Siemens zum schmerzlichen Verhängnis geworden. Und schmerzlich – was begrifflich durchaus zutreffend ist – war auch der Prozess der Trennung von Transparency International Deutschland von seinem korporativen Mitglied Siemens. War das Ruhen der Mitgliedschaft zunächst eine notwendige, wegen eines nicht abgeschlossenen juristischen Verfahrens – betreffend die korruptiven Praktiken gegenüber dem italienischen Energiekonzern ENEL – auch ausreichende Maßnahme, konnten die danach aufgedeckten weiteren massiven Korruptionsdelikte und das zunächst verschleiernde Verhalten von Siemens keine andere Konsequenz haben als die Beendigung der Mitgliedschaft.

Die Beendigung der Mitgliedschaft hatte jedoch keineswegs die Folge, dass mit diesem vereinsrechtlich relevanten Schritt auch das Interesse von TI an Siemens beendet war. Der als Reaktion auf die Aufdeckung der korruptiven Praktiken bei Siemens selbst in Gang gesetzte Prozess der Analyse und der Implementierung von Korruptionsverhinderungsinstrumenten ist eine wichtige Erkenntnis- und Erfahrungsquelle auch für TI und nährt zudem die Hoffnung, dass Siemens im Verlauf dieses Prozesses wieder zu einem Verbündeten von TI im Kampf gegen Korruption werden kann. Andererseits verstärkte das Ereignis Siemens jedoch zunächst auch ein internes Selbstverständigungsbedürfnis bei TI, insbesondere auch über die Belastbarkeit des Koalitionskonzepts. Beeinflusst von einer öffentlichen Diskussion, in der ein Zusammenwirken von Korruptionskritikern und -gegnern mit vornehmlich profitorientierten, global operierenden Wirtschaftsunternehmen als a priori erfolglos und somit gefährlich bewertet wurde. Auch wurde klarer, dass die vornehmlich politisch ausgerichteten Aktivitäten von TI nicht nur die Kenntnisnahme von Ergebnissen der in den letzten Jahren erheblich zugenommenen wissenschaftlichen Beschäftigung mit Korruption bedarf, sondern auch die engere Verknüpfung wissenschaftlicher Erkenntnisprozesse mit den konkreten, das Handeln von TI fundierenden Problemen.

Aus der politisch-praktischen Sicht von TI war dabei ganz wesentlich und auch bestätigt durch die Entwicklung der Organisation selbst, dass es sich bei Korruption um ein gesellschaftliches Phänomen von erheblicher Komplexität mit vielfältig, auch widersprüchlich verknüpften ökonomischen, politischen, juristischen und sozialen Dimensionen handelt. Folge davon ist auch, dass der Begriff Korruption in den verschiedenen Diskursen außerordentlich unterschiedlich verwendet wird. Aus theoretischer Sicht existiert bisher keine allgemeine Definition von Korruption mit sozialwissenschaftlicher Qualität. Bisher ist Korruption ein pejorativer und skandalisierender Begriff. Zuweilen wird er, wenngleich es keinen gesetzlich definierten strafrechtlichen Korruptionsbegriff gibt, in den engen Grenzen der strafrechtlich relevanten Tatbestände wie Bestechung und Bestechlichkeit bzw. Vorteilsgewährung und Vorteilsnahme verwendet, zuweilen sehr stark – unter dem Aspekt der Unternehmensethik – mit moralischen Normen verknüpft. TI verwendet einen vornehmlich politisch begründeten, pragmatischen Arbeitsbegriff, der Korruption als den Missbrauch von anvertrauter Macht zum privaten Nutzen und Vorteil definiert. Damit ist eine breite Handlungsorientierung geschaffen. Einer genaueren sozialwissenschaftlichen Überprüfung hält auch diese Definition allerdings kaum stand. So politisch wichtige Forderungen wie die nach einer gesetzlichen Neufassung der Abgeordnetenbestechung in Übereinstimmung mit den Vorgaben der UN-Konvention gegen Korruption, die eine Voraussetzung für die Ratifizierung dieser Konvention in Deutschland ist, lassen sich nur schwer darunter subsumieren. Geht es doch bei der Beeinflussung von Abgeordneten nicht in erster Linie um private Vorteile, sondern um die Durchsetzung der Ziele politischer Gruppierungen und Parteien.

Politikwissenschaftlich fundierte Definitionen begreifen Korruption noch erheblich weiter, so etwa als die Verletzung eines allgemeinen Interesses zu Gunsten eines speziellen Vorteils. Eine so allgemeine Definition jedoch vermag kaum Grundlage konkreter politischer Aktionen zu sein. Allerdings hat sie den Vorteil, gerade mit einer globalen Sicht Korruption nicht nur innerhalb konkreter Einzelhandlungen zu verorten, sondern auch die korruptiven, marktverzerrenden und Partikularinteressen dienenden Elemente politischer, sogar staatlicher Machtausübung in den internationalen Wirtschaftsbeziehungen aufzudecken und sie nicht als frei von Korruption oder gar im Gegensatz zu ihr zu sehen. Denn: Was ist die Bestechung einer Regierung gegen die Einsetzung einer Regierung.

Diese verkürzte Sachverhaltsbeschreibung zeigt deutlich, dass sowohl aus allgemeiner Sicht, aber auch begründet durch die politischen Aktivitäten von TI ein drängendes Bedürfnis besteht, die öffentliche Kommunikation über Korruption, also das, was unter welchen Bedingungen und aus welchen Gründen für Korruption gehalten wird, zu untersuchen. Denn mit Recht ist auch angemerkt worden, dass Korruption nicht das sein kann, wofür sich Transparency International interessiert.

Insofern ist das Ereignis Siemens auch beispielhaft, weil es das Phänomen Korruption in seiner Komplexität erkennbar und begreifbar macht, in seinen innerorganisatorischen Ursachen und Wirkungen wie in seinen national und international sichtbaren Folgen. Es macht auch in spezifischer Weise deutlich, dass die theoretisch begründete und auf wissenschaftliche Ergebnisse zielende Beschäftigung mit der Korruption kaum aus der Sicht und mit den Methoden einer einzelnen Wissenschaftsdisziplin erfolgreich betrieben werden kann, insbesondere dann nicht, wenn nicht allein Theorieentwicklung, sondern auch Qualifizierung politischen Handelns als Zielstellung wissenschaftlicher Arbeit begriffen wird.

Kurz gefasst ist damit die Interessenlage sowohl von TI als auch interessierter Wissenschaftler beschrieben, die zur Bildung eines interdisziplinären Arbeitskreises Wissenschaft geführt hat, dessen erste Arbeitsergebnisse in diesem Buch öffentlich gemacht werden. Sie widerspiegeln den Versuch, am Beispiel von Siemens, ausgehend von unterschiedlichen theoretischen und methodischen Ansatzpunkten, die Ursachen und Wirkungszusammenhänge von Korruption aufzudecken, politische und juristische Reaktionen zu beschreiben sowie auf Voraussetzungen für Bekämpfungs- und Verhinderungsstrategien zu verweisen. Es soll dabei auch deutlich werden, dass aus dem Ereignis Siemens starke Impulse für den wissenschaftlichen Diskurs über Korruption erwachsen sind, ohne dessen Ergebnisse der öffentliche politische Diskurs nicht geführt und das zivilgesellschaftliche Engagement, das auch das Handeln von TI bestimmt, nicht verwirklicht werden kann.

Die hier vorgelegten ersten Ergebnisse des Arbeitskreises Wissenschaft von Transparency bestätigen erneut auf differenzierte Weise, dass Korruption nicht begriffen werden kann als eine Summierung einzelner Verfehlungen und Rechtsbrüche, sondern nur als ein systemisches Phänomen, das verwurzelt ist in ökonomischen und politischen Interessenzusammenhängen, Ausdruck auch einer spezifischen politischen und kulturellen Verfasstheit der Gesellschaft. Insoweit ist auch nicht, was die Tätigkeit von TI von Anbeginn konzeptionell bestimmt hat, Aufdeckung und Ahndung von Einzelfällen – so erforderlich das ist – die zentrale Frage von Antikorruptionsstrategien. Die Erfahrungen zeigen deutlich, dass die politische Empörung und der moralische Appell nur wenig ausrichten können. Auch die juristische Aufarbeitung – das Ereignis Siemens lässt es klar erkennen – hat innerhalb der rechtsdogmatischen Grenzen, die zu beachten sind, nur begrenzte Wirksamkeit. Nicht die Verfemung der großen Gier, wie das zuweilen gesagt wird, ist der Ansatz eines wirksamen Antikorruptionskampfes, sondern die Aufdeckung und Beseitigung der diese große Gier produzierenden Ursachen und Bedingungen. Insoweit gilt auch bezogen auf die Korruption, dass der weise Gesetzgeber das Verbrechen verhindert, um es nicht bestrafen zu müssen. Dennoch – die Erfahrungen des letzten Jahrzehnts sprechen dafür und die Beiträge des Bandes machen das deutlich – ist eine weitere Qualifizierung auch der juristischen Regelungen und Instrumentarien unabdingbar. Mit Sicherheit werden die jetzt vorliegenden ersten Ergebnisse des Arbeitskreises Wissenschaft und seine weiteren Aktivitäten die Positionen von TI zu Problemfeldern wie der Strafbarkeit von Unternehmen, die Etablierung eines zentralen Antikorruptionsregisters oder dem Schutz von Hinweisgebern positiv beeinflussen und damit auch den öffentlichen Diskurs darüber bestärken.

Die rechtliche Aufarbeitung des Falles Siemens, die Verurteilung der Täter und die Erhellung des Ursachengeflechts wird, wie auch eine abschließende wissenschaftlich begründete Beurteilung, mit Gewissheit noch einen erheblichen Zeitraum erfordern. Weitere erhellende Erkenntnisse, aber auch verstörende Überraschungen sind dabei sicher. Die Einschätzung der Risiken aber, die von Korruption ausgehen, hat sich schon heute, insbesondere bei Führungskräften der Wirtschaft, ganz erheblich verändert. Bereits wenige Monate nach bekannt werden des Skandals, schlossen sich Corporate Compliance Experten aus einigen hundert deutschen Wirtschaftsunternehmen im *Netzwerk Compliance e.V.* zusammen. Dessen erklärtes Ziel ist es, „den Austausch von Erfahrungen und Empfehlungen zu Best Practice unter den führenden Unternehmen in Deutschland zu fördern, das Wissen um die Herausforderungen in der weltweiten unternehmerischen Betätigung weiterzugeben, und so folgenreiche Fehler zu vermeiden, wie sie beispielsweise bei Siemens gemacht wurden“.[1] Für eine Mehrheit von Managern ist offenkundig geworden, dass „strategisches Weggucken“ keine Option mehr ist. Vorstände und Aufsichtsräte erkennen, dass mangelnde Kontrolle dazu führen kann, dass ihnen gerichtliche Verfahren drohen, in denen sie von den Unternehmen persönlich auf Schadenersatz in Anspruch genommen werden. Für die Kapitalmärkte gewinnt die Bewertung potentieller Korruptionsrisiken bei Anlageentscheidungen zunehmend an Bedeutung. Vertriebsleiter sehen das fundamentale Geschäftsrisiko, welches der drohende Ausschluss von künftigen Vergabeverfahren beispielsweise bei der Weltbank oder öffentlichen Aufträgen aus den USA für Siemens darstellt. Produkt-Verantwortliche erkennen den gravierenden Einbruch an Innovationskraft, welcher in der COM Sparte von Siemens als Folge des Wettbewerbs um bessere Bestechungsgelder, statt eines Wettbewerbs um die besseren Produkte entstanden ist. In den Personalabteilungen beobach-

1 http://www.netzwerk-compliance.com/start.php.

tet man die sinkende Attraktivität von Siemens als Arbeitgeber im Kampf um die besten Köpfe – zumal auf dem recht engen Markt an guten Ingenieuren. Finanzabteilungen addieren die gewaltigen Kosten für Anwälte, Strafzahlungen und die Umorganisation des gesamten Unternehmens und in den Kommunikationsabteilungen großer Unternehmen fürchtet man einen Korruptionsskandal wie bei Siemens als super GAU. Das unternehmerische Bewusstsein für die Gefahren der Korruption hat sich geschärft. Korruptionsbekämpfung hat neben der ethischen Dimension auch eine wirtschaftliche und persönliche Risikodimension bekommen, die es ernst zu nehmen gilt. Gemeinsam mit dem World Economic Forum hat Transparency International daher jüngst den „Business Case Against Corruption" vorgestellt.[2]

Sind die im Fall Siemens zutage tretenden, gewaltigen Geschäftsrisiken mithin Motivation genug, um effektive Korruptionsbekämpfung zum festen Bestandteil moderner Risikomanagementsysteme in Unternehmen avancieren zu lassen? In der Langfristperspektive gilt dies ganz sicher. In der Kurzfristperspektive ist es allerdings auch abhängig von der angenommenen und tatsächlichen Entdeckungswahrscheinlichkeit derselben. Gelingt es Politik und Verwaltung nicht die vom BKA vermutete Dunkelziffer von 95% bei Korruptionsdelikten deutlich zu senken, wird die ökonomische Motivation für effektive Korruptionsbekämpfung fahrlässig unterhölt. Einmal mehr bestätigt sich hier die These von Transparency International, dass Korruption nur in einer konzertierten Anstrengung von Politik, Wirtschaft und Zivildesellschaft effektiv bekämpft werden kann. Betrachten wir vor diesem Hintergrund, was sich aus der Zusammenschau der verschiedenen Forschungs-Perspektiven auf das Phänomen der Korruption und die Möglichkeiten seiner Bekämpfung ergibt.

Zunächst einmal schärfen die sehr unterschiedlichen Beiträge den Blick für die Komplexität des Sachverhaltes. Allein die Analyse der unterschiedlichen Motivationslagen und Handlungszwänge von Akteuren in Politik, Wirtschaft und Zivilgesellschaft, die mit dem Fall Siemens verbunden sind, zeigt wie komplex der gordische Knoten ist, den es zu zerschlagen gilt. Keineswegs liefert die vorliegende Publikation daher das eine Ergebnis oder den einen Handlungsansatz für TI-Deutschland und andere Anti-Korruptionskämpfer. Vielmehr wird auf eine Reihe von Handlungssträngen verwiesen, die aufeinander abgestimmt und zur Geltung gebracht werden müssen, wenn Korruption effektiv bekämpft werden soll.

Der Zivilgesellschaft ist es gelungen, das Thema Korruption auf die öffentliche Agenda zu setzen und – gemeinsam mit Vertretern aus Politik und Wirtschaft – einen zunehmend komplexen rechtlich-institutionellen Rahmen zu deren Bekämpfung durchzusetzen (Schmidt-Pfister). Nur deshalb gibt es heute überhaupt einen „Fall Siemens". Nachhaltig abschreckende Wirkung für die Zukunft wird davon aber nur ausgehen, wenn sich das Entdeckungs- und Verurteilungsrisiko insgesamt erhöht (Dombois, Nell). Dies wiederum werden Politik und Verwaltung insbesondere dann

2 http://www.iccwbo.org/iccccgdi/index.html

in Angriff nehmen, wenn die Schäden der Korruption so augenscheinlich werden, dass es zu einer breiten gesellschaftlichen Ächtung von Korruption kommt (Wolf), beziehungsweise Unternehmen selbst die Vorteile von korruptionsfreien Märkten hinreichend erkennen und einfordern.

Bis heute ist es der Zivilgesellschaft nicht gelungen, die erschütternde Wirkung von Korruption für das Leben von Männern, Frauen und Kindern in aller Welt, zu einem zentralen Anliegen nennenswerter Wählerschichten in Deutschland zu machen. Könnte dies mittels einer veränderten Kommunikationsstrategie erreicht werden? Wäre eine stärkere Dramatisierung und Popularisierung einzelner Korruptionsfälle geeignet größere Wählerschichten *nachhaltig* für das Thema zu gewinnen (Wolf, Schmidt-Pfister)? Oder braucht es neben der Benennung des Skandals, gerade auch die Versachlichung und die – für TI übliche – Herstellung von strukturellen Kontexten und konkreten Vorschlägen für institutionelle Veränderung, um aus der Empörung über den Einzelfall zu tatsächlicher Veränderungen zu gelangen? Diese Frage verdient durchaus der weiteren Erforschung.

Unbestritten wichtig ist dagegen der langfristige und großmaßstäbliche Aufbau von Ressourcen zur Korruptionsbekämpfung in Form von Informationen, Instrumenten, Kontakten etc., die TI weltweit zur Verfügung stellt (Schmidt-Pfister). Befähigt es doch Anti-Korruptionskämpfer in aller Welt, ihr Ziel effektiver zu verfolgen und sich transnational zu verbünden. Gleichzeitig mahnt Schmidt-Pfister an, dass eine Verwurzelung bei den Menschen, die von der Anti-Korruptionspolitik TIs unmittelbar betroffen sind, elementar wichtig für die Legitimation und den Erfolg der Anti-Korruptionsbewegung ist.

Hat sich TI zunächst mit Erfolg auf die Verbesserung der rechtlichen und institutionellen Rahmenbedingungen konzentriert, so gilt es heute zunehmend auch, ein gesellschaftliches Klima zur Durchsetzung und Annahme dieser Rahmendbedingungen zu schaffen. Dazu muss nicht skandalisiert werden. Ein guter Anfang ist schon gemacht, wenn präzise Fragen öffentlich gestellt werden. Wenn es beispielsweise heißt: „Siemens zahlt Millionen-Bestechungsgelder an Nigeria“. Dann ist die Frage: Wer bekam dieses Geld? Wozu wurde es im diktatorisch regierten Nigeria benutzt? Und wie wettbewerbsfähig war die Technologie, die Nigerias korrupte Führungsriege mit den sauer verdienten Steuereinnahmen seiner Bürger bezahlte? Diese Konsequenzen für andere, zumeist mittellose Menschen, müssen zumindest mitgedacht werden, wenn davon die Rede ist, dass Bestechungsgelder Arbeitsplätze in Deutschland retten (Wolf).

Wenn Korruption zu einem relevanten Thema für den Bürger auf der Straße werden soll, muss auch sein Ursache Wirkungs-Prinzip klarer herausgearbeitet und der Begriff der „Korruption“ eindeutiger gefasst werden. Einer kleinen Umfrage zufolge, die Studenten im Rahmen des Bruttosozialpreises 2007 durchführten, ist Korruption für die meisten Bürger auf der Straße ein „Wolkenkuckucksheim“ – ein reichlich schwammiger Begriff, unter dem die verschiedensten Misstände subsumiert werden. Die Schwierigkeiten einer eindeutigen Definition wurden eingangs bereits benannt. Dennoch muss es gelingen, die diffusen Tatbestände der Korruption in klare politische, gesellschaftliche und wirtschaftliche Anliegen zu übertragen und ab strakte Werte wie Integrität, Transparenz und Verantwortlichkeit mit erfahrbaren Inhalten zu füllen, wenn der Kampf gegen die Korruption auf eine breite gesellschaftliche Basis gestellt werden soll (Schmidt-Pfister).

Unmittelbare Folge der bisher mangelnden Sensibilisierung von nennenswerten Wählerschichten für die Relevanz von Korruptions-Bekämpfung, ist eine konsequent passive Anti-Korruptions-Politik seitens wechselnder deutscher Regierungen. Die systematische Aufzeichnung der Ambivalenzen und Halbherzigkeiten in der deutschen Anti-Korruptionspolitik, sowie die Offenlegung ihrer eklatanten Widersprüchlichkeit zu den Zielen der Entwicklungshilfe durch Sebastian Wolf, wird Transparency Deutschland helfen, Kritik künftig noch pointierter zu formulieren. Denn es wird klar, dass hier eine Systematik zu Grunde liegt, die jenseits des parteipolitischen Tagesgeschäftes beheimatet ist. Vielmehr ist eine Pfadabhängigkeit entstanden, die nicht leicht zu durchbrechen ist. Quer durch die großen Volksparteien hat sich der Glaube etabliert, dass aktive Anti-Korruptionspolitik zu Wettbewerbsnachteilen für die heimische Wirtschaft führt. Die Innovations- und Produktivitätspotentiale, die von ihr ausgehen, werden ebenso verdrängt, wie die gewaltigen Schäden welche Dritten entstehen. Der vermeintliche Wettbewerbsvorteil in Verbindung mit einem Mangel an öffentlicher Empörung über die Schäden der Korruption, hat ein Klima geschaffen, welches die passive Haltung der deutschen Politik ermöglichte. Erst als die Wirtschaft selbst – in Gestalt einiger DAX Unternehmen – die Umsetzung der OECD Konvention gegen Korruption forderte, gab der deutsche Wirtschaftsminister Rexrodt seinen anfänglichen Widerstand auf.

Das zeigt auch, dass die Aktivierung des Eigeninteresses der Wirtschaft an korruptionsfreien Märkten, wesentliche Bedingung für die erfolgreiche Bekämpfung von Korruption ist. Siemens hoffte, ebenenso wie die anderen DAX-Unternehmen, ein korruptionsfreies *level playing field* zu kreieren, als sie gemeinsam mit Transparency Deutschland für die Unterzeichnung der OECD Konvention und damit die Strafbarkeit von Auslandsbestechung kämpften. Innovative und produktive Unternehmen, die eine konsequente Null-Korruptions-Politik verfolgen, haben ein natürliches Interesse daran, dass andere Markt-Teilnehmer dies ebenfalls tun. Interessant sind vor diesem Hintergrund auch Eigen-Initiativen der Wirtschaft wie beispielsweise Sektoren-Abkommen, in denen sich wesentliche Markt-Akteure gegenseitig zu korruptionsfreiem Geschäftsgebaren verpflichten. Insbesondere dort, wo es nur sehr wenige Anbieter weltweit gibt, ist die gegenseitige Verpflichtung zu einer Null-Korruptions-Politik eine überzeugende Option zu der Spirale von immer höheren Bestechungsgeldern und damit einhergehenden Erpressungspotentialen. Eine interessante Studie zu „collective action against corruption“ wurde soeben von der Weltbank in Zusammenarbeit mit Transparency International veröffentlicht.[3] Bedingungen für Erfolge und Misserfolge solcher Sektoren-Abkommen und anderer Anti-

3 Abrufbar unter http://info.worldbank.org/etools/antic/Guide.asp.

Korruptions-Initiativen aus der Wirtschaft liefern überdies noch ein weites und lohnendes Feld für künftige Forschungstätigkeiten.

Notwendige Vorbedingung für die Herstellung von korruptionsfreien Märkten ist natürlich, dass die Unternehmen zunächst selbst eine wirksame und glaubwürdige Null-Toleranz Politik gegenüber Korruption in ihren Organisationen etablieren. Dies geschieht allerdings nicht von heute auf morgen und ist keineswegs nur eine Frage der Einführung vernünftiger Verhaltenskodizes. Vielmehr zeigt Jürgen Grieger in seinem Beitrag, dass frühe Kultur prägende Akte und positive Rückkoppelungs-Effekte in Unternehmen zu einer Pfadabhängigkeit führen, die später nur unter großen Schmerzen durchbrochen werden kann. Den Pfad richtig anzulegen und die gesamte Unternehmensstrategie, als dem „Ort für Produktion und Reproduktion einer Unternehmenskultur", darauf auszurichten ist daher von zentraler Bedeutung. Nur so erhalten sich Unternehmen den Handlungssielraum, den sie brauchen, wenn das Entdeckungsrisiko steigt und sie in einen Wettbewerb um bessere Produkte statt besserer Bestechungsmethoden eintreten müssen. Unternehmen, die auf den falschen Pfad gelangt sind, werden das Ruder nur mit ungleich größerem Aufwand herumreißen. Der Beitrag von Jürgen Grieger unterstreicht damit nachdrücklich die Forderung von Transparency Deutschland, dass Anti-Korruptionspolitik im Unternehmen nur dann Erfolg haben kann, wenn es in ein umfangreiches Compliance Management-System eingebettet ist, das integraler Bestandteil der Unternehmensstrategie ist und von der persönlichen Überzeugung der Führungskräfte getragen wird.

Ebenso resistent gegenüber Veränderung wie der einmal beschrittene Pfad einer Unternehmenskultur sind eng geflochtene soziale Netzwerke, die sich in Unternehmen etabliert haben. Vertrauen in die Mitglieder, Werte und Normen des jeweiligen Netzwerkes erreichen nicht selten einen höheren Stellenwert, als Anforderungen die das Unternehmen per Hierarchie oder Verhaltensregelung an den Mitarbeiter stellt. Sie entfalten mithin ein gefährliches Eigenleben im Unternehmen und stellen den idealen Nährboden für korruptive Zirkel dar, wie Peter Graeff in seinem Beitrag eindringlich beschreibt. Gleichzeitig aber fördern sie auch die Mitarbeitermotivation und senken Transaktionskosten im Unternehmen. Wie man vor diesem Hintergrund eine netzwerk-averse Durchlässigkeit im Unternehmen schaffen kann, ohne die positiven Seiten des Wir-Gefühls zu beseitigen, lohnt der weiteren Erforschung.

Die Beiträge von Peter Graeff und Jürgen Grieger fundieren die Überzeugung von Transparency, dass die Einführung neuer Regelungen allein – insbesondere bei Firmen, in denen Korruption bereits zu einer gewissen Normalität gehört – kaum etwas bewirken kann. Der Fall Siemens ist ein nachdrücklicher Beleg für diese These und legt zwei wesentliche Schlussfolgerungen nahe: Zum einen muss der Prävention höchste Priorität zukommen, damit es gar nicht erst zu dysfunktionaler Pfad- und Netzwerkbildung kommt. Zum anderen müssen Lösungen gefunden werden, die in das kulturelle und soziale Innenleben einer Organisation hineinreichen. Das deckt sich mit den Ergebnissen des jüngst durchgeführten Strategieprozesses bei TI-Deutschland, der den konkreten Dialog mit individuellen Organisationen und Personen als potentielle Partner im Kampf um eine nachhaltige Veränderung weiter in den Vordergrund gerückt hat, als dies bisher der Fall war.

Unabdingbare Voraussetzung für das Gelingen einer ernst gemeinten Anti-Korruptions-Politik in Unternehmen ist ein ehrlicher Umgang mit den konkreten Folgen ihrer Umsetzung. Korruption muss aus den Bereichen der „non reality" (Grieger), der „Prinzipalinteressenverwirrung" (Graeff) oder der „Grauzone" (Dombois) heraus ins grelle Tageslicht. Bleibt es dagegen bei der Vorgabe ambitionierter Umsatz-Ziele, ohne Spezifizierung der zu ihrer Erfüllung erforderlichen und angemessenen Mittel, werden immer schärfere Korruptionsverbote und Kontrollmechanismen kaum Veränderung bewirken. Zu Recht fordert Rainer Dombois daher, dass Leistungsziele so festgelegt werden müssen, dass sie auch unter Korruptionsverzicht, mit legalen und legitimen Mitteln realistisch erreicht werden können. Eine entsprechende Gratifikationspolitik muss dieses Anreizsystem unterstützen. Konsequent angewendet heißt das auch, dass man sich ggf. aus Märkten mit ganz besonders hohem Korruptionsrisiko zurückziehen muss. Allerding erst dann, wenn alle Möglichkeiten ein korruptionsfreies Geschäft zu etablieren zuvor ausgeschöpft wurden. Dazu muss sich ein Unterrnehmen beispielsweise fragen, ob sein Produkt wirklich wettbewerbsfähig ist, ob Kontakt zur internationalen Handelskammer, lokalen NGOs oder der deutschen Botschaft vor Ort aufgenommen wurde, um über gemeinsame Initiativen für korruptionsfreies Wirtschaften nachzudenken etc. Natürlich erfordert das einen längeren Atem, sichert langfristig aber auch ein deutlich nachhaltigeres Geschäftsmodell. Es gibt gute Beispiele für Anti-Korruptions-Strategien in schwierigen Märkten – u. a. nachzulesen in dem Bericht von Control Risks „Facing up to corruption 2007. Korruption bekämpfen – Ein Ratgeber für Unternehmen."

Allerdings ist in börsennotierten Unternehmen, die auf die permanente Publikation von kurzfristig erfolgreichen Zahlen angewiesen sind, die Langfristigkeit des oben beschriebenen Geschäftsmodells, nicht leicht zu etablieren. Insbesondere dann nicht, wenn das Entdeckungsrisiko weiterhin so niedrig bleibt. Noch immer geht das BKA von einer 95%-Dunkelziffer bei Korruptionsdelikten aus. Das muss sich ändern, wenn Anti-Korruptionspolitik erfolgreich sein soll. Die Frage für Transparency Deutschland ist, welche Instrumente dafür zur Verfügung stehen? Handelt es sich doch bei Korruption um ein Heimlichkeitsdelikt, bei dem der Geschädigte zumeist eine eher diffuse Gruppe wie beispielsweise „der Steuerzahler" oder „die Wettbewerber" darstellt, was die Aufklärungsarbeit deutlich erschwert.

Dennoch hat es Fortschritte in den vergangenen Jahren gegeben. So sind Betriebsprüfer und Finanzbeamte mittlerweile *verpflichtet* – nicht nur *befähigt* – Unregelmäßigkeiten, die auf Korruption hindeuten an die zuständigen Behörden zu melden. Mit der Erweiterung der Kronzeugenregelung auf Korruptionsdelikte wurde ein weiterer Grundstein für die Vergrößerung des Hellfeldes gelegt. Aktuell wird überdies an einer gesetzlichen Neufassung des Schutzes für Hinweisgeber (Whistleblower) gearbeitet, welche eine Klärung und Stärkung seiner rechtlichen Lage zum Ziel hat. Unzureichend ist dagegen noch immer die Ausstattung der Schwerpunkt-Staatsanwaltschaften. Hier bedarf es einer ganz erheblichen Verbesserung an personeller Ausstattung und Expertise, um dem komplexen Problem der Korruption auf die Spur zu kommen und die Täter dingfest zu machen. Die Unterausstattung der Schwerpunkt-Staatsanwaltschaften, trotz der Re-Finanzierungs-Möglichkeit durch

Gewinnabschöpfung, bringt den Mangel an politischem Willen deutlich zum Ausdruck.

Wichtige Aufgaben liegen auch noch im Bereich der Gesetzgebung an. So schlagen die Autoren der hier vorliegenden Publikation unter anderem Folgendes als nachdenkens- und umsetzungswert vor: Einführung eines Unternehmensstrafrechts (Dombois), Verschärfung des OWiG § 130 (Nell), eine weitergehende Auslegung des Amtsträgerbegriffs bei der Auslandsbestechung (Niehaus), die Einführung eines Korruptions-Strafregisters (Wolf) sowie die Möglichkeit einer strafbefreienden Selbstanzeige für Unternehmen, ähnlich der Bonusregelung im Kartellrecht (Nell). Die von den Autoren diesbezüglich gefundenen Erkenntnisse, Aussagen und Zielstellungen stimmen mit den Forderungen von Transparency International Deutschland weitgehend überein und helfen, diese auch überzeugender wissenschaftlich zu begründen. Der Vorschlag einer strafbefreienden Selbstanzeige ist überdies sehr bedenkenswert. Allerdings bedarf es einer weiteren Prüfung, wie die versprochene Strafbefreiung mit dem moralischen Bedürfnis nach einer gerechten Strafe für Korruptionstäter in Einklang gebracht werden kann.

Die Notwendigkeit, weitere Strategien zur effektiveren Bekämpfung von Korruption zu entwickeln und öffentlich zu vermitteln, begründet noch eine ganze Reihe an lohnenden Problemstellungen für die weitere Forschung. Wichtig ist zum Beispiel die Entwicklung von wirkungsvolleren Messinstrumenten für die Schäden und Risiken von Korruption. So gibt es erste Ansätze das potentielle Korruptionsrisiko von Unternehmen zu messen und die Ergebnisse für den Kapitalmarkt, Lieferanten und Kunden zugänglich zu machen. Die Entwicklung eines solchen Instrumentariums bis zur sinnvollen Anwendbarkeit, wäre ein Meilenstein für die Arbeit von Transparency International. Gearbeitet wird auch an methodischen Verbesserungen zur Messung der nationalen Korruptionsniveaus, über den von TI entwickelten Corruption Perception Index hinaus. Je eindeutiger die Schäden und Risiken von Korruption belegt werden können, desto einfacher wird es, sie effektiv zu bekämpfen.

Die hier veröffentlichten Beiträge sind aus unterschiedlicher Sicht Annäherungen an einen komplexen gesellschaftlichen Sachverhalt, der zudem teilweise erst in Konturen sichtbar ist. Damit sind weiterführende Fragestellungen provoziert. Aber auch kritische Auseinandersetzung ist gefordert, die im wissenschaftlichen Diskurs, aber auch innerhalb von TI durchaus kontrovers geführt werden kann. Das kein abschließendes und endgültiges Urteil geliefert wird, auch keine Positionen, die auf der Basis von Mehrheitsbeschlüssen als herrschende Auffassung verkündet werden könnten, vermag jedoch nur jene zu verwundern, die allzu sehr einfache – und damit die Wirklichkeit nur ungenügend widerspiegelnde – Aussagen den qualifizierten Fragen vorziehen. Noch immer aber sind es Fragen, die den Erkenntnisfortschritt vorantreiben.

Transparency International Deutschland betrachtet die Beiträge der in dieser Publikation zu Wort kommenden Autoren als einen nicht zu unterschätzenden Erfolg, auch bei Vertretern der Wissenschaft das Interesse geweckt und das Bedürfnis gestärkt zu haben, aktiv innerhalb einer gesellschaftlichen Koalition gegen die Korruption mitzuwirken und ist dankbar dafür, dass diese Aktivität in einem Ergebnis seinen Ausdruck findet, das die Kompetenz der politischen Akteure zu stärken hilft, Anregungen für Interessierte in Wirtschaft und Politik liefert und gleichzeitig Ausgangspunkt weiterer mit der Praxis von TI verknüpfter wissenschaftlicher Projekte sein wird.

Sachregister

Personenregister

Verzeichnis der Herausgeber und Autoren

Rainer Dombois studierte Soziologie in Freiburg, Frankfurt, London und Berlin. Neben langjährigen Gastprofessuren und Forschungsaufenthalten in Lateinamerika arbeitet er am Institut für Arbeit und Wirtschaft der Universität Bremen. Seine Forschungsschwerpunkte sind internationale Arbeitsregulierung, Corporate Social Responsibility, vergleichende Arbeitsbeziehungen und Korruption. Er ist Koordinator der Regionalgruppe Bremen von Transparency Deutschland.

Peter Graeff promovierte und habilitierte sich an der Rheinischen Friedrich-Wilhelms-Universität Bonn. Seit 2008 hat er eine Vertretungsprofessur für Allgemeine Soziologie an der Universität der Bundeswehr München inne. Seine Arbeitsschwerpunkte liegen in der empirischen Sozialforschung mit Anwendungen und Fragestellungen zur mikro- und makrosoziologischen Korruptions-, Devianz- und Sozialkapitalforschung.

Jürgen Grieger promovierte in Wirtschaftswissenschaften an der Bergischen Universität Wuppertal. Er habilitierte sich in Betriebswirtschaftslehre mit einer Arbeit über die Ökonomisierung in Personalwirtschaftslehre und Personalwirtschaft. Seit 2006 hat er die Vertretung des Lehrstuhls für Personalpolitik am Fachbereich Wirtschaftswissenschaft der Freien Universität Berlin inne. Seine Forschungsschwerpunkte sind Management, insbesondere Personalwirtschaft und Organisation.

Jürgen Marten war nach seinem Studium an der Humboldt-Universität Berlin zunächst als Rechtswissenschaftler tätig. Danach übernahm er verschiedene kulturelle Aufgaben und war nach der Habilitation als Kulturwissenschaftler bis zu dessen Abwicklung Gründungsdirektor des Instituts für Kulturforschung an der Kunsthochschule Berlin. Er war aktiv beteiligt an der Gründung von Transparency International und Mitbegründer von Transparency Deutschland und mit einer Unterbrechung (Ethikbeauftragter) Vorstandsmitglied. Seit einigen Jahren vertritt er als Justitiar auch die rechtlichen Interessen von Transparency Deutschland.

Mathias Nell hat Volkswirtschaftslehre an der Universität Passau studiert und am Lehrstuhl für Wirtschaftstheorie (Prof. Dr. Johann Graf Lambsdorff) promoviert. Seine Forschungsschwerpunkte im Rahmen seiner wissenschaftlichen Arbeit sind staatliche und betriebliche Korruptionsprävention, Corporate Anti-Corruption Compliance und (Korruptions-) Rechtsökonomik. Er arbeitet als Berater bei PricewaterhouseCoopers.

Holger Niehaus hat in Münster Rechtswissenschaft studiert und dort im Anschluss über ein strafverfahrensrechtliches Thema promoviert. Nach Referendariat und Zweitem Staatsexamen war er als wissenschaftlicher Assistent am Institut für Kriminalwissenschaften der Universität Münster tätig. Seit 2005 ist er Richter im Bezirk des Oberlandesgerichts Düsseldorf und arbeitet zurzeit als Richter im Hochschuldienst an der Universität Münster. Seine Forschungsschwerpunkte sind Strafrecht und Strafverfahrensrecht.

Diana Schmidt-Pfister hat Geographie in Köln studiert und an der Universität Belfast in Politikwissenschaft promoviert. 2006/07 war sie in verschiedenen Funktionen an der Universität Bremen tätig. Seit 2008 ist sie wissenschaftliche Mitarbeiterin an der Universität Konstanz. Ihre Forschungsschwerpunkte sind Korruptionsbekämpfung und Zivilgesellschaft, Osteuropa sowie Ethik in der Wissenschaft.

Karenina Schröder hat an der Ludwig-Maximilians-Universität München Kunstgeschichte, Philosophie und Geschichte studiert und in den folgenden zehn Jahren Art Consulting Büros in Frankfurt am Main, Heidelberg und Berlin geleitet. 2001 absolvierte sie einen Master of Business Administration an der Nottingham University in England. Sie hat vier Kinder und ist seit 2004 Vorstandsmitglied von Transparency Deutschland.

Sebastian Wolf studierte Politikwissenschaft in Darmstadt und Europarecht in Saarbrücken. Nach der Promotion in Darmstadt arbeitete er von 2005 bis 2007 am Deutschen Forschungsinstitut für öffentliche Verwaltung in Speyer. Seit 2007 ist er wissenschaftlicher Mitarbeiter an der Universität Konstanz. Seine Forschungsschwerpunkte sind internationale Korruptionsbekämpfung, Rechtspolitologie sowie Europäische Integration. Er ist seit 2007 Vorstandsmitglied von Transparency Deutschland.

Zeitfracht Medien GmbH
Ferdinand-Jühlke-Straße 7
99095 Erfurt, Deutschland
produktsicherheit@kolibri360.de